"十二五"国家重点图书出版规划项目

材料科学研究与工程技术系列(应用型院校用书)

材料化学

主编　赵志凤　毕建聪　宿辉

哈爾濱工業大學出版社

内容简介

全书共分9章，主要介绍材料化学这一新兴分支学科的理论基础、学科内容、材料的应用及其研究进展情况。内容包括：材料的晶体学基础、材料中的结构缺陷、材料的制备方法、材料结构与性能的关系、材料表面化学、无机非金属材料、金属材料、高分子材料、复合材料等。内容翔实，并注意反映材料科学领域中的新成就、新进展，使读者能较系统地、全面地了解材料化学的全貌和发展方向。

本书可作为材料学及化学相关专业的本科生教材，也可供从事材料研究与生产的工程技术人员参考。

图书在版编目(CIP)数据

材料化学/赵志凤，毕建聪，宿辉主编．—哈尔滨：哈尔滨工业大学出版社，2012.7

(材料科学研究与工程技术系列)

ISBN 978-7-5603-3642-8

Ⅰ．①材… Ⅱ．①赵… ②毕… ③宿… Ⅲ．①材料科学-应用化学 Ⅳ．①TB3

中国版本图书馆CIP数据核字(2012)第149703号

材料科学与工程
图书工作室

责任编辑 张秀华

出版发行 哈尔滨工业大学出版社

社　　址 哈尔滨市南岗区复华四道街10号 邮编150006

传　　真 0451-86414749

网　　址 http://hitpress.hit.edu.cn

印　　刷 哈尔滨工业大学印刷厂

开　　本 787mm×1092mm 1/16 印张15 字数347千字

版　　次 2012年8月第1版 2012年8月第1次印刷

书　　号 ISBN 978-7-5603-3642-8

定　　价 28.00元

(如因印装质量问题影响阅读，我社负责调换)

前　言

材料化学是一门实践性很强的学科，是材料科学与工程的重要组成部分之一。在材料科学理论研究和应用实践迅猛发展的今天，材料化学起到了重要的作用。本书是作者多年教学与科研经验的总结，是为高等学校材料科学与工程、化学工程和环境工程等专业大学本科生编写的教材。

本书系统地介绍了材料化学的基础理论和发展趋势，以一个全新的角度讲述了材料的晶体学基础理论，材料中的结构缺陷，材料的制备方法，材料结构与性能的关系，材料表面化学，以及无机非金属材料、金属材料、高分子材料、复合材料涉及的理论及其内在联系。本书既介绍材料化学是材料科学的一个重要分支，是化学学科的一个重要组成部分，又介绍该学科所具有的明显的交叉学科、边缘学科的性质，体现了学科间的交叉和渗透，彰显了基础理论和实际应用的结合。本书在编写上注意保持材料化学的学科系统性，叙述上由浅入深循序渐进，以帮助读者对基本内容的理解和掌握。本书可作为材料工程、化学工程、环境工程等专业的本科生教材，也可作为从事材料研究与生产的工程技术人员的参考书。

全书共分9章，由黑龙江科技学院赵志凤编写第1～3章；黑龙江科技学院毕建聪编写第4～6章；黑龙江工程学院宿辉编写第7～9章。全书由赵志凤统稿定稿。

在本书编写的过程中得到很多同行和朋友的鼓励和帮助，书中参考并引用了国内外相关文献资料的有关内容，在此编者表示衷心的感谢！

限于编者水平，书中难免存在不足，恭请各位同行及读者批评指正。

编　者

2012年6月

目　录

第1章　材料的晶体学基础

晶体学又称结晶学，是一门以确定凝聚态固体中粒子（原子、离子、分子或基团等）排列方式及相互作用为主要目的的实验性科学，是研究晶体及类晶体生长、形貌、组成、结构及其物理化学性质规律的学科。晶体学研究主要包括三方面内容，即几何晶体学，晶体衍射学、晶体物理化学。

几何晶体学是晶体学的基础，其主要研究有关晶体三维周期性重复的晶格理论与有关晶体（微观和宏观）对称性的晶体学点群、空间群理论；晶体衍射学是现代晶体学的核心，它研究晶体及类晶的衍射效应及晶体物相分析；晶体物理化学主要涉及有关生长、缺陷与物性的晶体物理及有关化学、地学、生物体系各类晶体的晶体化学。结晶材料的许多物理性质都极大地受到晶体内部缺陷（如杂质原子、位错等）的影响，而研究这些缺陷又必须以研究晶体结构作为基础。

1.1　晶体学基本定义

1.1.1　晶体的概念

大自然给了我们一个如此绚烂又丰富多彩的世界，无论是日月星辰还是寒来暑往，都表现得那样规律鲜明，它们显得是那样的对称，比如人工的矿物晶体，如图1.1所示。

图1.1　人工矿物晶体

人们对晶体的认识是从认识自然界中的晶体开始的，经历了一个由感性到理性、宏观到微观、现象到本质的过程。这种逐步的认知过程是随着人们对自然界认识的不断深入而发展的。最初，人们认为，凡是具有规则几何外形的天然矿物，均称为晶体，但现在看来，这个定义是不够严谨和科学的。尽管各种晶体的实际形状千差万别，但影响晶体外形的主要因素只有两个方面，即晶体的内部结构与晶体生长的物理化学环境。晶体是内部质点在三维空间呈周期性重复排列的固体。

X射线晶体学研究表明，一切固体状态的物质，只要是晶体，它的结构基元（原子、离子、分子或配合物等）都具有长程有序的周期性结构。而玻璃、石蜡和沥青等，虽是固体物质，但它们的结构基元仅仅具有短程有序的排列方式，而没有长程有序的排列，这些固体物质称为非晶体。

在实际晶体中，结构基元都按照理想、完整的长程有序排列是不现实的，在晶体中总是或多或少地存在不同类型的结构缺陷，因此就形成了长程有序中的无序成分，当然这种长程有序还是基本的。晶体结构基元的长程有序排列包含着结构缺陷,从而使某些动态行为上较理想晶体会有偏离。

晶体与非晶体在一定的条件下可以相互转化,当晶体内部结构基元的周期性排列遭到破坏,就可以向非晶态转化,称为玻璃化或非晶化。含有放射性元素的矿物晶体,由于受到放射性蜕变时发出的 α 射线作用,晶体结构遭到破坏,进而转化为非晶态物质。因为晶体比非晶体稳定,所以晶体的分布十分广泛,自然界的固体物质中,绝大多数是晶体,我们日常生活中接触到的石头、沙子、金属器材、水泥制品、食盐、糖甚至土壤等,大多数都是由晶体组成的。

两个或两个以上的同种单晶体,彼此间按一定的对称关系相互结合在一起称为孪晶。多晶是由许多取向不同而随机排列的小单晶组成。晶粒间的分界面称为晶粒间界。多晶具有 X 射线衍射效应,有固定的熔点,但显现不出晶体的各向异性。微晶颗粒甚小,其量度级为微米,如磁性记录材料 γ-Fe_2O_3粉末,其颗粒约为 0.1 μm,而碳黑的颗粒量度相当于几个到几十个晶胞边长的长度,很难观察到它的 X 射线衍射效应。液晶是一种具有特定分子结构的有机化合物聚合体,这类有机化合物在相变时,不是由晶态直接转变为液态,而是要经过一个过渡态,液晶既具有液态的流动性,又具有晶体的有序性。

还有一类现象是同质多晶,同种化学成分的物质,在不同的物理化学条件(温度、压力、介质)下,形成不同结构的晶体的现象,称为同质多晶。这些不同结构的晶体,称为该成分的同质多晶变体。例如,金刚石和石墨就是碳(C)的两个同质多晶变体,它们的晶体结构如图 1.2 所示。

同质多晶的每一种变体都有它一定的热力学稳定范围,具备自己特有的形态和物理性质,并且这种形态与物性的差异较大,因此,在矿物中它们都是独立的矿物种。同种物质的同质多晶变体,常根据它们的形成温度从低到高在其名称或成分之前冠以"α-"、"β-"、"γ-"等希腊字母,以示区别,如"α-"石英、"β-"石英等,并且通常以"α-"代表低温变体,"β-"、"γ-"代表高温变体。

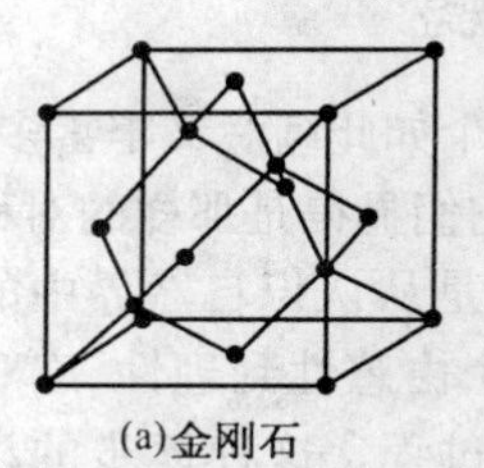
(a)金刚石

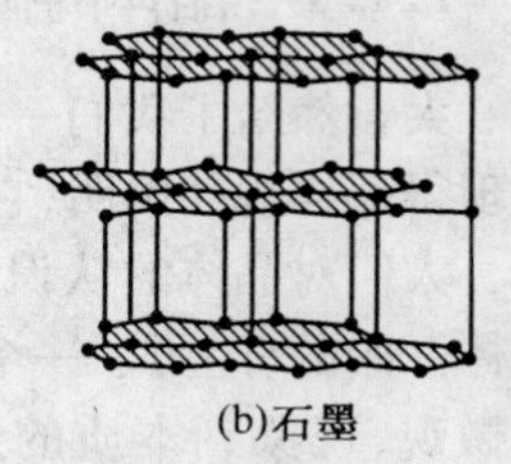
(b)石墨

图 1.2 金刚石与石墨的晶体结构

通常对于同一物质而言高温变体的对称程度较高。同质多晶的转变,可分为可逆的(双向的)和不可逆的(单向的)两种类型。如α-石英→β-石英的转变在573 ℃时瞬时完成,而且可逆;$CaCO_3$的斜方变体文石在升温条件下转变为三方变体方解石,但温度降低则不再形成文石。

同质多晶转变从晶体结构的变化又可分为以下三种:移位型转变,即一变体转变为另一变体时,结构中仅发生质点位置稍有移动,键角有所改变等不大的变化,例如 α-石英与β-石英之间的转变;重建型转变,即结构发生了根本性变化,相当于重建结构,例如金刚石与石墨之间的转变;有序-无序转变,即结构型基本不变,只是结构的有序-无序状态发生了改变。

1.1.2 晶体的基本特点

由于晶体是具有格子构造的固体,因此也就具备着晶体所共有的,由格子构造所决定的基本性质。

(1)自范性。晶体在适当条件下具有自发形成规则几何凸多面体形态的性质,这种性质称为自范性。

晶体的多面体形态,是其格子构造在外形上的直接反映。晶面、晶棱、角顶分别与格子构造中的面网、行列、结点相对应,如图1.3所示。

(2)均一性和异向性。因为晶体是具有格子构造的固体,同一晶体的各个部分质点分布是相同的,所以晶体各个部分的物理性质与化学性质也是相同的,这就是晶体的均一性;同一格子构造中,在不同方向上质点排列一般是不同的,因此,晶体的性质也随方向的不同而有所差异,这就是晶体的异向性。如矿物蓝晶石(又名二硬石)晶体的硬度,随方向的不同而有显著的差别,如图1.4所示。平行晶体延长方向的 AA 可用小刀刻动,而垂直于晶体延长方向的 BB 则小刀不能刻动。

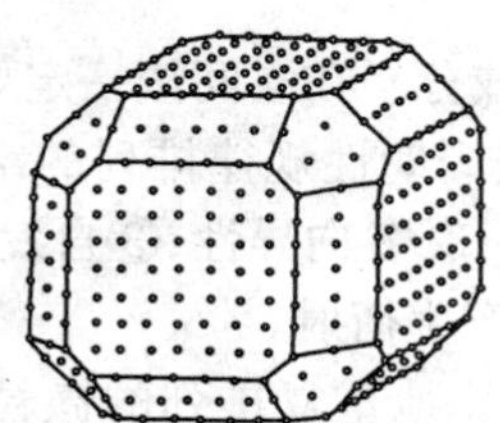

图1.3 晶面、晶棱、角顶与面网、行列、结点的关系示意图

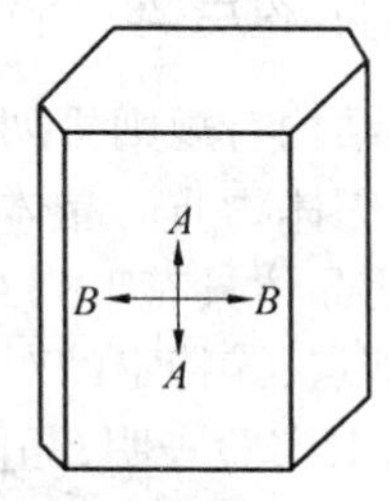

图1.4 蓝晶石晶体硬度的异向性(AA 与 BB 方向硬度不同)

云母、方解石等矿物晶体,具有完好的解理,受力后可沿晶体一定的方向,裂开成光滑的平面,而沿其他方向则不能裂开为光滑平面。矿物晶体的力学、光学、热学、电学等性质,都有明显的异向性的体现。此外,晶体的多面体形态,也是其异向性的一种表现,无异向性的外形应该是球形。

但必须指出的是,非晶质体也具有其均一性,如玻璃的不同部分折射率、膨胀系数、导热率等都是相同的。但是如前所述,由于非晶质的质点排列不具有远程规律,即不具有格子构造,所以其均一性是统计的,是平均近似的均一,称其为统计均一性;而晶体的均一性是取决于其格子构造的,称其为结晶均一性。两者有本质的差别,不能混为一谈。

(3)对称性。晶体具有异向性,但这并不排斥在某些特定的方向上具有相同的性质。在晶体的外形上,也常有相等的晶面、晶棱和角顶重复出现。这种相同的性质在不同的方向或位置上做有规律的重复,就是对称性,如图1.5所示。晶体的格子构造本身就是质点重复规律的体现。

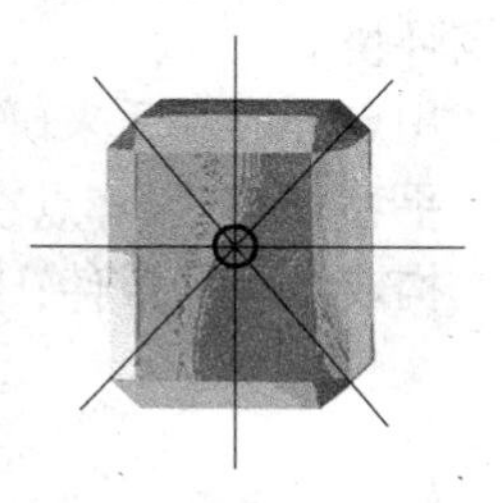

图1.5 晶体的对称性

(4)最小内能与稳定性。在相同的热力学条件下晶体与同种物质的非晶质体、液体、气体相比较,其内能最小,这就是晶体

的最小内能性。晶体是具有格子构造的固体,其内部质点是做有规律的排列的,这种规律的排列是质点间的引力与斥力达到平衡的结果。在这种情况下,无论质点间的距离增大或缩小,都将导致质点相对势能的增加。非晶质体、液体、气体由于它们内部质点的排列是不规律的,质点间的距离不可能是平衡距离,从而它们的势能也较晶体大。在相同的热力学条件下,晶体比具有相同化学成分的非晶体稳定,非晶质体有自发转变为晶体的必然趋势,而晶体决不会自发地转变为非晶质体,这就是晶体的稳定性。晶体的稳定性是晶体具有最小内能性的必然结果。

根据晶体的这些性质,人们在结晶时一般采取两种方法,一种是降温结晶,另一种是蒸发结晶。

降温结晶:首先加热溶液,蒸发溶剂成饱和溶液,此时降低热饱和溶液的温度,溶解度随温度变化较大的溶质就会呈晶体析出,称为降温结晶。

蒸发结晶:蒸发溶剂,使溶液由不饱和变为饱和,继续蒸发,过剩的溶质就会呈晶体析出,称为蒸发结晶。

1.1.3 晶体的点阵结构

晶体是内部结构有规则排列的固体,是由原子或分子在空间按一定规律、周期性重复地排列所构成的固体物质。晶体内部原子或分子按周期性规律排列的结构,是晶体结构最基本的特征,使晶体具有下列共同特性:①均匀性;②各向异性;③自发地形成凸多面体外形;④明确的熔点;⑤特定的对称性;⑥使 X 射线产生衍射。

由 X 射线衍射实验表明,晶体是由在空间有规律地重复排列的微粒(原子、分子、离子)组成的,晶体中微粒的有规律地重复排列,即为晶体的周期性,不同品种的晶体内部结构不同,但内部结构在空间排列的周期性是共同的。

为了讨论晶体周期性,不计重复单元的具体内容,将其抽象为几何点(无质量、无大小、不可区分),则晶体中重复单元在空间的周期性排列就可以用几何点在空间排列来描述。首先介绍晶体的点阵理论。

1. 点阵

连接任意两点的向量进行平移后能复原的一组点称为点阵。

在晶体内部原子或分子周期性地排列的每个重复单位的相同位置上定一个点,这些点按一定周期性规律排列在空间,构成一个点阵。点阵是一组无限的点,连结其中任意两点可得一矢量,将各个点阵按此矢量平移能使它复原。点阵中每个点都具有完全相同的周围环境。

用点阵的性质来研究晶体几何结构的理论称为点阵理论。

平移:所有点阵点在同一方向移动同一距离且使图形复原的操作。

构成点阵的条件:①点阵点数无穷大;

②每个点阵点周围具有相同的环境;

③平移后能复原。

2. 直线点阵

在直线上等距离排列的点为直线点阵,直线点阵中连接任意两相邻阵点的向量称为素向量(又称基本向量),否则为复向量。图 1.6 是可以抽象为直线点阵的一些分子结构。

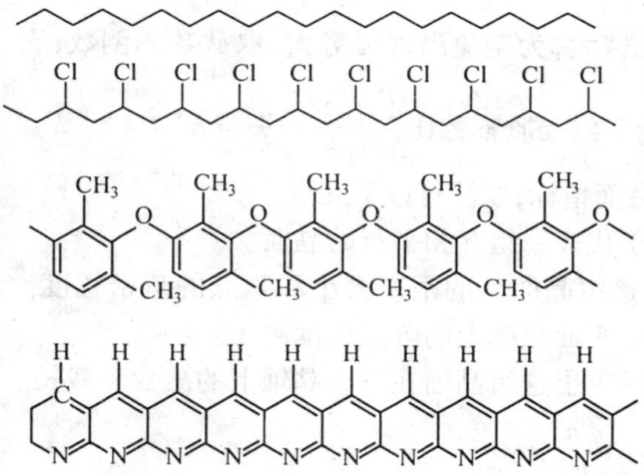

图 1.6 具有一维点阵结构的分子

直线点阵中有无穷多个平移操作可使其复原,用数学语言描述则为 $\boldsymbol{T}_m = m\boldsymbol{a}$ ($m=0, \pm1, \pm2\cdots$), $\boldsymbol{T}_m$ 对向量的加法构成一个群,即平移群。

3. 平面点阵

所有点阵点分布在一个平面上,即平面点阵,如图 1.7 所示。

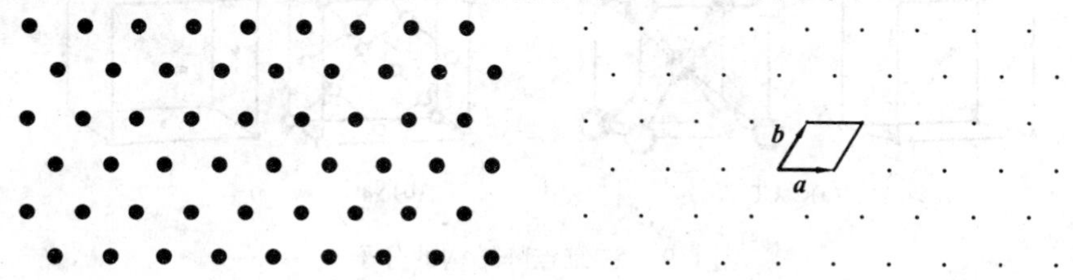

图 1.7 晶体的平面点阵

平移群: $\boldsymbol{T}_{m,n} = m\boldsymbol{a}+n\boldsymbol{b}$ ($m, n=0, \pm1, \pm2\cdots$)

素单位:平行四边形只含一个点阵点。

复单位:平行四边形含多个点阵点。

一个空间点阵中可以从不同的方向划分出不同的平面点阵组,每一组中的各点阵面都是互相平行的,且距离相等,如图 1.8 所示。各组平面点阵对应于实际晶体中不同方向的晶面。用"晶面指标"来描述这些不同方向的晶面。

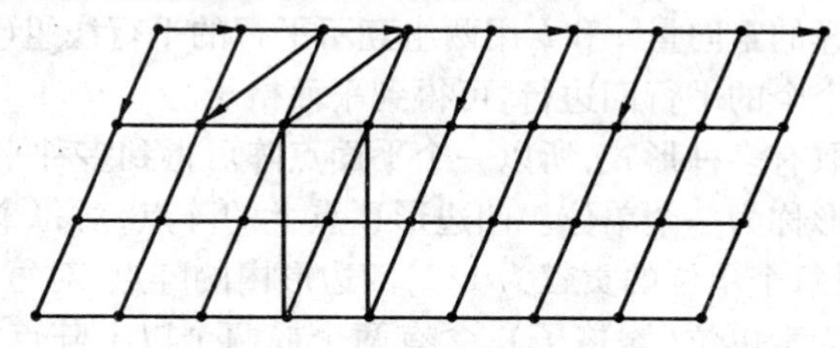

图 1.8 平面点阵的格子

晶面指标:晶体在三个晶轴上的倒易截数的互质整数比。首先看一个晶面在三个晶轴上的截距(或截长)。

如果$h'=3$、$k'=2$、$l'=1$,那么$h'=3$、$k'=2$、$l'=1$称为该晶面在三个晶轴上的截数。若晶面和晶轴平行,则截面为无穷大,为避免出现无穷大,取截数的倒数:$\frac{1}{h'}$、$\frac{1}{k'}$、$\frac{1}{l'}$称为倒易截数,将这些倒易截数化为一组互质整数比$\frac{1}{h'}:\frac{1}{k'}:\frac{1}{l'}=h^*:k^*:l^*$

$(h^*k^*l^*)$称为该晶面的晶面指标,要注意以下几点:

① 一个晶面指标$(h^*k^*l^*)$代表一组互相平行的晶面。

② 晶面指标的数值反映了这组晶面间的距离大小和阵点的疏密程度。晶面指标越大,晶面间距越小,晶面所对应的平面点阵上的阵点密度越小。

③ 由晶面指标$(h^*k^*l^*)$可求出这组晶面在三个晶轴上的截数和截长。

截数 $h'=\frac{n}{h^*}$ $k'=\frac{n}{k^*}$ $l'=\frac{n}{l^*}$

截长 $n'a$ $k'b$ $l'c$

4. 空间点阵

所有阵点分布在三维空间上,称为空间点阵,它们的集合平移群表示为

$$\boldsymbol{T}_{m,n,p}=m\boldsymbol{a}+n\boldsymbol{b}+p\boldsymbol{c}(m,n,p=0,\ \pm1,\ \pm2\cdots)$$

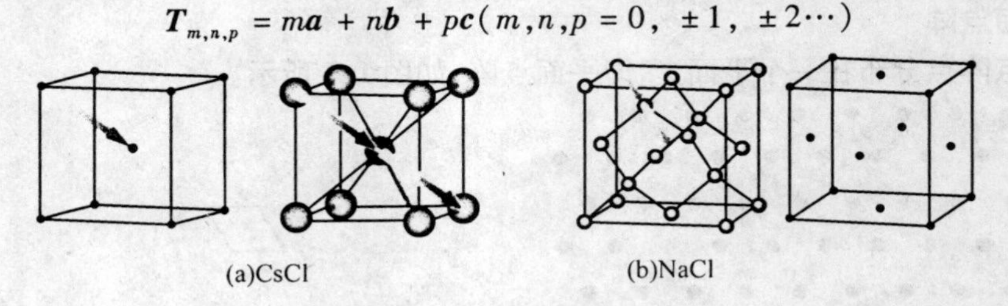

(a)CsCl (b)NaCl

图1.9 三维点阵结构的分子

由空间点阵按选择的向量$\boldsymbol{a}$、$\boldsymbol{b}$、$\boldsymbol{c}$将点阵划分成并置的平行六面体单位,称为点阵单位。把三维点阵划分成一个个的平行六面体,可得到空间格子,空间格子中的每个平行六面体称为空间格子的一个单位。空间点阵按照确定的平行六面体单位连线划分,获得一套直线网格,称为空间格子或晶格。点阵和晶格是分别用几何的点和线反映晶体结构的周期性,它们具有同样的意义,都是从实际晶体结构中抽象出来,表示晶体周期性结构的规律。晶体最基本的特点是晶体结构具有空间点阵式的结构,如图1.9所示。

5. 正当单位(正当格子)

对平面点阵按选择的素向量$\boldsymbol{a}$和$\boldsymbol{b}$用两组互不平行的平行线组(过点阵点,等间距),把平面点阵划分成一个个的平行四边行,可得到平面格子。

由于素向量的选取有多种形式,所以一个平面点阵可得到多种平面格子。平面格子中的每一个平行四边形称为一个单位。四边形顶点上的阵点,对每个单位的贡献为1/4,四边形边上的阵点,对每个单位的贡献为1/2,四边形内的阵点,对每个单位的贡献为1。只含一个阵点的单位为素单位(素格子),含有两个或两个以上阵点的单位为复单位(复格子)。

在考虑对称性尽量高的前提下,选取含点阵点尽量少的单元,即正当单位(正当格

子),正当单位可以是素单位,也可以是复单位。

注意:平面正当格子中只有矩形格子有素格子和复格子(带心格子)之分,这是因为其他三种形状的格子,必定能取出同类形状的更小的素格子来。空间点阵是晶体结构的数学抽象,晶体具有点阵结构。空间点阵中可以划分出一个个的平行六面体,即空间格子,空间格子在实际晶体中可以切出一个个平行六面体的实体,这些包括了实际内容的实体,称为晶胞,即晶胞是晶体结构中的基本重复单位。晶胞的两要素:① 晶胞的大小和形状,用晶胞参数表示;② 晶胞中各原子的位置,用原子的分数坐标($x\boldsymbol{a} + y\boldsymbol{b} + z\boldsymbol{c}$)表示。

晶胞一定是平行六面体,它们堆积起来才能构成晶体。晶胞也有素晶胞、复晶胞和正当晶胞之分,只含一个结构基元的晶胞称为素晶胞。正当晶胞可以是素晶胞,也可以是复晶胞,即在照顾对称性的前提下,选取体积最小的晶胞,以后如不加说明,都是指正当晶胞。

晶胞参数:选取晶体所对应点阵的三个素向量 $\boldsymbol{a}$、$\boldsymbol{b}$、$\boldsymbol{c}$ 为晶体的坐标轴,X、Y、Z 称为晶轴。晶轴确定之后,三个素向量的大小 $\boldsymbol{a}$、$\boldsymbol{b}$、$\boldsymbol{c}$ 及这些向量之间的夹角 α、β、γ 就确定了晶体的形状和大小,α、β、γ、a、b、c 为晶胞参数。

晶胞中任一原子的位置可用向量$\boldsymbol{OP} = X\boldsymbol{a} + Y\boldsymbol{b} + Z\boldsymbol{c}$ 表示,称(X,Y,Z)为 P 原子的分数坐标。图 1.10 为 CsCl 的三维点阵结构。Cl^- 和 CS^+ 的坐标分别为

$$Cl^-(0,0,0),Cs^+(\frac{1}{2},\frac{1}{2},\frac{1}{2})$$

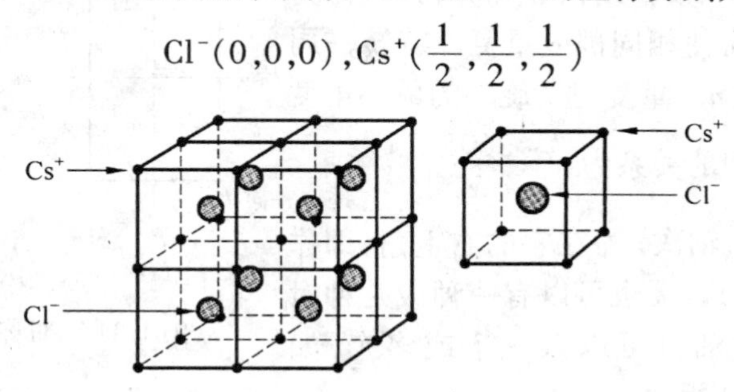

图 1.10 CsCl 的三维点阵结构

单位中结点的计算方法:顶点乘 1/8;棱上乘 1/4;面上乘 1/2;中心乘 1。

空间点阵的正当单位有七种形状,十四种形式。

知道了点阵的基本理论就可以研究晶体的微观结构和点阵结构。

1.2 晶体对称性与空间群

对称的现象在自然界和日常生活中都很常见,晶体的对称性分宏观对称性和微观对称性,晶体在外形上呈现出的对称性为晶体的宏观对称性。晶体的对称取决于它内在的格子构造,因此具有如下特点。

① 由于晶体内部都具有格子构造,而格子构造本身就是质点在三维空间周期重复的体现,通过平移,可使相同质点重复,而平移是一种特殊的对称操作,因此,所有的晶体结构都是对称的。

② 晶体的对称受格子构造规律的限制,只有符合格子构造规律的对称才能在晶体上

出现。因此,晶体的对称是有限的,它遵循“晶体对称定律”。

③ 晶体的对称不仅体现在外形上,同时也体现在物理性质(如光学、力学、热学、电学性质等)上,也就是说晶体的对称不仅包含几何意义,也包含物理意义。

欲使对称图形中相同部分重复,必须通过一定的操作,这种操作就称之为对称操作。在进行对称操作时所应用的辅助几何要素(点、线、面),称为对称要素。

1.2.1 晶体的宏观对称性

1. 晶体宏观对称要素

(1) 对称面

对称面是一假想的平面,亦称镜面,相应的对称操作为对此平面的反映,它将图形平分为互为镜像的两个相等部分。

图 1.11(a) 中 P_1 与 P_2 平面是对称面,但 (b) 中 AD 平面则不是对称面。虽然它把图形平分为两个相等部分,但这两者并不是互为镜像。对称面以 P 表示。在晶体中如果有对称面存在,可以有一个或若干个。

(2) 对称轴

对称轴是假想的一条直线,相应的对称操作为围绕此直线旋转后,可使相同部分重复。旋转一周重复的次数称为轴次 n。重复时所旋转的最小角度称基转角 α,两者之间的关系为 $n=\dfrac{360°}{\alpha}$。

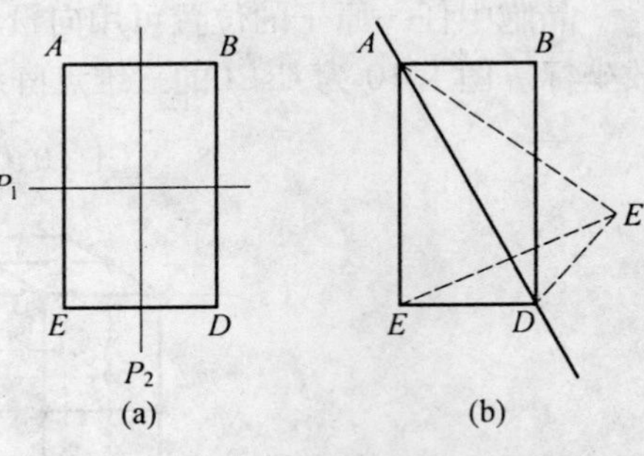

图 1.11 对称面与非对称面

对称轴以 L 表示,轴次 n 写在它的右上角,即作 L^n。在一个晶体中,可以无也可以有一种或几种对称轴,而每一种对称轴也可以有一个或多个,如 $3L^4$、$6L^2$ 等,如图 1.12 所示。

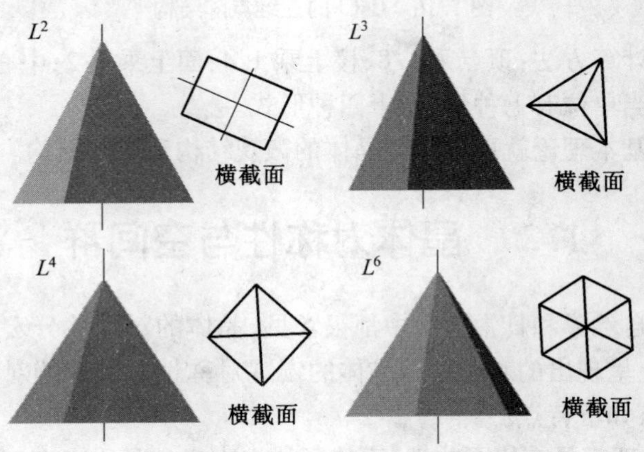

图 1.12 各种对称轴

晶体对称定律:晶体中可能出现的对称轴只能是一次轴、二次轴、三次轴、四次轴、六次轴,不可能存在五次轴及高于六次的对称轴。

晶体的对称定律可以这样理解：在晶体结构中，垂直对称轴一定有面网存在，在垂直对称轴的面网上，结点分布所形成的网孔一定要符合对称轴的对称规律。围绕 L^2、L^3、L^4、L^6 所形成的多边形网孔，可以毫无间隙地布满整个平面，从能量上看是稳定的；且这些多边形网孔也符合于面网上结点所围成的网孔（即形成平行四边形状）。但围绕 L^5 所形成的正五边形网孔，以及围绕高于六次轴所形成的正多边形网孔，如正七边形、正八边形等，都不能毫无间隙地布满整个平面，从能量上看是不稳定的，且这些多边形网孔大多数不符合于面网上结点所围成的网孔。所以，在晶体中不可能存在五次及高于六次的对称轴，如图 1.13 所示。

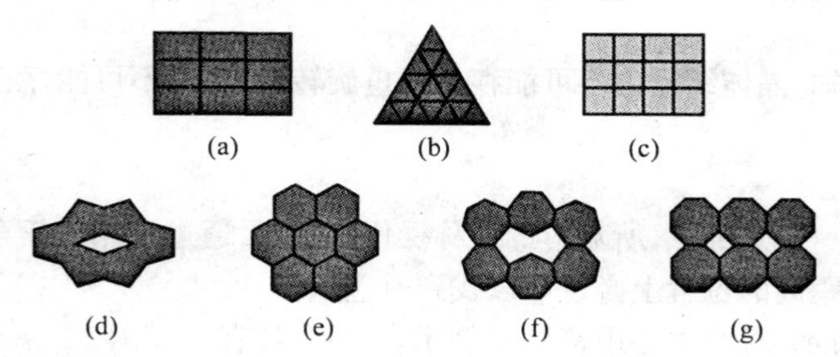

图 1.13　垂直于各种对称轴的面网

图 1.13(a)、(b)、(c)、(d)、(e)、(f)、(g) 分别是垂直二次、三次、四次、五次、六次、七次、八次轴的面网注解，主要论证在晶体结构中不可能存在五次及高于六次的旋转轴。

设晶体中有 n 次螺旋轴通过 O 点，根据对称元素取向定理，必有点阵面与 n 重轴垂直。而其中必有与 n 重轴垂直的素向量，将作用于 O 点得到 A' 点。设 n 重旋转轴的基转角 $2\pi/n$，则 $L(2\pi/n)$ 与 $L(-2\pi/n)$ 必能使点阵复原。这就必有点阵 B 与 B'，如图 1.14 所示。

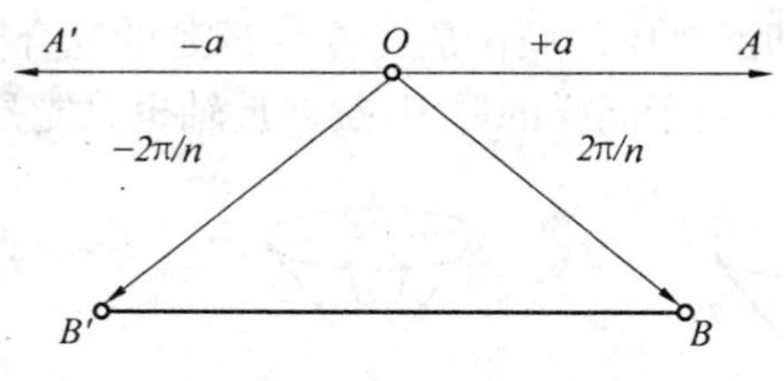

图 1.14　对称矢量图解

由图 1.14 可以看出 BB' 必平行于 AA'，则向量 BB' 属于素向量为 $\boldsymbol{a}$ 平移群，那么

$$\boldsymbol{BB'} = m\boldsymbol{a} \quad (m = 0, \pm 1, \pm 2, \cdots)$$

$$\boldsymbol{BB'} = |\boldsymbol{BB'}| = 2|OB|\cos(2\pi/n)$$

即

$$m\boldsymbol{a} = 2a\cos(2\pi/n)$$

$$m/2 = \cos(2\pi/n)$$

而

$$|\cos(2\pi/n)| \leqslant 1$$

即

$$|m|/2 \leqslant 1，\text{或} |m| \leqslant 2$$

即有

$$m = 0, \pm 1, \pm 2$$

m 的取值与 n 的关系见表 1.1。

表 1.1　m 的取值与 n 的关系

m	$\cos(2\pi/n)$	$2\pi/n$	n
−2	−1	$2\pi/2$	2
−1	−1/2	$2\pi/3$	3
0	0	$2\pi/4$	4
1	1/2	$2\pi/6$	6
2	1	$2\pi/1$	1

由表 1.1 可知，晶体结构中不可能存在五重旋转轴，并且不可能存在高于六次的对称轴。

(3) 对称中心

对称中心是一假想的点，所对应的对称操作为反延，通过该点作任意直线则在此直线上距对称中心等距离的位置上必定可以找到对应点。

如图 1.15 所示，对称中心用符号 C 表示。一个具有对称中心的图形，其相对应的面、棱、角都体现为反向平行。在晶体中，若存在对称中心时，其晶面必然成对分布，每对晶面都是两两平行而且同形等大的。这一点可以用来作为判别理想晶体或晶体模型有无对称中心的依据。

图 1.15　对称中心的操作

(4) 旋转反轴

如图 1.16 所示，旋转反轴也是一假想的直线，如果物体绕该直线旋转一定角度后，再对此直线上的一点进行反延，可使相同部分重复，即所对应的操作是旋转 + 反延的复合操作。

旋转反轴以 L_i^n 表示。由于同样的原因，旋转反轴也只能是 $n=1、2、3、4、6$。

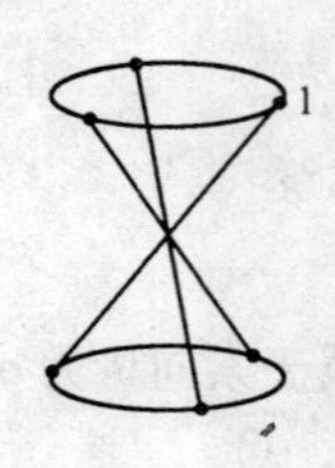

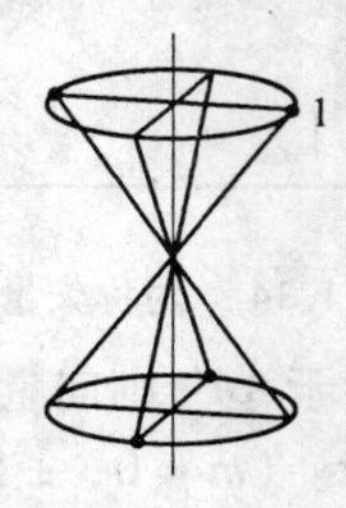

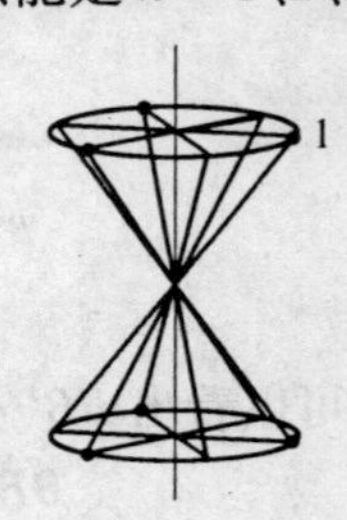

图 1.16　三次、四次、六次旋转反轴的操作

(5) 对称要素的组合

在前面讨论了各种对称要素和操作，对称要素有时并不是孤立存在的，并且对称要素(操作)的组合也可导出新的对称要素(操作)，这就是对称要素的组合问题。对称要素组合不是任意的，必须符合对称要素的组合定理。对称要素的组合服从以下定理。

定理 1：如果有一个二次轴 L^2 垂直 n 次轴 L^n，则 ① 必有 n 个 L^2 垂直 L^n；② 相邻两个 L^2 的夹角为 L^n 的基转角的一半。

定理 2：如果有一个对称面 P 垂直于偶次对称轴 $L^{n(偶)}$，则在其交点存在对称中心 C。

定理3:如果有一个对称面 P 包含对称轴 L^n,则 ① 必有 n 个 P 包含 L^n;② 相邻两个 P 的夹角为 L^n 的基转角的一半。

定理4:如果有一个二次轴 L^2 垂直于旋转反轴 L_i^n,或者有一个对称面 P 包含 L_i^n,当 n 为奇数时必有 n 个 L^2 垂直 L_i^n 和 n 个 P 包含 L_i^n;当 n 为偶数时必有 $n/2$ 个 L^2 垂直 L_i^n 和 $n/2$ 个 P 包含 L_i^n。

这些对称要素组合定理在判断晶体中哪些对称要素能共存且共存后会产生什么结果时都非常有用。

2. 32个对称型(点群)及其推导

晶体形态中,全部对称要素的组合,称为该晶体形态的对称型或点群。一般来说,当强调对称要素时称对称型,强调对称操作时称点群,因为在晶体形态中,全部对称要素相交于一点(晶体中心),在进行对称操作时至少有一点不移动,并且各对称操作可构成一个群,符合数学中群的概念,所以称为点群。对称型与点群是一一对应的。

根据晶体形态中可能存在的对称要素及其组合规律,推导出晶体中可能出现的对称型(点群)是非常有限的,仅有32种。这32个对称型(点群)的推导方法可以根据上述对称要素组合定理,直观地推导出来。下面仅举两例加以说明。

例1.1 如果晶体中有一个 L^3,同时又有一个 L^2 垂直于它,则根据组合定律1,形成了 $L^3 3L^2$ 对称型,石英晶体就是这种对称型。

例1.2 如果晶体中有一个 L^4,同时又有一个 L^2 垂直于它和一个对称面垂直它,则 $L^4 \times L^2_{\perp} \rightarrow L^4 4L^2$(组合定律1),$L^4 \times P_{\perp} \rightarrow L^4 4P$(组合定律2),因为同时垂直 L^4 的 L^2 与 P 肯定是包含关系,所以 $L^2 \times P_{/\!/} \rightarrow L^2 2P$(组合定律3),这两个 P 中,有一个是垂直 L^4 包含 L^2 的,而另一个是包含 L^4 垂直 L^2,这个包含 L^4的 P 则会与 L^4 组合:$L^4 \times P_{/\!/} \rightarrow L^4 4P$,最后产生对称型 $L^4 4L^2 5PC$,金红石就是这种对称型。

3. 晶体的对称分类

根据晶体的对称型中含对称要素的特点,可以对晶体进行合理的科学分类,见表1.2。

表1.2 晶体的对称分类

晶系	特征对称元素	晶胞的特征
三斜	没有对称轴或只有一个反延轴	$a \neq b \neq c, \alpha \neq \beta \neq \gamma$
单斜	一个2次轴而无高次轴	$a \neq b \neq c, \alpha = \gamma = 90° \neq \beta$
正交	三个互相垂直的2次轴	$a \neq b \neq c, \alpha = \beta = \gamma = 90°$
三方	一个3次轴	$a \neq b \neq c, \alpha = \beta = \gamma \neq 90°$
四方	一个4次轴	$a = b \neq c, \alpha = \beta = \gamma = 90°$
六方	一个6次轴	$a = b \neq c, \alpha = \beta = 90°, \gamma = 120°$
立方	四个3次轴	$a = b = c, \alpha = \beta = \gamma = 90°$

由于晶体的各种特性(形态、物性、结构等)都与晶体的方向有关,所以晶体定向是研究晶体的最基本的工作。晶体定向就是以晶体中心为原点建立一个坐标系,这个坐标系

一般由三根晶轴 X、Y、Z 轴(也可用 a、b、c 轴表示)组成。三根晶轴正向之间的夹角分别表示为 $\alpha(Y \wedge Z)$、$\beta(Z \wedge X)$、$\gamma(X \wedge Y)$。对于三、六方晶系的晶体,通常要用四轴定向法,即要选出四根晶轴。

那么,究竟选择晶体中哪些方向上的直线作为晶轴呢?选择的原则有两点:① 与晶体的对称特点相符合(即一般都以对称要素作为晶轴);② 在遵循上述原则的基础上尽量使晶轴夹角 = 90°。

例如:有 4×3 的点群称为立方晶系;有 1×6 或 $1 \times \bar{6}$ 的称为六方晶系 O_h,O,O_d,T_h,T 点群;C_6,C_{3h},C_{6h},D_6,C_{6v},D_{3h},D_{6h} 有 3×2 或 $2 \times m$ 称为正交晶系 D_2,D_{2v},D_{2h} 点群。7 个晶系按对称性高低分为高级、中级、低级三个晶族,高级晶族具有不止一个高次轴的晶体(立方晶系),中级只有一个高次轴(六方、三方、四方),低级不具有高次轴(正交、单斜、三斜)。为了标注晶体在各个方向的对称性,规定晶胞中的"位"。

例如:立方晶系

第一位:$\boldsymbol{a}$

第二位:$\boldsymbol{a}+\boldsymbol{b}+\boldsymbol{c}$(体对角线)

第三位:$\boldsymbol{a}+\boldsymbol{b}$(面对角线)

将各个"位"上的对称元素一一列出则构成点群 O 的国际符号。

例如:立方晶系,第 32 号点群 O_h——$\frac{4}{m}\,\frac{2}{m}$。

其国际符号的意义:在第一位方向(即 $\boldsymbol{a}$)有一与 $\boldsymbol{a}$ 平行的 4 重轴,和与 $\boldsymbol{a}$ 垂直的反映面。

在与第二位($\boldsymbol{a}+\boldsymbol{b}+\boldsymbol{c}$)平行的方向上有一个 3 重轴。

在第三位方向($\boldsymbol{a}+\boldsymbol{b}$)有一与之平行的 2 重轴,与之垂直方向有一反映面。

请注意,这里在晶体宏观形态中按对称特点选出的晶轴,实际上与晶体内部结构中空间格子的三个不共面的行列方向一致。

4. 14 种空间格子(14 种布拉维格子)

(1) 平行六面体的选择

平行六面体就是空间格子的最小重复单位。对于每一种晶体结构而言,其结点(相当点)的分布是客观存在的,但平行六面体的选择是人为的,即同一种结构其平行六面体的选择可有多种方法。因此,选择平行六面体必须遵循一定的原则才能统一。

在结晶学中,平行六面体的选择原则如下:

① 所选取的平行六面体应能反映结点分布整体所固有的对称性;

② 在上述前提下,所选取的平行六面体中棱与棱之间的直角关系力求最多;

③ 在满足以上两个条件的基础上,所选取的平行六面体的体积力求最小。

上述条件实质上与前面所讲的在晶体宏观形态上选择晶轴的原则是一致的,也就是说,在宏观晶体上选晶轴和在内部晶体结构中选空间格子三个方向的行列,都要符合晶体所固有的对称性,而晶体宏观对称与内部微观对称是统一的,所以选择的原则是一致的。这也就导致了宏观形态上选出的晶轴(X、Y、Z)恰好与内部结构空间格子中选出的平行六面体三根棱(行列)相一致。

(2) 各晶系平行六面体的形状和大小

平行六面体的形状和大小由晶胞参数(a_0、b_0、c_0;α、β、γ)决定。根据晶体的对称特点我们不能确定晶胞参数,只能确定晶体常数特点(a、b、c;α、β、γ之间的相对关系)。各晶系对称性不同,因而平行六面体形状不同,如图 1.17 所示。

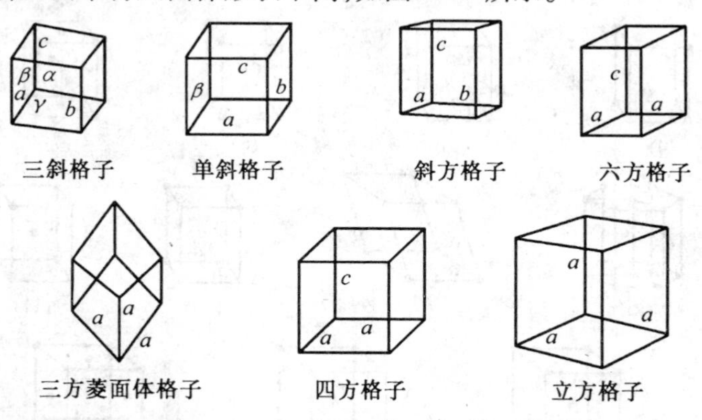

图 1.17 各晶系平行六面体的形状

(3) 平行六面体中结点的分布

在按选择原则选择出的平行六面体中,结点(相当点)的分布只能有四种可能的情况,与其对应可分为四种格子类型,如图 1.18 所示。

① 原始格子(P):结点分布于平行六面体的 8 个角顶上。

② 底心格子(C):结点分布于平行六面体的角顶及某一对面的中心。

③ 体心格子(I):结点分布于平行六面体的角顶和体中心。

④ 面心格子(F):结点分布于平行六面体的角顶和 3 对面的中心。

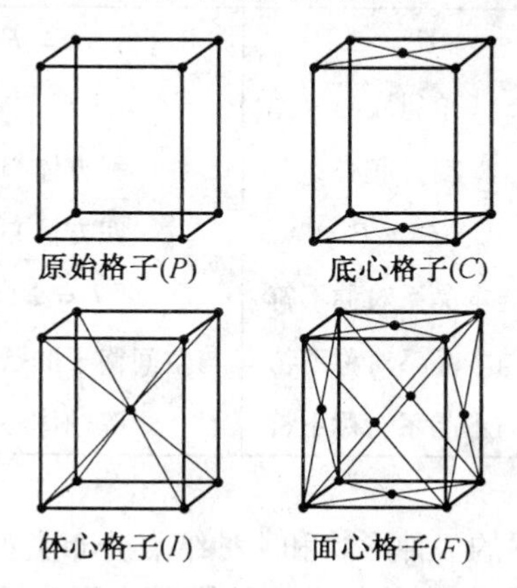

图 1.18 四种格子类型

(4)14 种布拉维格子

综合考虑平行六面体的形状及结点的分布情况,在晶体结构中只可能出现 14 种不同型式的空间格子。这是由布拉维(A. Bravais)于 1848 年最先推导出来的,故称为 14 种布拉维格子，如图 1.19 所示。表 1.3 列出 14 种空间格子在各晶系的分布。

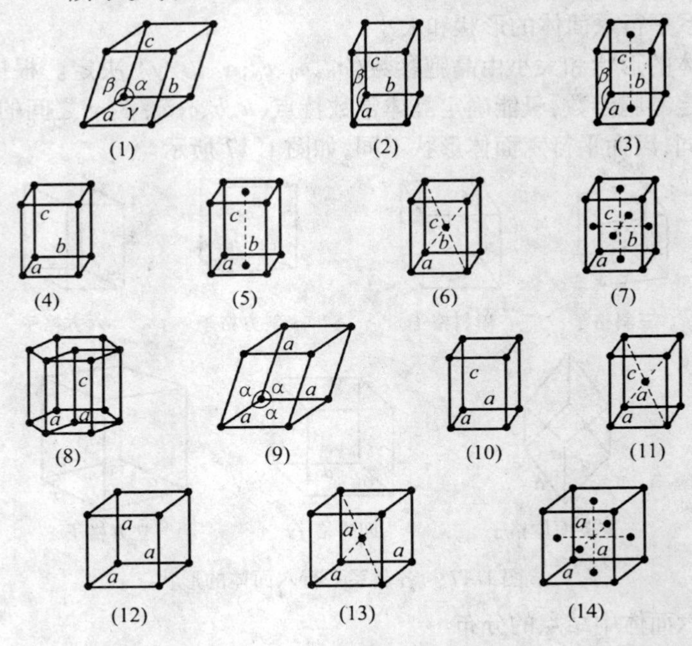

图 1.19 14 种布拉维格子示意图

(1) 简单三斜；(2) 简单单斜；(3) 底心单斜；(4) 简单正交；(5) 底心正交；(6) 体心正交；(7) 面心正交；(8) 简单三方；(9) 菱面体即简单六方；(10) 简单四方；(11) 体心四方；(12) 简单立方；(13) 体心立方；(14) 面心立方

表 1.3 14 种空间格子在各晶系的分布

晶系	简单格子(P)	底心格子(C)	体心格子(I)	面心格子(F)
三斜	简单三斜	$C=I$	$I=F$	$F=P$
单斜	简单单斜	单斜底心	$I=F$	$F=C$
斜方	简单斜方	斜方底心	斜方体心	斜方面心
四方	简单四方	$C=P$	四方体心	$F=I$
三方	简单三方	与本晶系对称不符	$I=F$	$F=P$
六方	简单六方	与本晶系对称不符	与空间格子的条件不符	与空间格子的条件不符
等轴	简单等轴	与本晶系对称不符	等轴体心	等轴面心

既然平行六面体有前述的 7 种形状和 4 种结点分布类型，为什么不是 $7\times4=28$ 种空间格子而只有 14 种呢？这是因为某些类型的格子彼此重复并可转换，还有一些不符合某晶系的对称特点而不能在该晶系中存在。现举两例略加说明。

例 1.3 四方底心格子可转变为体积更小的简单四方格子，如图 1.20 所示。

例 1.4 在等轴晶系中，若在立方格子中的一对面的中心安置结点，则完全不符合等轴晶系具有 $4L^3$ 的对称特点，故不可能存在立方底心格子，如图 1.21 所示。

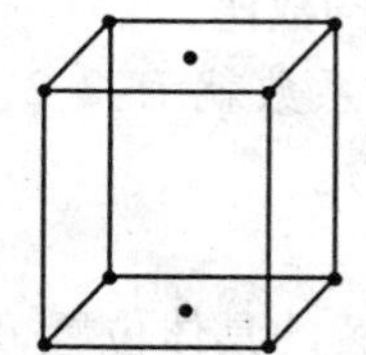
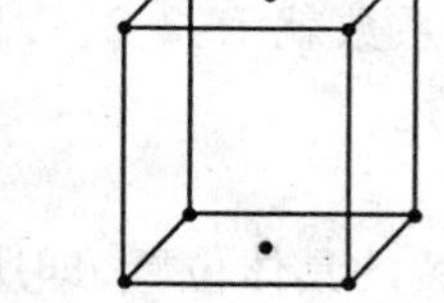

图 1.20 四方底心格子转化为简单四方格子

图 1.21 立方底心格子不符合等轴晶系对称

以上表明，当去掉一些重复的、不可能存在的空间格子后，在晶体结构中只可能出现14 种空间格子，即 14 种布拉维格子。

5. 晶胞参数及晶体常数特点

X、Y、Z 三根晶轴方向上的结点间距分别表示为 a_0、b_0、c_0，称为轴长；三根晶轴正端之间的夹角 α、β、γ 称为轴角，轴长和轴角统称晶胞参数。已知由 a_0、b_0、c_0 以及 α、β、γ 决定空间格子中平行六面体的大小和形状。

但是，在晶体宏观形态上是定不出轴长的，只能根据对称特点定出 $a_0 : b_0 : c_0$（或表示为 $a : b : c$），这一比例称为轴率。轴率与轴角统称晶体常数，晶体常数的特点是可以在晶体宏观形态上体现出来，例如，等轴晶系晶体对称程度高，晶轴 X、Y、Z 为彼此对称的行列，它们通过对称要素的作用可以相互重合，因此它们的轴长是相同的，即 $a = b = c$，轴率 $a : b : c = 1 : 1 : 1$；中级晶族（四方、三方和六方晶系）晶体中只有一个高次轴，以高次轴为 Z 轴，通过高次轴的作用可使 X 轴与 Y 轴重合（在三方与六方晶系中可使 X 轴、Y 轴、U 轴重合），因此轴长 $a = b$，但与 c 不等，轴率 $a : c$ 因晶体的种别而异；低级晶族（斜方、单斜和三斜晶系）晶体对称程度低，X、Y、Z 轴不能通过对称要素的作用而重合，所以 $a \neq b \neq c$，晶体的种类不同，轴率 $a : b : c$ 数据也不同。

6. 对称型的国际符号

前面给出的对称型符号为一般符号，也称对称型的全面符号，在这种符号中，按一定顺序将对称型中所有的对称要素都书写出来，不管方向性，且比较繁琐，但对初学者来说比较容易接受，所以先介绍一般符号。下面介绍对称型的国际符号。国际符号是一种比较简明的符号，它是由 Hermann 与 Mauguin 创立的，所以也称 HM 符号。国标符号既表明了对称要素的组合，也表明了对称要素的方位。国际符号中以 1、2、3、4、6 和 $\bar{1}$、$\bar{2}$、$\bar{3}$、$\bar{4}$、$\bar{6}$ 分别表示各种轴次的对称轴和旋转反延轴，以 m 表示对称面。

若对称面与对称轴垂直，则两者之间以斜线或横线隔开，如 L^2PC 以 $2/m$ 表示，L^4PC 以 $4/m$ 表示。

在国际符号中有 1 ～3 个序位，每一序位中的一个对称要素符号代表一定方向的、可以互相派生（或复制）的多个对称要素，即在对称型的国际符号中，凡是可以通过其他对称要素派生出来的对称要素都省略了。

（1）晶面符号

晶体定向后，晶面在空间的相对位置即可根据它与晶轴的关系予以确定。表征晶面空间方位的符号，称为晶面符号。通常所采用的是米氏符号，系英国人米勒尔（W. H.

Miller）于 1839 年所创，即晶面在三根晶轴上的截距系数的倒数比。

例如，设有一晶面截 X、Y、Z 轴分别为 $2a$、$2b$、$3c$，截距系数就为：2、2、3，倒数就为：1/2、1/2、1/3，比为 3：3：2，所以该晶面米氏符号为：(3 3 2)。

（2）晶棱符号

晶棱符号是表征晶棱（直线）方向的符号，它不涉及晶棱的具体位置，即所有平行棱具有同一个晶棱符号。确定晶棱符号的方法如下：将晶棱平移，使之通过晶体中心，然后在其上任取一点，求出此点在三个晶轴上的坐标（x、y、z），并以轴长来度量，即求得晶棱符号。

举例：设晶体上有一晶棱 OP，将其平移使通过晶轴的交点，并在其上任意取一点 M，M 点在三个晶轴上的坐标分别为 $MR = a$、$MK = 2b$ 和 $MF = 3c$，三个轴的轴长分别为 a、b、c，则 $r : s : t = MR/a : MK/b : MF/c = 1 : 2 : 3$。故该晶棱的符号为[1 2 3]。

注意：晶面符号用小括号，晶棱符号用中括号，里面的数值称晶面指数或晶棱指数。

7. 整数定律、晶带定律

（1）整数定律或有理指数定律

这一定律实际上是指晶面指数为简单整数。

如图 1.22 所示，随着截距系数比越来越复杂，面网密度就变得越来越小，而根据布拉维法则，晶体常常被面网密度较大的晶面所包围。因此，晶面在晶轴上的截距系数之比为简单整数比。

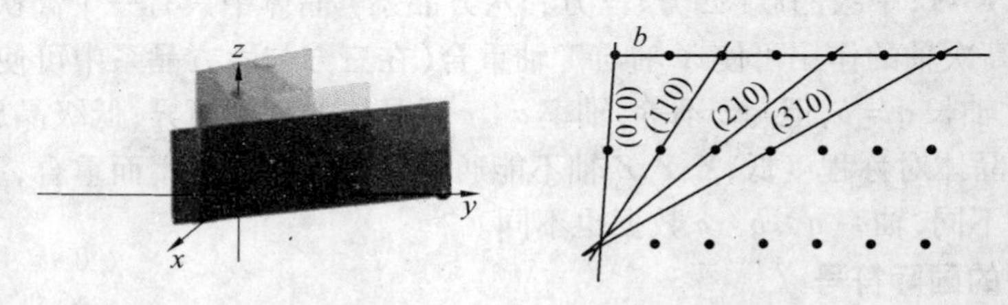

图 1.22 整数定律说明

（2）晶带定律

晶棱相互平行的一组晶面的组合，称为一个晶带。表示晶带方向的一根直线，即该晶带中各晶面晶棱方向直线，并移至过晶体中心，称晶带轴。

晶带轴的符号就是晶棱符号。通常以晶带轴符号来表示晶带符号，如图 1.23 所示的晶带[1 0 0]，表示以[1 0 0]直线为晶带轴的那一组晶棱相互平行的晶带。

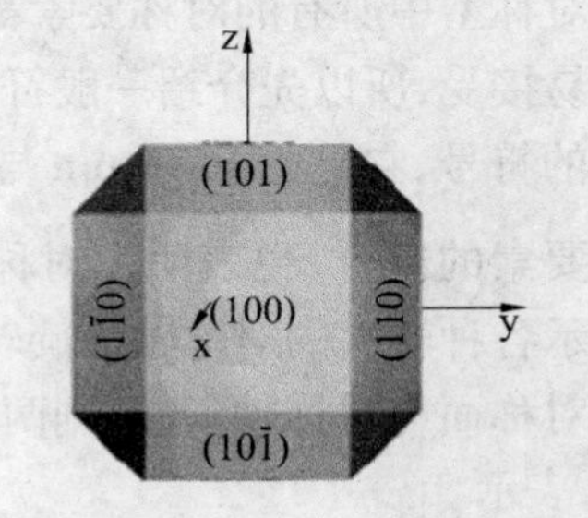

图 1.23 晶体形态上晶面组成的几个晶带

在实际晶体上，晶面都是按晶带分布的。这是因为，前面已述晶面都是由面网密度较大的面网组成，所以晶体上所出现的实际晶面维数是有限的；相应的，晶面的晶棱也应当是结点分布较密的行列，这种行列的方向也是为数不多的；所以晶体上的许多晶棱常具有共同的方向且相互平行。

任意两晶棱(晶带)相交必可决定一可能晶面,而任意两晶面相交必可决定一可能晶棱(晶带),这就称之为晶带定律。

1.2.2 晶体的微观对称性

1. 晶体内部结构的对称要素

晶体内部结构的对称与外部形态的对称应该是统一的,但是,内部对称与外部对称也有区别。首先,在晶体结构中平行于任何一个对称要素有无穷多的和它相同的或相似的对称要素。其次,在晶体结构中出现了一种在晶体外形上不可能有的对称操作——平移操作。从而使晶体内部结构除具有外形上可能出现的那些对称要素之外,还出现了一些特有的对称要素。晶体内部特有的对称要素如下:

(1) 平移轴

平移轴为一直线,图形沿此直线移动一定距离,可使相等部分重合,晶体结构沿着空间格子中的任意一条行列移动一个或若干个结点间距,可使每一质点与其相同的质点重合。因此,空间格子中的任一行列就是代表平移对称的平移轴。空间格子即为晶体内部结构在三维空间呈平移对称规律的几何图形。

(2) 螺旋轴

螺旋轴为晶体结构中一条假想直线,当结构围绕此直线旋转一定角度,并平行此直线移动一定距离后,结构中的每一质点都与其相同的质点重合,整个结构自相重合。

螺旋轴的国际符号一般写成 n_s。n 为轴次,s 为小于 n 的自然数。n 代表了旋转角度,而 s 代表了沿螺旋轴方向质点平移的距离(螺距)。例如图 1.24 中为六次螺旋轴 6_1,其含义为:质点旋转 60° 后沿螺旋轴方向质点再平移 $\frac{1}{6}T$,其中 T 为螺旋轴方向平移周期长度(即结点间距),因为在一行列上,平移一个周期 T 肯定有相同质点重合。

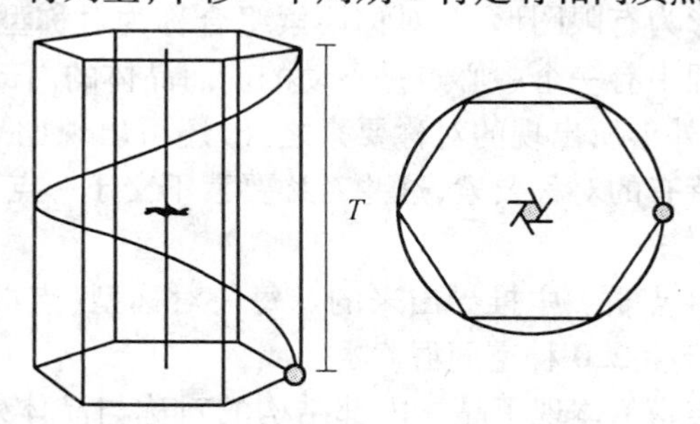

图 1.24 六次螺旋轴 6_1

螺旋轴根据其轴次和螺距可分为 2_1;3_1、3_2;4_1、4_2、4_3;6_1、6_2、6_3、6_4、6_5,共 11 种。

螺旋轴根据其旋转的方向可有右旋螺旋轴(逆时针旋转,旋进方向与右手系相同,将右手大拇指伸直,其余四指并拢弯曲,则大拇指指向平移方向,四指指向旋转方向)、左旋螺旋轴(顺时针旋转,旋进方向与左手系相同)及中性螺旋轴(顺、逆时针旋转均可)之分。但本书规定,螺旋轴 n_s 的下标 s 是以右旋螺旋的螺距来标定的,如 4_1 意指按右旋方向旋转 90°,螺距 $\frac{1}{4}T$,而如 4_3 意指按右旋方向旋转 90°,螺距 $\frac{3}{4}T$,但如果按左旋方向旋转

90°，螺距就变为$\frac{1}{4}T$。所以我们称4_1为右旋螺旋轴，而4_3为左旋螺旋轴，如图1.25所示。

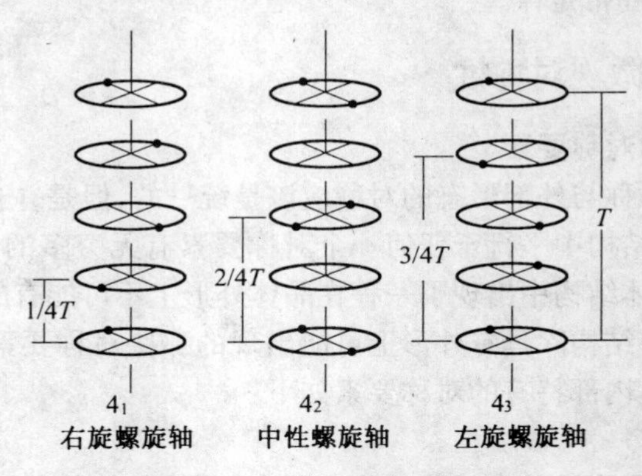

图1.25　四次螺旋轴

(3) 滑移面

滑移面是晶体结构中一假想的平面，当结构对此平面反映，并平行此平面移动一定距离后，结构中的每一个点与其相同的点重合，整个结构自相重合。滑移面按其滑移的方向和距离可分为a、b、c、n、d这五种。其中a、b、c为轴向滑移，移距分别为$\frac{1}{2}a$、$\frac{1}{2}b$、$\frac{1}{2}c$；n为对角线滑移，移距为$\frac{1}{2}(a+b)$、$\frac{1}{2}(b+c)$、$\frac{1}{2}(c+a)$、$\frac{1}{2}(a+b+c)$、$\frac{1}{2}(a+b+2c)$等；d为金刚石型滑移，移距为$\frac{1}{4}(a+b)$、$\frac{1}{4}(b+c)$、$\frac{1}{4}(a+c)$、$\frac{1}{4}(a+b+c)$等。

2. 空间群

空间群为晶体内部结构的对称要素(操作)的组合(复合)，空间群共有230种。

如前所述，晶体外形为有限图形，其对称要素组合称为对称型，共有32个，也称为点群，表示在对称操作过程中有一个中心点是不动的。而晶体的内部结构被视为无限图形，其内部除了能出现晶体外形所出现的对称要素之外，还可出现如平移轴、滑移面、螺旋轴等包含有平移操作的、特有的对称要素，这些对称要素不交于一点，为了与点群区别，称为空间群。

空间群是从对称型(点群)中推导出来的。每一对称型(点群)可产生多个空间群，32个对称型(点群)可产生230种空间群。

空间群与对称型(点群)体现了晶体内部结构的对称与晶体外形对称的统一。如在晶体外形的某一方向上有4，则在晶体内部结构中相应的方向可能有4、4_1、4_2、4_3，也可能有2、2_1；如果在外形上有对称面，则在内部相应的方向可能有滑移面。

空间群的国际符号包括两个组成部分，前一部分为开头处的大写英文字母，表示格子类型(P、$C(A$、$B)$、I、F)；后一部分与对称型(点群)的国际符号基本相同，只是其中晶体的某些宏观对称要素的符号需换成相应的内部结构对称要素的符号。如对称型(点群)4(L^4)相应的6个空间群的国际符号分别为$P4$、$P4_1$、$P4_2$、$P4_3$、$I4$、$I4_1$。

3. 等效点系

等效点系是指晶体结构中由一原始点经空间群中所有对称要素操作所推导出来的一

套规则点系。因为单形是由一原始晶面经对称型中所有对称要素操作所推导出来的一组晶面,所以等效点系与空间群的关系,相当于单形与对称型(点群)的关系。

在晶体结构中,质点按等效点系分布,不同种类型质点不能占据同一套等效点系,同种类型质点占据一套或几套等效点系,即同种类型的质点并不一定就是一套等效点。

最后需要强调指出的是,等效点并不一定是相当点。相当点彼此之间是通过空间格子平移作用而相互重复的,此外,在底心、体心、面心格子中的底心、体心、面心上的点与其空间格子上角顶上的点也是相当点(虽然这些点与角顶上的点并不是通过平移作用重复的);但等效点是通过晶体内部对称要素而相互重复的点,相当点一定是等效点。

1.3 晶体的培养与 X 射线衍射实验

1.3.1 晶体的培养

晶体是具有格子构造的固体,晶体生长过程实际上是在一定的条件下组成晶体的质点按照格子构造规律排列堆积的过程。从物相的转变方式上来看,晶体生长过程可以是:① 气相→结晶固相;② 液相→结晶固相;③ 非晶固相→结晶固相;④ 一种结晶固相→另一种结晶固相。而其中液相又可以是溶液或熔体。导致发生上述第 ①、② 种相变的热力学条件是过饱和(浓度大于溶解度)或过冷(温度低于熔点);第 ③ 种相变是可以自发进行的;第 ④ 种相变是因为外界温压条件发生改变使原来的结晶固相不稳定而形成的另一种晶体。

1. 成核

晶体生长过程的第一步,就是形成晶核。成核是一个相变过程,即在母液相中形成固相小晶芽,这一相变过程中体系自由能的变化,可以形象地理解为:一方面由于体系从液相转变为内能更小的晶相而使体系自由能下降(称体自由能下降),另一方面又由于增加了液 - 固界面而使体系自由能升高(称界面能升高)。这两方面相互竞争,如果体自由能下降大于界面能升高,整个体系自由能是下降的,这时晶核就能稳定存在,反之,晶核不能形成。当晶核很小时,界面能升高是大于体自由能降低的;但是当晶核半径达到某一值(r_c)时,界面能升高小于体自由能降低。r_c 称为临界半径。由此可见,只有当 $r > r_c$ 时,晶核才能稳定存在,否则不能成核。

以上从内因方面讨论了成核机理,影响成核的外因主要是过冷却度或过饱和度,成核的相变有滞后现象,就是说当温度降至相变点 T_0 时,或当浓度刚达到饱和度时,并不能看到成核相变,成核总需要一定程度的过冷或过饱和。

此外,成核还可分为均匀成核与非均匀成核。

均匀成核:在体系内任何部位成核率是相等的。

非均匀成核:在体系某些部位的成核率高于另一些部位。

均匀成核是在非常理想的情况下才能发生。实际成核过程都是非均匀成核,即体系里总是存在杂质、热流不均、容器壁不平等不均匀的情况,这些不均匀性有效地降低了成核时的表面能位垒,核就先在这些部位形成。所以人工合成晶体总是人为地制造不均匀性使成核容易发生，如放入籽晶、成核剂等。

2. 晶体生长

晶核形成后将进一步成长，下面介绍关于晶体生长的几种主要的模型。

(1)层生长理论模型

科塞尔(Kossel，1927)首先提出，后经斯特兰斯基(Stranski)加以发展的晶体层生长理论亦称为科塞尔-斯特兰斯基理论。这一模型要讨论的关键问题是：在一个面尚未生长完全前在这一界面上找出最佳生长位置。图 1.26 表示了一个简单立方晶体模型一界面上的各种位置，各位上成键数目不同，新质点就位后的稳定程度不同。每一个来自环境相的新质点在环境相与新相界面的晶格上就位时，最可能结合的位置是能量上最有利的位置，即结合成键时应该是成键数目最多、释放出能量最大的位置。图 1.26 为晶体生长过程中表面状态及层生长过程，K 为曲折面，具有三面凹角，是最有利的生长位置；其次是 S 阶梯面，具有二面凹角的位置；最不利的生长位置是 P。由此可以得出如下结论，即晶体在理想情况下生长时，一旦有三面凹角位存在，质点则优先沿着三面凹角位生长一条行列；而当这一行列长满后，就只有二面凹角位了，质点就只能在二面凹角处就位生长，这时又会产生三面凹角位，然后生长相邻的行列；在长满一层面网后，质点就只能在光滑表面上生长，这一过程就相当于在光滑表面上形成一个二维核，来提供三面凹角和二面凹角，再开始生长第二层面网。晶面(最外的面网)是平行向外推移而生长的。

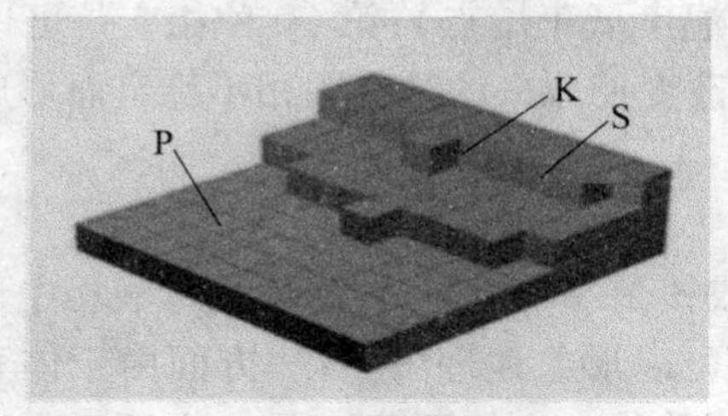

(a)表面状态

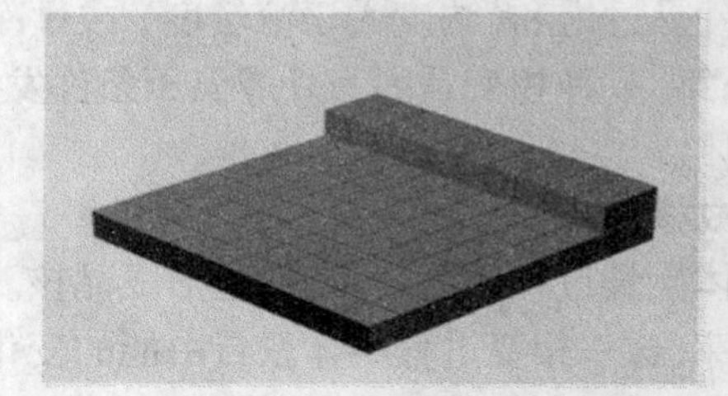
(b)层生长过程

图 1.26　晶体生长过程中表面状态及层生长过程

P—平坦面；S—阶梯面(二面凹角位)；K—曲折面(三面凹角位)

晶体的层生长模型可以解释如下的一些生长现象：

①晶体常生长成面平、棱直的多面体形态。

②在晶体生长的过程中，环境可能有所变化，不同时刻生成的晶体在物性(如颜色)和成分等方面可能有细微的变化，因而在晶体的断面上常常可以看到环带状构造。它表明晶面是平行向外推移生长的。

③由于晶面是向外平行推移生长的，所以同种矿物不同晶体上对应晶面间的夹角不变。

④晶体由小长大，许多晶面向外平行移动的轨迹形成以晶体中心为顶点的锥状体称为生长锥或砂钟状构造。

⑤晶面上常见到阶梯状生长花纹。

层生长模型虽然有其正确的方面，但实际晶体生长过程并非完全按照二维层生长的机制进行。因为当晶体的一层面网生长完成之后，再在其上开始生长第二层面网时有很大的困难,其原因是已长好的面网对溶液中质点的引力较小,不易克服质点的热振动使质点就位。因此,在过饱和度或过冷却度较低的情况下,晶体生长就需要用其他的生长机制加以解释。

(2)螺旋生长理论模型

弗朗克(Frank)等人研究了气相中晶体生长的情况,估计二维层生长所需的过饱和度不小于 25% ~50%。然而在实际中却发现在过饱和度小于 1% 的气相中晶体亦能生长。这种现象并不是层生长模型所能解释的。他们根据实际晶体结构的各种缺陷中最常见的位错现象,提出了晶体的螺旋生长模型(BCF 模型),即在晶体生长界面上螺旋位错露头点所出现的凹角及其延伸所形成的二面凹角(图 1.27)可作为晶体生长的台阶源,促进光滑界面上的生长。这样便成功地解释了晶体在很低的过饱和度下能够生长的实际现象。

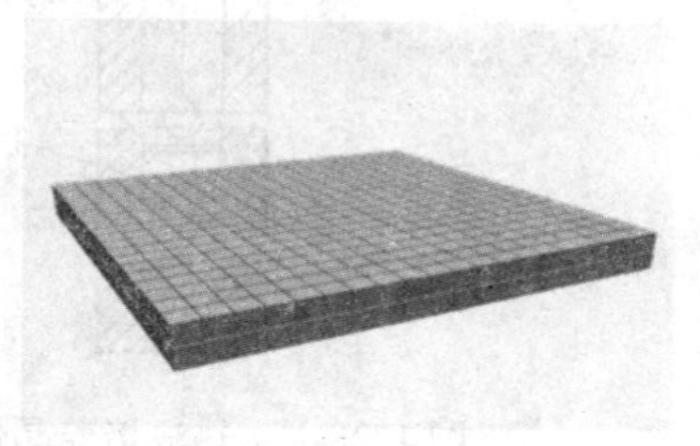

图 1.27 螺旋生长过程

1.3.2 晶体生长实验方法

虽然描述晶体生长的理论模型较多,但所有的模型都与实际晶体生长实验还有很大的差距,晶体生长实际过程还是通过实验来确定,还不能用理论指导生产。具体方法很多,下面简要介绍几种最常用的方法。

1. 水热法

水热法是一种在高温高压下从过饱和热水溶液中培养晶体的方法。晶体的培养是在高压釜(图 1.28)内进行的。高压釜由耐高温高压和耐酸碱的特种钢材制成。上部为结晶区,悬挂有籽晶;下部为溶解区,放置培养晶体的原料,釜内填装溶剂介质。由于结晶区与溶解区之间有温度差(如培养水晶,结晶区为 330 ~350 ℃,溶解区为 360 ~380 ℃)而产生对流,将高温的饱和溶液带至低温的结晶区形成过饱和析出溶质使籽晶生长。温度降低并已析出了部分溶质的溶液又流向下部,溶解培养晶体的原料,如此循环往复,使籽晶得以连续不断地长大。

2. 提拉法

提拉法是一种直接从熔体中拉出单晶的方法,其设备如图 1.29 所示。熔体置坩埚中,籽晶固定于可以旋转和升降的提拉杆上。降低提拉杆,将籽晶插入熔体,调节温度使熔体-晶体界面处的温度恰好等于相变点,上面晶体的温度低于相变点,下面熔体的温度高于相变点,使晶体生长(相变)恰好在熔体-晶体界面处进行。提升提拉杆,使晶体一面生长,一面被慢慢地拉出来。这是从熔体中生长晶体常用的方法。适合用提拉法生长的晶体只能是同成分相变晶体,即熔体与晶体成分相同,只须在熔点处从熔体转变为晶体。

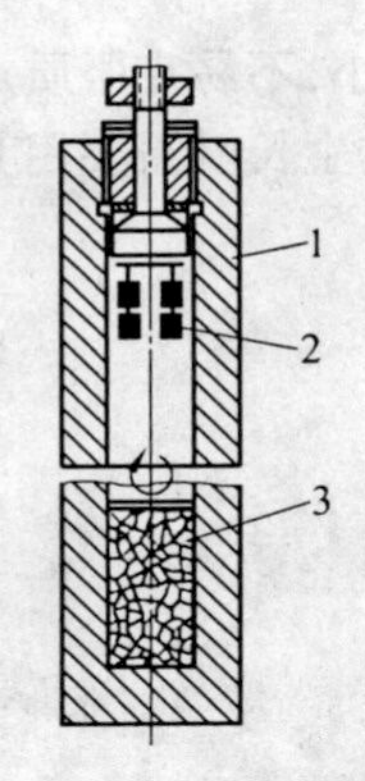

图 1.28 水热法培养晶体的装置

1— 高压釜;2—籽晶;3—培养晶体的原料

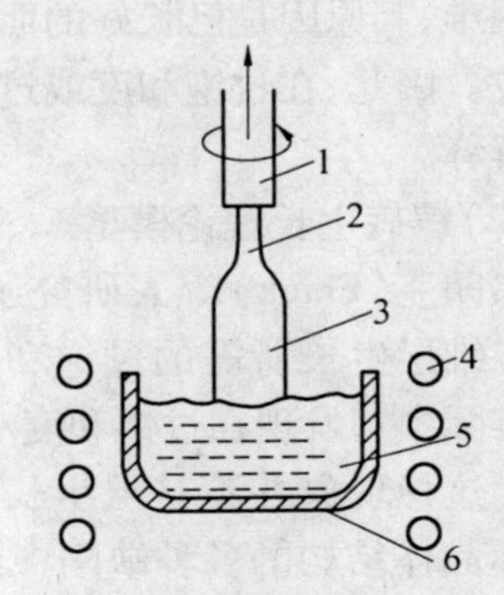

图 1.29 提拉法示意图

1—提拉杆;2—籽晶;3—晶体;

4—射频感应圈;5—熔体;6—坩埚

3. 低温溶液生长

从低温溶液(室温 ~75 ℃左右)中生长晶体是一种最古老的方法。该方法就是将结晶物质溶于水中形成饱和溶液,再通过降温或蒸发水分使晶体从溶液中生长出来。在工业结晶中,从海盐、食糖到各种固体化学试剂等的生产,都采用了这一技术。工业结晶大多希望能长成具有高纯度和颗粒均匀的多晶体,生长是靠自发成核或放入粉末状晶种来促进生长的。

4. 高温熔液生长

高温熔液(约在 300 ℃以上)法生长晶体,十分类似于低温溶液法生长晶体,它是将晶体的原成分在高温下溶解于某一助熔剂中,以形成均匀的饱和熔液,晶体是在过饱和熔液中生长,因此也称为助熔剂法或盐熔法。此法关键是要找到能熔解晶体原成分的助熔剂。

1.3.3 晶面的发育

晶体生长所形成的几何多面体外形,是由所出现晶面的种类和它们的相对大小来决定的。哪种类型的晶面出现及晶面的大小,本质上受晶体结构所控制,遵循一定的规律。

1. 布拉维法则

早在 1885 年,法国结晶学家布拉维(A. Bravis)从晶体格子构造的几何概念出发,论述了实际晶面与空间格子中面网之间的关系,即晶体上的实际晶面平行于面网密度大的面网,这就是布拉维法则。

在一个晶体上,各晶面间相对的生长速度与它们本身面网密度的大小成反比,即面网密度越大的晶面,其生长速度越慢;反之则快。而生长速度快的晶面,往往先消失。于是,保留下来的实际晶面将是生长速度慢的面网,也即面网密度大的晶面。

2. 居里-吴里弗原理

1885 年世界著名科学家皮埃尔·居里(P. Curie)首先提出:在晶体与其母液处于平衡的条件下,对于给定的体积而言,晶体所发育的形状(平衡形)应使晶体本身具有最小的总表面自由能,这就是关于晶体生长的居里原理。

1901 年吴里弗(Г. В. Вyπbф) 进一步扩展了居里原理。他指出,对于平衡形态而言,从晶体中心到各晶面的距离与晶面本身的比表面能成正比,这一原理即是居里-吴里弗原理。也就是说,就晶体的平衡形态而言,各晶面的生长速度与各晶面的比表面能成正比。

3. 周期性键链(PBC)理论

1955 年哈特曼(P. Hartman)和珀多克(N. G. Perdok)等从晶体结构的几何特点和质点能量两方面来探讨晶面的生长发育。他们认为在晶体结构中存在着一系列周期性重复的强键链,其重复特征与晶体中质点的周期性重复相一致,这样的强键链称为周期键链(Periodic Bond Chain,PBC)。晶体平行键链生长,键力最强的方向生长最快。

1.3.4 X 射线衍射实验

研究 X 射线波长和一般晶体晶格参数发现,两者的尺寸是数值相当或比较接近,从而有科学家断言,晶体晶格是 X 射线发生衍射现象的天然栅栏,后来得到了验证。晶体是这样,而非晶体的物质没有这种有规律的格子排列格局,当然就不能获得 X 射线衍射现象了。

1. X 射线衍射原理及应用介绍

X 射线是一种波长很短(约为 20 ~0.06 nm)的电磁波,能穿透一定厚度的物质,并能使荧光物质发光,照相乳胶感光,气体电离。在用电子束轰击金属"靶"产生的 X 射线中,包含与靶中各种元素对应的具有特定波长的 X 射线,称为特征(或标识)X 射线。考虑到 X 射线的波长和晶体内部原子间的距离(10^{-8} cm)相近,1912 年德国物理学家劳厄(M. von Laue)提出一个重要的科学预见:晶体可以作为 X 射线的空间衍射光栅,即当一束 X 射线通过晶体时将会发生衍射;衍射波叠加的结果使射线的强度在某些方向上增强,而在其他方向上减弱;分析在照相底片上获得的衍射花样,便可确定晶体结构。这一预见随后为实验所验证。1913 年英国物理学家布拉格父子(W. H. Bragg,W. L. Bragg)在劳厄发现的基础上,不仅成功地测定了 NaCl、KCl 等的晶体结构,并提出了作为晶体衍射基础的著名公式——布拉格定律,即

$$2d\sin\theta = n\lambda$$

式中,λ 为 X 射线的波长;衍射的级数 n 为任何正整数。

当 X 射线以掠角 θ(入射角的余角,又称为布拉格角)入射到某一具有 d 点阵平面间距的原子面上时,在满足布拉格方程时,会在反射方向上获得一组因叠加而加强的衍射线。

(1) 劳厄方程

自 A 作 AC 垂直于 $\boldsymbol{S}_0$ 及 AD 垂直于 $\boldsymbol{S}$,则从图 1.30 中可以看出,光程差为 $CO + OD$,其中 $CO = -\boldsymbol{R}_l \cdot \boldsymbol{S}_0$,$OD = \boldsymbol{R}_l \cdot \boldsymbol{S}$。

满足衍射加强的条件为

$$\boldsymbol{R}_l(\boldsymbol{S} - \boldsymbol{S}_0) = \mu\lambda \tag{1.1}$$

其中 μ 为整数。该式称为劳厄衍射方程。

劳厄衍射方程也可用 X 射线的波矢表示,因为波矢 $\boldsymbol{k}_0 = \dfrac{2\pi}{\lambda}\boldsymbol{S}_0$ 和 $\boldsymbol{k} = \dfrac{2\pi}{\lambda}\boldsymbol{S}$,所以劳厄方

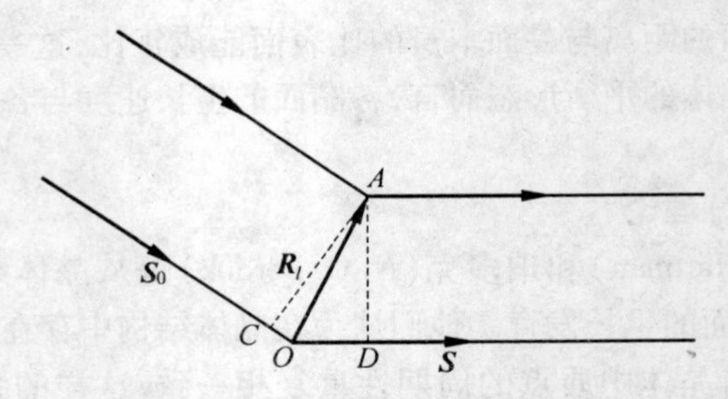

图 1.30　劳厄衍射方程推导示意图

程又可以写为

$$R_l(\boldsymbol{k}-\boldsymbol{k}_0)=2\pi\mu \tag{1.2}$$

比较式(1.1)和式(1.2),可知矢量$(\boldsymbol{k}-\boldsymbol{k}_0)$相当于倒格矢,即波矢$(\boldsymbol{k}-\boldsymbol{k}_0)$同倒格矢$\boldsymbol{G}_h$等价,因此可令

$$\boldsymbol{k}-\boldsymbol{k}_0=n\boldsymbol{G}_h \tag{1.3}$$

式中,n 为整数。

式(1.3)是倒格子空间的衍射方程,它代表的意义是:当衍射波矢与入射波矢相差一个或几个倒格矢时,满足衍射加强条件。这里 n 称为衍射级数,$(h_1h_2h_3)$ 是面指数,而 $(nh_1nh_2nh_3)$ 为衍射面指数。

(2) 布拉格公式

考虑 $n=1$ 的情况,式(1.3)表示 $\boldsymbol{k}_0$、$\boldsymbol{k}$ 和 $\boldsymbol{G}_h$ 围成一个三角形,如图 1.31 所示。由于忽略康普顿效应,所以 $|k|=|k_0|=\dfrac{2\pi}{\lambda}$,因此 $\boldsymbol{G}_h$ 的垂直平分线必平分 $\boldsymbol{k}_0$ 与 $\boldsymbol{k}$ 之间的夹角,如图 1.31(a)的虚线所示。我们知道,晶面(h_1,h_2,h_3)与倒格矢 $\boldsymbol{G}_h$ 垂直,所以该垂直平分线一定在晶面$(h_1h_2h_3)$内。

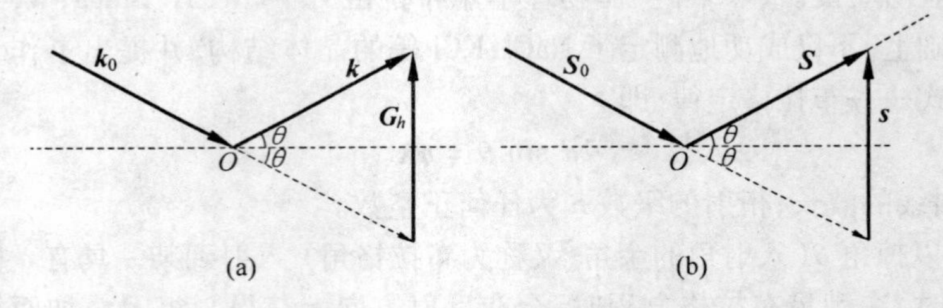

图 1.31　布拉格反射

衍射极大的方向恰好是晶面族$(h_1h_2h_3)$的反射方向,这样衍射加强条件就转化为晶面的反射条件。所以得出结论:当衍射线对某一晶面族恰为光的反射方向时,此衍射方向就是衍射加强的方向。

$$|k-k_0|=|nG_h|=2|k|\sin\theta=\frac{4\pi\sin\theta}{\lambda} \tag{1.4}$$

据式$\left(d=\dfrac{2\pi}{|G_h|}\right)$可得

$$|k-k_0|=|nG_h|=\frac{2\pi n}{d_{h_1h_2h_3}} \tag{1.5}$$

把式(1.4) 和式(1.5) 合并,则可推出布拉格公式为

$$2d_{h_1h_2h_3}\sin\theta = n\lambda \tag{1.6}$$

式中,$d_{h_1h_2h_3}$ 是晶面族($h_1h_2h_3$) 的面间距;n 是衍射级数。显然,式(1.3) 是倒格子空间中的布拉格反射公式的表述。

把图 1.31(a) 转化为正格子,得到图 1.31(b),这里 $\boldsymbol{S}_0$ 和 $\boldsymbol{S}$ 代表入射线和衍射线的单位矢量,$\boldsymbol{s}$ 为两个单位矢量之差,因此可推导出式(1.6)。

由布拉格公式(1.6) 可以看出:

① 当入射光波长为一定量,入射角只有符合 $\sin\theta = n\lambda/2d_{h_1h_2h_3}$ 时才能发生衍射。由于 $|\sin\theta| \leqslant 1$,则当 $n = 1$ 时,必有 $\lambda \leqslant 2d_{h_1h_2h_3}$。由此可见,实现晶体 X 射线衍射不能用可见光而需要用 X 射线。

② 对于同一晶格点阵,可取不同晶面指数($h_1h_2h_3$) 的晶面族,例如(1 0 0)、(1 1 0)、(2 1 0) 等,而得到不同的面间距。当 X 射线入射方向一定,且波长一定时,对应不同的晶面族,满足衍射极大的 θ 将会不同。

③ 对于给定的晶面族,其面间距 $d_{h_1h_2h_3}$ 一定,当入射的 X 射线也确定时,则不同的衍射级次 n 对应不同的衍射角。

2. X 射线衍射应用

(1) 当 X 射线波长 λ 已知时(选用固定波长的特征 X 射线),采用细粉末或细粒多晶体的线状样品,可从一堆任意取向的晶体中,从每一 θ 角符合布拉格条件的反射面得到反射。测出 θ 后,利用布拉格公式即可确定点阵平面间距 d、晶胞大小和晶胞类型。

(2) 利用 X 射线结构分析中的粉末法或德拜 - 谢乐(Debye-Scherrer) 法的理论基础,测定衍射线的强度,就可进一步确定晶胞内原子的排布。

(3) 而在测定单晶取向的劳厄法中所用单晶样品保持固定不变动(即 θ 不变),以辐射线束的波长 λ 作为变量来保证晶体中一切晶面都满足布拉格条件,故选用连续 X 射线束。再把结构已知晶体(称为分析晶体) 用来做测定,则在获得其衍射线方向 θ 后,便可计算 X 射线的波长 λ,从而判定产生特征 X 射线的元素。这便是 X 射线谱术,可用于分析金属和合金的成分。

(4)X 射线衍射在金属学中的应用。

X 射线衍射现象发现后,很快被用于研究金属和合金的晶体结构,出现了许多具有重大意义的结果。如对超点阵结构的发现,推动了对合金中有序无序转变的研究;对马氏体相变晶体学的测定,确定了马氏体和奥氏体的取向关系;对铝铜合金脱溶的研究等。目前 X 射线衍射(包括 X 射线散射) 已经成为研究晶体物质和某些非晶态物质微观结构的有效方法。

在金属中的主要应用有以下方面:

① 物相分析。它是 X 射线衍射在金属中用得最多的方面,又分为定性分析和定量分析。定性分析是把对待测材料测得的点阵平面间距及衍射强度与标准物相的衍射数据进行比较,以确定材料中存在的物相;定量分析则根据衍射花样的强度,确定待测材料中各相的比例含量。

② 精密测定点阵参数。常用于相图的固态溶解度曲线的绘制。溶解度的变化往往

引起点阵常数的变化;当达到溶解限后,溶质的继续增加引起新相的析出,不再引起点阵常数的变化。这个转折点即为溶解限。另外点阵常数的精密测定可获得单位晶胞原子数,从而可确定固溶体类型;还可以计算出密度、膨胀系数等有用的物理常数。

③ 取向分析。包括测定单晶取向和多晶的结构(如择优取向)。测定硅钢片的取向就是一例。另外,为研究金属的范性形变过程,如孪生、滑移、滑移面的转动等,也与取向的测定有关。

④ 晶粒(嵌镶块)大小和微观应力的测定。由衍射花样的形状和强度可计算晶粒和微应力的大小。在形变和热处理过程中这两者有明显变化,它直接影响材料的性能。

⑤ 宏观应力的测定。宏观残留应力的方向和大小,直接影响机器零件的使用寿命。利用测定点阵平面在不同方向上的间距的改变,可计算出残留应力的大小和方向。

⑥ 对晶体结构不完整性的研究。包括对层错、位错、原子静态或动态地偏离平衡位置,短程有序,原子偏聚等方面的研究(见晶体缺陷)。

⑦ 合金相变。包括脱溶、有序无序转变、母相新相的晶体学关系等。

⑧ 结构分析。对新发现的合金相进行测定,确定点阵类型、点阵参数、对称性、原子位置等晶体学数据。

⑨ 液态金属和非晶态金属。研究非晶态金属和液态金属结构,如测定近程参量、配位数等。

⑩ 特殊状态下的分析。在高温、低温和瞬时的动态分析。

此外,小角度散射用于研究电子浓度不均匀区的形状和大小,X 射线形貌术用于研究近完整晶体中的缺陷,如位错线等也得到了重视。

3. X 射线分析的新发展

金属 X 射线分析由于设备和技术的普及已逐步变成金属研究和材料测试的常规方法。早期多用照相法,这种方法费时较长,强度测量的精确度低。20 世纪 50 年代初问世的计数器衍射仪法具有快速、强度测量准确,并可配备计算机控制等优点,已经得到广泛的应用。70 年代以来,随着高强度 X 射线源(包括超高强度的旋转阳极 X 射线发生器、电子同步加速辐射、高压脉冲 X 射线源)和高灵敏度探测器的出现,电子计算机分析的应用,使金属 X 射线学获得新的发展。这些新技术的结合,不仅大大加快分析速度,提高精度,而且可以进行瞬时的动态观察以及对更为微弱或精细效应的研究。

1.4 晶态和非晶态材料的区别

1.4.1 非晶态材料的特点

晶体与非晶体之间的主要差别在于它们是否具有点阵结构。晶体的各种性质,无论是物理、化学方面的性质,或是几何形态方面的性质,都与其内部结构紧密联系。晶体之所以能成为重要的功能材料,其原因就在于它们具有一些优异的性能。由于近代科学技术的迅速发展,使得作为边缘学科的近代晶体学广泛地向化学、固体物理学、固体化学和分子生物学等学科渗透,而这种相互渗透的结果不仅促使了各学科本身的进一步发展,而且往往揭示出新的效应,开拓出新的领域,从而推动了整个科学技术的向前发展。

非晶态材料也称为无定形或玻璃态材料,这是一大类刚性固体,具有和晶态物质可相比较的高硬度和高粘滞系数(一般在 10^{13}P,即 10^{12}P·s 以上,是典型流体的粘滞系数的 10^{14} 倍)。但其组成的原子、分子的空间排列不呈现周期性和平移对称性,晶态的长程有序受到破坏;只是由于原子间的相互关联作用,使其在几个原子(或分子)直径的小区域内具有短程有序。由于至今尚无任何有效的实验方法可以准确测定非晶态材料的原子结构,上述定义都是相对而言的。

非晶态材料具有三个基本特征。

① 只存在小区间内的短程有序,而没有任何长程有序;波矢 $\boldsymbol{k}$ 不再是一个描述运动状态的好量子数(见固体的能带)。

② 它的电子衍射、中子衍射和 X 射线衍射图是由较宽的晕和弥散的环组成;用电子显微镜看不到任何由晶粒间界、晶体缺陷等形成的衍衬反差。

③ 任何体系的非晶态固体与其对应的晶态材料相比,都是亚稳态。当连续升温时,在某个很窄的温区内,会发生明显的结构变化,从非晶态转变为晶态,这个晶化过程主要取决于材料的原子扩散系数、界面能和熔解熵。

制备非晶态材料的方法很多,最常见的是熔体急冷和从气相淀积(如蒸发、离子溅射、辉光放电等)。近年来又发展了离子轰击、强激光辐射和高温爆聚等新技术,并已能大规模连续生产。

一些具有足够黏度的液体,经快速冷却即可获得其玻璃态。1960 年杜韦斯等人利用很高的冷却速率,将传统的玻璃工艺发展到金属和合金,制成对应的非晶态材料,称之为金属玻璃或玻璃态金属。当射频加热线圈将样品熔融时,开启阀门,加压气流(如 He、N、Ar 等)冲破聚酯膜片,使样品从石英坩埚下端的喷嘴急速喷射到冷却铜块上,冷却速率可达 10^5K/s 以上,以获得其非晶态。除少数比较容易形成玻璃态的合金(如 Pd-Cu-Si、Pd-Ni-P、Pt-Ni-P 等)以外,大部分金属玻璃的冷却速率都相当高,一般为 $10^5 \sim 10^8$K/s,厚度在 50 μm 以内,也有先制成几十微米以内的非晶态细颗粒,再压结成块状非晶合金的。

非晶态材料的种类很多,硅土(SiO_2)以及硅土和 Al、Na、Mg、Ca 等元素的氧化物的混合物构成最古老、最重要的无机玻璃,一些ⅤA ~ ⅥA 和ⅦA 族元素的混合物也较容易得到其玻璃态(如硫系玻璃)。除传统的玻璃和新近迅速发展的金属玻璃外,还包括非晶态半导体、非晶态高聚合物、非晶态电介质、非晶态离子导体等。近 20 多年来,由于非晶态材料优异的物理、化学特性和广泛的技术应用,使其得到了迅速的发展,成为一大类重要的新型固体材料。

1.4.2 几种非晶态材料

1. 玻璃陶瓷(微晶玻璃)

微晶玻璃是 20 世纪 60 年代发展起来的新产品,在它出现以前,若玻璃中出现结晶现象就要导致玻璃透明度的降低,这种现象称为失透或退玻璃化,在传统的玻璃工业中是要尽力防止这种现象发生。而微晶玻璃恰好利用这一现象生产出具有比各种玻璃及传统陶瓷的机械物理性能优越得多的产品。这种产品是在玻璃成型基础上获得的,玻璃的熔融成型比起通常陶瓷成型的方法有很多有利条件，因而工艺上比陶瓷要简单。微晶玻璃的特点是结构非常致密，基本上无气孔，在玻璃相的基体上存在着很多非常细小的弥散结晶，它是通过控制玻璃的结晶而生产出来的多晶陶瓷。

微晶玻璃的制造工艺除了与一般玻璃工艺一样要经过原料调配→玻璃熔融→成型等工序外，还要进行两个阶段的热处理。首先在有利于成核的温度下使之产生大量的晶核，然后再缓慢加热到有利于结晶长大的温度下保温，使晶核得以长大，最后冷却。这样得到的产品除了结晶相外还有剩余的玻璃相。工艺过程要注意防止微裂纹、畸变及过分的晶粒长大。微晶玻璃里的晶粒尺寸约为 1 μm，最小可到 0.02 μm（一般无机多晶材料晶粒为 2～20 μm）。

由于比普通陶瓷晶粒小得多，所以称为微晶玻璃，以区别于普通玻璃和陶瓷。微晶玻璃和普通玻璃在成分上也有所不同，它析晶的趋向比普通玻璃要大。为了促使微晶形成在配料中常常加入各种不同的成核剂。

最早的微晶玻璃是从光敏玻璃发展起来的，这种玻璃的配料中含有 0.001%～1% 的金、铜或银弥散在玻璃基体中，然后用紫外线或 X 射线照射后再进行热处理，以这些金属胶体为晶核剂析晶。后来发现不必用紫外线辐射就可有一系列玻璃的组成及晶核剂能形成微晶玻璃。

由于新的晶相粒子很细，而且它与剩余玻璃相之间折射率不同，因而引起界面散射，玻璃就不再透明。微晶玻璃在热处理时体积变化约为 3%，变化很小。不同组成的微晶玻璃的热膨胀系数可以在很大范围（10^{-7}～10^{-5}/℃）内控制，这样有利于与金属部件的匹配，甚至可做成膨胀系数为负的微晶玻璃。微晶玻璃的热导率也较高。另外它的软化点可以有很大的提高，差不多从普通玻璃的 500 ℃提高到 1 000 ℃左右。

电性能也有很大变化，一般来说是提高了绝缘性能而且降低了介质损耗。机械性能的变化尤为突出，断裂强度可以比同种玻璃增加一倍以上，即从 7×10^{3} N/cm^{2} 增加到 1.4×10^{4} N/cm^{2} 或更高，这样抗热振性及莫氏硬度也得到很大改善。

由于微晶玻璃具有大范围内可以调节性能，以及能大量生产的有利条件，因此从餐具到电子元件等各领域得到越来越广泛的应用。

2. 非晶态合金

一般的金属和合金其原子在空间做周期排列，均以结晶态出现。但早在 1947 年就有用化学沉积法及电解沉积法获得了 Ni-P 及 Co-P 的非晶态薄膜的报道。1960 年杜威士（P. Duwez）开始发展了从液态合金快冷技术得到了 Au70-Si30 非晶态合金，1970 年以后又发展了直接从液态金属获得线材及条材的工艺，并进一步发现了非晶态合金的许多突出优异的性能。于是，关于非晶态合金材料的科学研究迅速开展起来。

当前制造非晶态合金的方法很多，概括起来可分为两大类：①从液态合金快冷的工艺。目前生产上比较感兴趣的工艺是离心铸造法（旋转圆筒法）及轧辊淬火法（液体轧制法）。②包括原子沉积过程在内的各种工艺。有真空蒸发、等离子体喷射及快速溅射等方法。这些方法都是使金属或合金从气态快速冷却，淀积在低温基片上形成非晶态薄膜。淀积速率和基片温度是决定非晶态形成的条件。淀积速率高、基片温度低有利于非晶态的形成。

非晶态合金的制造工艺还是比较简单及经济的。但非晶态合金的性能却可与晶态合金相比拟,有的性能还远优于现在的晶态合金。非晶态合金为什么具有比晶态合金更优良的性能呢?这可能与非晶态结构的特点有关。在非晶态合金中,合金成分的分布及结构是无规则的,因而也是十分均匀的,没有偏析、晶界、位错等缺陷,是一种完全各向同性的材料。Fe-Cr系非晶态合金之所以具有很高的耐蚀性还与合金表面有一层耐蚀性很高、且均匀稳定的钝化膜有关。据分析,这层膜中几乎完全是氧化铬,而耐蚀性差的铁几乎没有。

关于非晶态合金形成条件是个有待深入研究的问题,正如前面已指出过的,液态冷却速度对于非晶态形成有决定性影响。在急冷过程中,温度急剧下降,与温度成指数关系的黏度陡然上升,原子扩散运动受到阻碍,使熔体中晶核形成及长大受到抑制。但是对单原子纯金属液体在实践中未能以急冷形成玻璃。有人试验过,即使冷却速度高达10^{10}℃/s,也必须有微量氧存在时,才能获得部分的非晶态镍箔。以10^6℃/s冷却速度获得的非晶态金属,大都为靠近共晶组成的过渡金属(Fe、Co、Ni、Pd、Pt、Rh)及贵金属(Au、Ag、Cu)与15%~30%类金属(B、Si、P、C、N)的合金。

按这个观点制造非晶态合金需要很高的冷却速度及适当的合金成分两个条件。显然,如果合金的熔点T_m较低而T_g较高时就容易形成非晶态。也有人提出可用对比熔点作为非晶态合金形成条件的定性判据。$\tau_m = kT_m/H_v$,这里k是波尔兹曼常数,T_m为熔点,H_v是蒸发热,T_m越小越有利于非晶态的形成。

上面的解释与现在大部分非晶态合金成分都是在共晶成分附近这个事实相符。但看来这不是必要条件,因为很多不处于深共晶成分的二元系,如Co-Zr、Au-Pb、Cu_3Zr_2等同样可以形成非晶态。因此又有人提出合金组元的原子半径差别$\Delta R/R_1 > 10\%$是必要条件,但实际上还是有很多$\Delta R/R_1 > 10\%$的系统,如Au-Ge、Pd-Si、Pt-Si等也能形成非晶态合金。我国科学工作者也曾用键参数方法对现有二元系非晶态合金的资料进行归纳总结,认为二元系中非晶态形成条件与两种原子间的相互作用有关。从20世纪60年代以来虽然在非晶态合金形成条件上做了大量的研究工作,但至今还不能认为这个问题已经有了满意的解答。

3. 非晶态半导体

现有的半导体器件都是用晶态固体(如Si、Ge、Ga、As等)制成的,晶态固体的基本特征是原子呈周期性规则排列。所以,长期以来人们以为非晶态固体不可能是半导体。而现在已经发现,非晶态固体像晶态固体一样,也有绝缘体、半导体和金属导体之分,而且在低温下也能成为超导体。

目前已发现的非晶态半导体大致可以分为三大类:

①非晶态单质,如锗、硅、碲、硫和硼;

②共价键的非晶态半导体,其中有代表性的是硫系玻璃,所谓硫系玻璃就是以第五主族元素硫、硒、碲为基的玻璃;

③离子键的非晶态半导体,如Al_2O_3、Ta_2O_5等为代表的氧化物。

非晶态材料的制备常常比晶态材料要容易和经济,晶态半导体生长需要极精细的技术,尺寸也不可能很大。例如,目前利用晶态硅太阳能电池获取电能,就比火力发电要贵数十倍，这样大量使用就受到限制。而最近发现的在硅烷（SiH_4）气中辉光放电法制得的非晶态硅，看来有可能成为极有希望的廉价和有效的太阳能电池材料。

非晶态半导体中研究得最多的是硫系玻璃（如 85Te-15Ge），在这种玻璃中发现了两种新的开关现象，一种称为阈值开关，即在这种玻璃中加的电压超过一定大小（即阈值）之后，玻璃的电导可以增加 10^6 个数量级，当外加电压去除以后，玻璃又从低阻态回到高阻态。产生这个开关特性的原因究竟是电效应还是热效应还没有弄得十分清楚，但看来电效应的可能性大些。另一种开关现象称为存储开关，它与阈值开关的区别是当外加电压去除以后，低阻态可以仍然保持着，只有再加上一个强脉冲电流后才能恢复到高阻态。一般认为这种存储机理的产生是由相变造成的，即电能引起的非晶态和晶态的可逆转变过程构成了硫系玻璃的记忆过程。例如，曾经对 $Te_{81}Ge_{15}Sb_2S_2$ 玻璃制成的器件进行研究，发现该材料中包括低阻态的 Te 晶体及高阻态的玻璃体两相。

思考题

1. 晶体一般的特点是什么？点阵和晶体的结构有何关系？

2. 试叙述划分正当点阵单位所依据的原则。平面点阵有哪几种类型与形式？论证其中只有矩形单位有带心和不带心两种形式，而其他三种类型只有不带心的形式。

3. 什么是晶体衍射的两个要素，它们与晶体结构有何对应关系？晶体衍射两要素在衍射图上有何反映？

4. 劳厄方程和布拉格方程解决什么问题，它们在实质上是否相同？

5. 论述在晶体对称性中没有 5 次对称轴。

6. 晶体与非晶态物质的区别是什么？

7. 以 NaCl 为例，说明面心立方紧密堆积中的八面体和四面体空隙的位置和数量。

第2章　材料中的结构缺陷

在讨论晶体结构时，将晶体看成无限大，并且构成晶体的每个粒子（原子、分子或离子）都是在自己应有的位置上，在这样理想结构中，每个结点上都有相应的粒子，没有空着的结点，也没有多余的粒子，非常规则地呈周期性排列。而实际晶体并不是这样，测试表明，与理想晶体相比，实际晶体中会有正常位置空着或空隙位置填进一个额外质点，或杂质进入晶体结构中等非正常情况。热力学计算表明，这些结构中对理想晶体偏离的晶体才是稳定的，而理想晶体实际上是不存在的。通常把结构上对理想晶体的偏移称为晶体缺陷。

实际晶体或多或少地都存在着缺陷，这些缺陷的存在自然会对晶体的性质产生或大或小的影响。晶体缺陷不仅会影响晶体的物理和化学性质，而且还会影响发生在晶体中的过程，如扩散、烧结、化学反应等。因而掌握晶体缺陷的知识是掌握材料科学的基础。

晶体的结构缺陷主要类型见表2.1，这些缺陷类型，在无机非金属材料中最基本和最重要的是点缺陷。

表2.1　晶体结构缺陷的主要类型

缺陷种类		名称
点缺陷	瞬变缺陷	声子
	电子缺陷	电子、空穴
	原子缺陷	空位
		填隙原子
		取代原子
		缔合中心
广泛缺陷		缺陷簇
		切变结构
		块结构
线缺陷		位错
面缺陷		晶体表面 晶粒晶界
体缺陷		孔洞和包裹物

2.1 点缺陷

晶体中的点缺陷是在晶体晶格结点上或邻近区域偏离其正常结构的一种缺陷，它是最简单的晶体缺陷，在三维空间各个方向上尺寸都很小，范围约为一个或几个原子尺度。所有点缺陷的存在，都破坏了原有原子间作用力的平衡，造成临近原子偏离其平衡位置，发生晶格畸变，使晶格内能升高。

研究晶体的缺陷，就是要讨论缺陷的产生、缺陷类型、浓度大小及对各种性质的影响。20 世纪 60 年代，克罗格(F. A. Kroger)和明克(H. J. Vink)建立了比较完整的缺陷研究理论，即缺陷化学理论，主要用于研究晶体内的点缺陷。点缺陷是一种热力学可逆缺陷，它在晶体中的浓度是热力学参数(温度、压力等)的函数，因此可以用化学热力学的方法来研究晶体中点缺陷的平衡问题，这就是缺陷化学的理论基础。点缺陷理论的适用范围有一定限度，当缺陷浓度超过某一临界值(大约为 0.1% 原子半径)时，由于缺陷的相互作用，会导致广泛缺陷(缺陷簇等)的生成，甚至会形成超结构和分离的中间相。但大多数情况下，对许多无机晶体，即使在高温下点缺陷的浓度也不会超过上述极限。

缺陷化学的基本假设：将晶体看做稀溶液，将缺陷看成溶质，用热力学的方法研究各种缺陷在一定条件下的平衡。也就是将缺陷看做是一种化学物质，它们可以参与化学反应-准化学反应，一定条件下，这种反应达到平衡状态。

2.1.1 点缺陷的类型

点缺陷主要是原子缺陷和电子缺陷，其中原子缺陷可以分为三种类型。

1. 空位

当某一瞬间，某个原子具有足够大的能量，克服周围原子对它的制约，跳出其所在的位置，使晶格中形成空结点，称空位。脱位原子大致有三个去处：①脱位原子挤入晶格结点的间隙中所形成的空位称弗兰克尔(Frenkel)缺陷，如图 2.1 所示；②脱位原子进入其他空位或迁移至晶界或晶体，表面所形成的空位称肖特基(Schottky)缺陷，如图 2.2 所示；③迁移到其他空位处，这样虽然不产生新的空位，但可以使空位变换位置。

Frenkel 缺陷的特点是：①间隙原子和空位成对出现；②缺陷产生前后，晶体体积不变。

Schottky 缺陷的特点是：①空位成套出现；②晶体的体积增加。例如 NaCl 晶体中，产生一个 Na^{+}空位时，同时要产生一个 Cl^{-}空位。

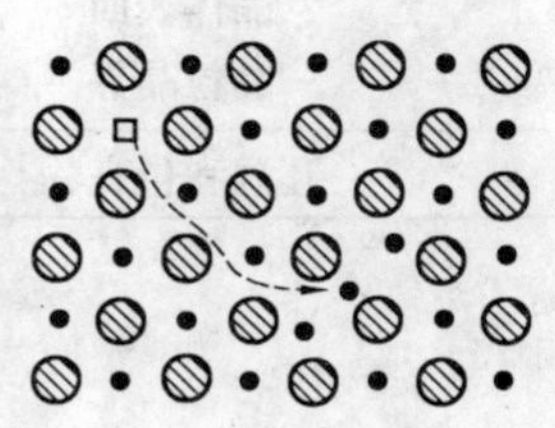

图 2.1 弗兰克尔缺陷

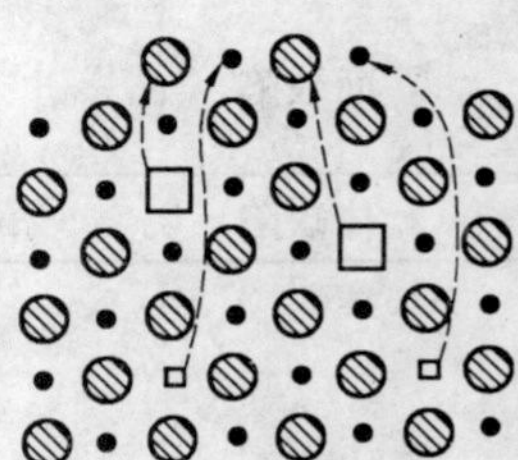

图 2.2 肖特基缺陷

空位在晶体中并非静止不动，它可借助热激活而做无规则的运动。空位的迁移，实质上是其周围原子的逆向运动，如图 2.3 所示。

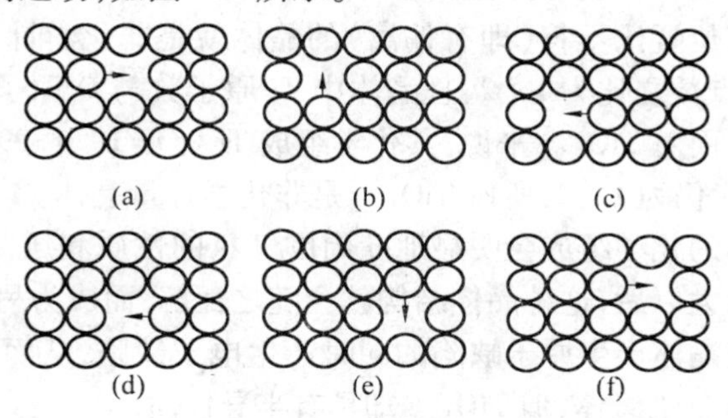

图 2.3　空位的迁移

2. 填隙原子

处于晶格间隙中的原子即为间隙原子。在形成弗伦克尔缺陷的同时，也形成一个间隙原子，另外溶质原子挤入溶剂的晶格间隙中后，也成为间隙原子，它们都会造成严重的晶体畸变。间隙原子也是一种热平衡缺陷，在一定温度下有一平衡浓度，对于异类间隙原子来说，常将这一平衡浓度称为固溶度或溶解度。

3. 取代原子

一种晶体格点上占据的是另一种原子。如 AB 化合物晶体中，A 原子占据了 B 格点的位置，或 B 原子占据了 A 格点位置（也称错位原子）；或外来原子（杂质原子）占据在 A 格点或 B 格点上。

晶体中产生以上各种原子缺陷的基本过程有以下三种：

（1）热缺陷过程

当晶体的温度高于绝对 0 K 时，由于晶格内原子热振动，原子的能量是涨落的，总会有一部分原子获得足够的能量离开平衡位置，造成原子缺陷，这种缺陷称为热缺陷。显然，温度越高，能离开平衡位置的原子数也越多。

为简便起见，考虑一个二元化合物 MX，具有所对应的晶体结构，在此晶体结构中，M 的位置数和 X 的位置数之比为 1∶1，并且该化合物晶体是电中性的。要注意：①由于晶体结构的特性，在缺陷形成的过程中，必须保持位置比不变，否则晶体的构造就会被破坏；②晶体是电中性的。

（2）杂质缺陷过程

由于外来原子进入晶体而产生缺陷，这样形成的固体称为固溶体。杂质原子进入晶体后，因与原有的原子性质不同，故它不仅破坏了原有晶体的规则排列，而且在杂质原子周围的周期势场引起改变，因此形成一种缺陷。根据杂质原子在晶体中的位置可分为间隙杂质原子及置换（或称取代）杂质原子两种。杂质原子在晶体中的溶解度主要受杂质原子与被取代原子之间性质差别控制，当然也受温度的影响，但受温度的影响要比热缺陷小。若杂质原子的价数不同，则由于晶体电中性的要求，杂质的进入会同时产生补偿缺陷。这种补偿缺陷可能是带有效电荷的原子缺陷，也可能是电子缺陷。

（3）非化学计量过程

在无机化学等学科中学习过很多化学计量的化合物，如 NaCl、KCl、$CaCO_3$等。一个化学计量的晶体是怎样的呢？晶体的组成与其位置比正好相符的就是化学计量晶体，反之，如果晶体的组成与其位置比不符（即有偏离）的晶体就是非化学计量晶体。如 TiO_2 晶体中 Ti 格点数与 O 格点数之比为 1：2，且晶体中 Ti 原子数与 O 原子数之比也是 1：2，则符合化学计量关系。而对 $TiO_{1.998}$ 来说，其化学组成 Ti：O＝1：1.998，$TiO_{1.998}$ 的结构仍为 TiO_2 结构，格点数之比仍为 1：2，所以 $TiO_{1.998}$ 是非化学计量晶体。

非化学计量晶体的化学组成会明显地随周围气氛的性质和压力大小的变化而变化，但当周围条件变化很大以后，这种晶体结构就会随之瓦解，而成为另一种晶体结构。非化学计量的结果往往使晶体产生原子缺陷的同时产生电子缺陷，从而使晶体的物理性质发生巨大变化。如 TiO_2 是绝缘体，但 $TiO_{1.998}$ 却具有半导性质。

电子缺陷包括晶体中的准自由电子（简称电子）和空穴。电子缺陷可以通过本征过程（晶体价带中的电子跃迁到导带中去）或原子缺陷的电离过程产生。

在无机晶体中原子按一定晶体结构周期性地排列在格点位置上，晶体中每一个电子都在带正电的原子核及其他电子所形成的周期势场中运动，电子不再束缚于某一特定原子，而是整个晶体共有的，特别是价电子的共有化是很显著的。按照固体能带理论，晶体中所有电子的能量处在不同的能带中，能带中每个能级可以容纳两个自旋相反的电子。相邻两个能带之间的一些能量值，电子是不允许有的，因此相邻两个能带间的能量范围称为"禁带"。对于无机晶体，由低能级到高能级，能带中都占满了电子，这些能带称为"满带"。能带最高的满带是由价电子能级构成的，称为"价带"。价带上面的能带没有电子，称为"空带"。当晶体处于绝对零度时，满带中没有空能级（空的电子态），空带中也没有电子。这对应于晶体电子的有序状态。当温度升高时，价带中一些热运动能量高的电子有可能越过禁带跃迁到上面的空带中，这就偏离了电子的有序态，因此称其为电子缺陷。空带中的电子称为自由电子，而价带中空出来的电子能级（电子态）则称为空穴。具有自由电子的空带又称为导带，通过电子从价带跃迁到导带产生电子缺陷的过程称为本征过程。电子缺陷也可以通过原子缺陷的电离而产生。原子缺陷（包括空位、填隙原子和杂质原子、错位原子）处的电子态不同于无缺陷处的电子态，原子缺陷的电子能级往往会落在价带和导带之间的禁带中。若原子缺陷能级上有电子可以跃迁到导带从而产生自由电子，则这种原子缺陷称为施主，施主给出电子的过程就是施主电离过程；若原子缺陷有空的能级，可以容纳从价带跃迁上来的电子，则此原子缺陷称为受主，受主接受从价带跃迁的电子，同时在价带中产生空穴的过程就是受主电离过程。

2.1.2 点缺陷化学反应表示法

既然将点缺陷看成是化学物质，点缺陷之间就会发生一系列类似化学反应的缺陷化学反应，因此，首先要认识参与反应的缺陷符号。目前采用最广泛的表示方法是克罗格-明克（Kroger-Vink）符号，它由三部分构成，如下所示：

1 区	□ □

1 区写缺陷种类；
右上角写缺陷有效电荷；
右下角写缺陷在晶体中的位置。

如 A_i表示:A 原子在填隙位置上;

V_A表示:A 格点位置空着;

M_A表示:M 原子在 A 格点位置上;

M_i表示:M 原子在填隙位置上。

关于有效电荷,克罗格(Kroger)方法规定:一个处在正常位置上的离子,当它的价数与化合物的化学计量式相一致时,则它相对于晶格来说,所带电荷为零。"•"表示有效正电荷;"×"表示平衡零电荷;"′"表示有效负电荷。如 NiO 晶格中,Ni^{2+}和 O^{2-}相对于晶格的有效电荷为零。如 NiO 中有部分 Ni^{2+}氧化成 Ni^{3+},则这些 Ni^{3+}的有效电荷为+1;若 Al^{3+}、Cr^{3+}取代了 Ni^{2+},则这些杂质离子的有效电荷也是+1;如果是一价阳离子取代 Ni^{2+},如 Li^+,则该缺陷的有效电荷为-1,所以该缺陷记为:Li'_{Ni}。下面列举 NiO 晶体中的几种缺陷及其相应表示方法:

Ni^{2+}在 Ni 格点位置上记为 $Ni_{Ni}^{\times}$;

O^{2-}在 O 格点位置上记为 $O_O^{\times}$;

Al^{3+}在 Ni 格点位置上记为 $Al_{Ni}^{\bullet}$;

Cr^{3+}在 Ni 格点位置上记为 $Cr_{Ni}^{\bullet}$;

Li^+在 Ni 格点位置上记为 Li'_{Ni}。

下面再以 MX 离子晶体(M 为二价阳离子、X 为二价阴离子)为例来说明缺陷化学符号的表示方法。

(1)晶格中的空位:用 V_M和 V_X 分别表示 M 原子空位和 X 原子空位,V 表示空位缺陷类型,下标 M、X 表示原子空位所在的位置。必须注意,这种不带电的空位是表示原子空位。若 MX 是离子晶体,当 M^{2+}离开其原来格点位置时,晶体中的这一点就少了两个正电荷,因此 M 空位相对于晶格来说带两个有效负电荷,缺陷符号记为 V''_M。

(2)填隙原子:M_i和 X_i分别表示 M 及 X 原子处在间隙位置上。

(3)错位原子:M_X表示 M 原子占据在 X 位置上。

(4)杂质原子:L_M 表示杂质 L 处在 M 位置上,S_X表示 S 杂质处在 X 位置。例如 Ca 取代了 MgO 晶格中的 Mg 写作 Ca_{Mg}。Ca 若填隙在 MgO 晶格中写作 Ca_i。

(5)自由电子及电子空穴:导带中的自由电子带一个有效负电荷,记作 e′,价带中的空穴带一个有效正电荷,记作 $h^{\bullet}$。

(6)缔合中心:一个带电的点缺陷也可能与另一个带有相反符号的点缺陷相互缔合成一组或一群,一般把发生缔合的缺陷放在括号内来表示,例如 V''_M 和 $V_X^{\bullet\bullet}$ 发生缔合可记作:$(V''_M V_X^{\bullet\bullet})$。

点缺陷产生和消灭的过程可以用化学反应式来表示,这种反应式的写法必须满足:

①质量守衡:反应式左边出现的原子、离子,也必须以同样数量出现在反应式右边。注意空位的质量为零;电子缺陷也要保持质量守衡。

②电荷守衡:反应式两边的有效电荷代数和必须相等。

③位置关系:晶体中各种格点数的固有比例关系必须保持不变。由于晶体结构要求各种位置数有固定比例,因此反应前后,都必须保持这种比例。例如在 $\alpha-Al_2O_3$中,Al 格点与 O 格点数之比在反应前后都必须是 2∶3。只要保持比例不变,每一种类型的位置总

数可以改变。对一些常常表现为非化学计量的化合物如 $TiO_{2-\delta}$(δ 很小)也必须保持固定比例,即 Ti 格点数与 O 格点数之比为 1∶2。

缺陷化学反应式在描述材料的掺杂、固溶体的生成和非化学计量化合物的反应中都是很重要的。为了掌握上述规则在缺陷反应中的应用,现举例说明如下(对于二元化合物 MX,假定为 $M^{2+}X^{2-}$)。

(1)肖特基(Schottky)缺陷:生成等量的阴离子空位和阳离子空位(相当于等量的阴、阳离子从其正常格点扩散到晶体表面),对于二元化合物 $M^{2+}X^{2-}$ 可写成

$$0 \rightleftharpoons V_X^{\times}+V_M^{\times}\text{(0 表示无缺陷状态)}$$

进一步电离有

$$V_X^{\times} \rightleftharpoons V''_M+2h^{\bullet}$$

$$V_X^{\times} \rightleftharpoons V_X^{\bullet\bullet}+2e'$$

或者

$$0 \rightleftharpoons V''_M+V_X^{\bullet\bullet}$$

(2)弗伦克尔(Frenkel)缺陷

$$M_M^{\times} \rightleftharpoons M_i^{\times}+V_M^{\times}$$

或

$$M_M^{\times} \rightleftharpoons M_i^{\bullet\bullet}+V''_M$$

(3)MX 变为非化学计量 MX_{1-y},X 进入气相中,相应 X 格点上产生空位

$$X_X^{\times} \rightleftharpoons V_X^{\times}+\frac{1}{2}X_2\text{(气)}$$

或

$$X_X^{\times} \rightleftharpoons V_X^{\bullet\bullet}+2e'+\frac{1}{2}X_2\text{(气)}$$

(4)如果有三价杂质 $F_2^{3+}X_3^{2-}$ 进入 $M^{2+}X^{2-}$,并假设 F 处于 M 位,MX 具有 Frenkel 缺陷

$$F_2X_3 \rightleftharpoons 2F_M^{\bullet}+V''_M+3X_X^{\times}$$

(5)$CaCl_2$溶解在 KCl 中,可能有以下三种情况:

①每引进一个 $CaCl_2$ 分子,同时带进两个 Cl^- 和一个 Ca^{2+} 离子。一个 Ca^{2+} 置换一个 K^+,但由于引入两个 Cl^-,为保持原有格点数之比 K∶Cl=1∶1,必然出现一个钾空位

$$CaCl_2 \xrightleftharpoons{KCl} Ca_K^{\bullet}+V'_K+2Cl_{Cl}^{\times}$$

②除上式以外,还可以考虑一个 Ca^{2+} 置换一个 K^+,而多一个 Cl^- 进入填隙位置

$$CaCl_2 \rightleftharpoons Ca_K^{\bullet}+Cl_{Cl}^{\times}+Cl'_i$$

③当然,也可以考虑 Ca^{2+} 进入填隙位置,而 Cl^- 仍然在 Cl 位置上,为了保持电中性和位置关系,必须同时产生两个钾空位。

$$CaCl_2 \rightleftharpoons Ca_i^{\bullet\bullet}+2V'_K+2Cl_{Cl}^{\times}$$

上面三个缺陷反应式中,KCl 表示溶剂,写在箭头上面,也可以不写;溶质写在箭头左边。以上三个反应式均符合缺陷反应规则,反应式两边质量平衡,电荷守恒,位置关系正确。但三个反应实际上是否都能存在呢?正确、严格判断它们的合理性需根据固溶体生成条件及固溶体研究方法用实验证实。但是可以根据离子晶体结构的一些基本知识,粗略地分析判断它们的正确性。③的缺陷反应方程式不合理性在于离子晶体是以负离子作密堆,正离子位于密堆空隙内。既然有两个钾离子空位存在,一般 Ca^{2+} 首先填充空位,而不会挤到间隙位置使晶体不稳定因素增加。②的缺陷反应方程式由于氯离子半径大,离

子晶体的密堆中一般不可能挤进间隙氯离子，因而上面三个反应式以①的缺陷反应方程式最合理。

(6) MgO 溶解到 Al_2O_3 晶格内形成有限置换型固溶体，此时可以写出以下两个反应式

$$2MgO \rightleftharpoons 2Mg'_{Al} + V_O^{\bullet\bullet} + 2O_O^{\bullet\bullet}$$

$$3MgO \rightleftharpoons 2Mg'_{Al} + Mg_i^{\bullet\bullet} + 3O_O^{\times}$$

这两个反应式前一个较为合理，因为后一反应式中 Mg^{2+} 离子进入晶格填隙位置，这在刚玉型离子晶体中不易发生。

2.1.3 热缺陷浓度计算

热缺陷是由于热起伏引起的，在热平衡条件下，热缺陷的多少仅与晶体所处的环境温度有关。故在某一温度下，热缺陷的数目可以用热力学中自由能最小原理来进行计算。现举肖特基缺陷为例。

设构成完整的单质晶体的原子数为 N，在 T K 温度时形成 n 个孤立空位，每个空位形成能是 Δh_ν。相应这个过程的自由能变化为 ΔG，热焓的变化为 ΔH，熵的变化为 ΔS，则

$$\Delta G = \Delta H - T\Delta S = n\Delta h_\nu - T\Delta S \tag{2.1}$$

其中熵的变化分为两部分，一部分是由于晶体中产生缺陷所引起的微观状态数的增加而造成的，称组态熵或混和熵 ΔS_C，根据统计热力学 $\Delta S_C = k\ln W$，其中 k 是波尔兹曼常数，W 是热力学几率。热力学几率 W 是指 n 个空位在 $n+N$ 个晶格位置不同分布时排列总方式数，即

$$W = C_{N+n}^n = \frac{(N+n)!}{N!\ n!} \tag{2.2}$$

另一部分是振动熵 ΔS_ν，是由于缺陷产生后引起周围原子振动状态的改变而造成的，它和空位相邻的晶格原子的振动状态有关，这样式(2.1) 写为

$$\Delta G = n\Delta h_\nu - T(\Delta S_C + n\Delta S_\nu) \tag{2.3}$$

当平衡时，$\partial\Delta G/\partial n = 0$

$$\partial\Delta G/\partial n = \Delta h_\nu - T\Delta S_\nu - \frac{\mathrm{d}\ln\dfrac{(N+n)!}{N!\ n!}}{\mathrm{d}n}kT$$

当 $x \gg 1$ 时，根据斯特林公式 $\ln x! = x\ln x - x$ 或 $\dfrac{\mathrm{d}\ln x!}{\mathrm{d}x} = \ln x$

$$\partial\Delta G/\partial n = \Delta h_\nu - T\Delta S_\nu - \left[\frac{\mathrm{d}\ln(N+n)!}{\mathrm{d}n} - \frac{\mathrm{d}\ln N!}{\mathrm{d}n!} - \frac{\mathrm{d}\ln n!}{\mathrm{d}n}\right]kT$$

若将括号内第一项 dn 改为 d$(N+n)$ 再用斯特林公式得

$$\partial\Delta G/\partial n = \Delta h_\nu - T\Delta S_\nu + kT\ln\frac{n}{N+n} = 0$$

所以

$$\frac{n}{N+n} = \exp\left[-\frac{(\Delta h_\nu - T\Delta S_\nu)}{kT}\right] = \exp\left(-\frac{\Delta G_f}{kT}\right) \tag{2.4}$$

当 $n \ll N$ 时

$$\frac{n}{N} = \exp(-\Delta G_f/kT) \tag{2.5}$$

ΔG_f 是缺陷形成自由焓，在此近似地将其作为不随温度变化的常数看待。

在离子晶体中若考虑正、负离子空位成对出现，此时推导式(2.5) 时还需考虑正离子空位数 nM 和负离子空位数 nX。在这种情况下，微观状态数由于 n_M、n_X 同时出现，根据乘法原理(从概率论得知，两个独立事件同时发生的几率等于每个事件发生几率的乘积)

$$W = W_M \cdot W_X \tag{2.6}$$

同样用上述方法计算可得

$$n/N = \exp(-\Delta G_f/2kT) \tag{2.7}$$

式(2.7) 即为热缺陷浓度与温度的关系式，同理弗伦克尔缺陷也推得式(2.7) 的结果。在此式中 n/N 表示热缺陷在总结点中所占分数，即热缺陷浓度。ΔG_f 分别代表空位形成自由能或填隙缺陷形成自由能。式(2.7) 表明，热缺陷浓度随温度升高而呈指数增加；热缺陷浓度随缺陷形成自由能升高而下降。表 2.2 是根据式(2.7) 计算的缺陷浓度。当 ΔG_f 从 1 eV 升到 8 eV，温度由 1 800 ℃ 降到 100 ℃ 时，缺陷浓度可以从百分之几降到 $1/10^{54}$。但当缺陷的生成能不太大而温度比较高时，就有可能产生相当可观的缺陷浓度。

表 2.2　不同温度下的缺陷浓度 $[\frac{n}{N} = \exp(-\frac{\Delta G_f}{2kT})]$

缺陷浓度 (n/N)	1 eV	2 eV	4 eV	6 eV	8 eV
100 ℃	2×10^{-7}	3×10^{-14}	1×10^{-27}	3×10^{-41}	1×10^{-54}
500 ℃	6×10^{-4}	3×10^{-7}	1×10^{-13}	3×10^{-20}	8×10^{-37}
800 ℃	4×10^{-3}	2×10^{-5}	4×10^{-10}	8×10^{-15}	2×10^{-19}
1 000 ℃	1×10^{-2}	1×10^{-4}	1×10^{-8}	1×10^{-12}	1×10^{-16}
1 200 ℃	2×10^{-2}	4×10^{-4}	1×10^{-7}	5×10^{-11}	2×10^{-13}
1 500 ℃	4×10^{-2}	1×10^{-3}	2×10^{-6}	3×10^{-9}	4×10^{-12}
1 800 ℃	6×10^{-2}	4×10^{-3}	1×10^{-5}	5×10^{-8}	2×10^{-10}
2 000 ℃	8×10^{-2}	6×10^{-3}	4×10^{-5}	2×10^{-7}	1×10^{-9}

在同一晶体中生成弗伦克尔缺陷与肖特基缺陷的能量往往存在着很大的差别，这样就使得在某种特定的晶体中，某一种缺陷占优势，到目前为止，尚不能对缺陷形成自由能进行精确的计算。然而，形成能的大小和晶体结构、离子极化率等有关，对于具有氯化钠结构的碱金属卤化物，生成一个间隙离子加上一个空位的缺陷形成能约需 7 ~ 8 eV。由此可见，在这类离子晶体中，既使温度高达 2 000 ℃，间隙离子缺陷浓度小到难以测量的程度。但在具有萤石结构的晶体中，有一个比较大的间隙位置，生成填隙离子所需要的能量比较低，如对于 CaF_2 晶体，F 离子生成弗伦克尔缺陷的形成能为 2.8 eV，而生成肖特基缺陷的形成能是 5.5 eV，因此在这类晶体中，弗伦克尔缺陷是主要的。一些化合物中缺陷的形成能见表 2.3。

表 2.3 化合物中缺陷的形成能(ΔG_f)

化合物	反应	形成能 ΔG_f/eV	化合物	反应	形成能 ΔG_f/eV
AgBr	$Ag_{Ag}^{\times} \Leftrightarrow Ag_i^{\cdot} + V'_{Ag}$	1.1	CaF_2	$F_F^{\times} = V_F^{\cdot} + F'_i$	2.3 ~ 2.8
BeO	$0 = V''_{Be} + V_O^{\cdot\cdot}$	~ 6		$Ca_{Ca}^{\times} = V''_{Ca} + Ca_i^{\cdot\cdot}$	~ 7
MgO	$0 = V''_{Mg} + V_O^{\cdot\cdot}$	~ 6		$0 = V''_{Ca} + V_F^{\cdot}$	~ 5.5
NaCl	$0 = V'_{Na} + V_{Cl}^{\cdot}$	2.2 ~ 2.4	UO_2	$O_O^{\times} = V''_O + O''_i$	3.0
LiF	$0 = V'_{Li} + V_F^{\cdot}$	2.4 ~ 2.7		$U_U^{\times} = V''''_U + U_i^{\cdot\cdot\cdot\cdot}$	~ 9.5
CaO	$0 = V''_{Ca} + V_O^{\cdot\cdot}$	~ 6		$0 = V''''_U + 2V_O^{\cdot\cdot}$	~ 6.4

2.1.4 点缺陷的化学平衡

在晶体中缺陷的产生与消失是一个动平衡的过程。缺陷的产生过程可以看成是一种化学反应过程,可用化学反应平衡的质量作用定律来处理。

1. 弗伦克尔缺陷

弗伦克尔缺陷可以看做是正常格点离子和间隙位置反应生成间隙离子和空位的过程。

正常格点离子 + 未被占据的间隙位置$\rightleftharpoons$间隙离子 + 空位

例如,在 AgBr 中,弗伦克尔缺陷的生成可写成

$$Ag_{Ag}^{\times} + V_i^{\times} = Ag_i^{\bullet} + V'_{Ag} \tag{2.8}$$

根据质量作用定律

$$K_F = \frac{[Ag_i^{\bullet}][V'_{Ag}]}{[Ag_{Ag}^{\times}][V_i^{\times}]} \tag{2.9}$$

式中,K_F 为弗伦克尔缺陷反应平衡常数;$[Ag'_i]$ 表示间隙银离子浓度。

在缺陷浓度很小时,$[V_i^{\times}] \approx [Ag_{Ag}^{\times}] \approx 1$

$$K_F = [Ag_i^{\bullet}][V'_{Ag}]$$

因为$[Ag_i^{\bullet}] = [V'_{Ag}]$,所以

$$[Ag_i^{\bullet}] = \sqrt{K_F} \tag{2.10}$$

缺陷反应平衡常数与温度关系为 $K_F = K_0 \exp(-\Delta G_f/kT)$

$$[Ag_i^{\bullet}] = \sqrt{K_0}\exp(-\Delta G_f/2kT) \tag{2.11}$$

2. 肖特基缺陷

肖特基缺陷和弗伦克尔缺陷之间的一个重要差别,在于肖特基缺陷的生成需要一个像晶界、位错或表面之类的晶格上无序的区域,例如在 MgO 中,镁离子和氧离子必须离开各自的位置,迁移到表面或晶界上,反应如下

$$Mg_{Mg}^{\times} + O_O^{\times} = V''_{Mg} + V_O^{\bullet\bullet} + Mg_S^{\times} + O_S^{\times} \tag{2.12}$$

式中 $Mg_S^{\times}$ 和 $O_S^{\times}$ 表示它们位于表面或界面上。方程(2.12)左边表示离子都在正常位置上,是没有缺陷的。反应以后,变成表面离子和内部空位。在缺陷反应规则中表面位置在

反应式内可以不加表示，上式可写成

$$0 = V''_{Mg} + V_O^{\cdot\cdot}$$

0 表示无缺陷状态。

肖特基缺陷平衡常数是

$$K_S = [V''_{Mg}][V_O^{\cdot\cdot}] \tag{2.13}$$

因为$[V''_{Mg}] = [V_O^{\cdot\cdot}]$，所以

$$[V_O^{\cdot\cdot}] = K_S^{\frac{1}{2}}$$

$$K_S = K\exp(-\Delta G_f/kT)$$

$$[V_O^{\cdot\cdot}] = \sqrt{K}\exp(-\Delta G_f/2kT) \tag{2.14}$$

式中，ΔG_f 为肖特基缺陷形成自由能；K 为常数；k 为波尔兹曼常数。

2.1.5 点缺陷对晶体材料性能的影响

一般情形下，点缺陷主要影响晶体的物理性质，如比容、比热容、电阻率、扩散系数、介电常数等。

1. 比容

形成肖特基(Schottky)空位时，原子迁移到晶体表面上的新位置，导致晶体体积增加。

2. 电阻率

金属的电阻主要来源于离子对传导电子的散射。正常情况下，电子基本上在均匀电场中运动，在有缺陷的晶体中，晶格的周期性被破坏，电场急剧变化，因而对电子产生强烈散射，导致晶体的电阻率增大。

3. 比热容

形成点缺陷需向晶体提供附加的能量(空位生成焓)，因而引起附加比热容。

此外，点缺陷还影响其他物理性质，如扩散系数、介电常数等。在碱金属的卤化物中，点缺陷称为色心，会使晶体呈现色彩。点缺陷对金属力学性能的影响较小，它只通过与位错的交互作用，阻碍位错运动而使晶体强化。但在高能粒子辐照的情形下，由于形成大量的点缺陷而引起晶体显著硬化和脆化(辐照硬化)。

2.2 线缺陷

晶体中的线缺陷是各种类型的位错，其特点是原子发生错排的范围，在一个方向上尺寸较大，而另外两个方向上尺寸较小，是一个直径约在 3 ~ 5 个原子间距、长几百到几万个原子间距的管状原子畸变区。虽然位错种类很多，但最简单、最基本的类型有两种：一种是刃型位错，另一种是螺型位错。位错是一种极为重要的晶体缺陷，对材料强度、塑变、扩散、相变等影响显著。

2.2.1 位错的基本类型和特征

如果晶体的一部分区域发生了一个原子间距的滑移，另一部分不滑移，那么在滑移面

上已滑移区和未滑移区边界处的原子将如何排列呢？已滑移区和未滑移区的边界不可能是一条几何上的“线”，而是一个过渡区。在此区域内，原子的相对位移从 1 个原子间距逐渐减至 0。这样一来，在过渡区内原子排列就是不规则的，因而滑移面两边的原子就不可能“对齐”，或者说，必然会出现严重的“错配”。这个原子错配的过渡区便称为位错。

根据位错线与滑移方向二者的相对位向，位错分为：刃型位错、螺型位错和混合位错三类。

1. 刃型位错

刃型位错如图 2.4 所示。设有一简单立方结构的晶体，在某一水平面（*ABCD*）以上多出了垂直方向的原子面 *EFGH*，它中断于 *ABCD* 面上 *EF* 处，犹如插入的刀刃一样，*EF* 称为刃型位错线。位错线附近区域发生了原子错排，因此称为“刃型位错”。由图 2.4(b)可看出位错线的上部邻近范围受到压应力，而其下部邻近范围受到拉应力，离位错线较远处原子排列正常。

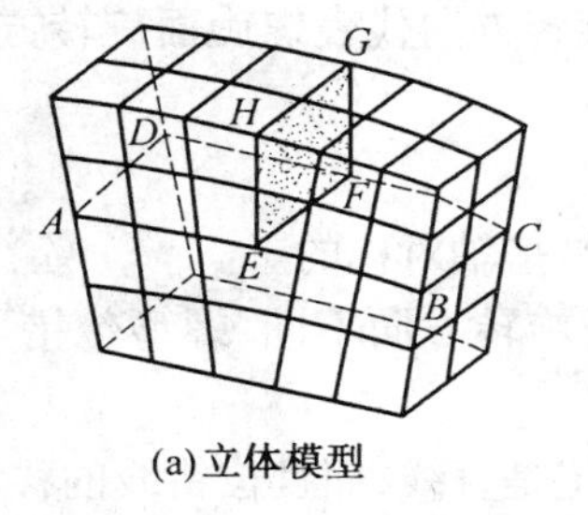

(a)立体模型

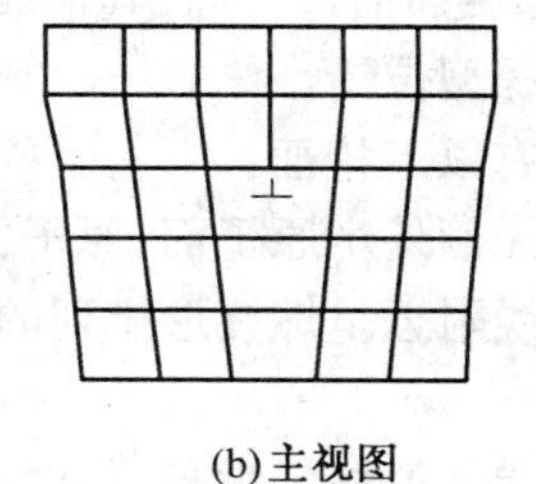
(b)主视图

图 2.4　刃型位错

刃型位错结构具有如下特点：

①刃型位错有一个额外的半原子面。一般把多出的半原子面在滑移面上边的称为正刃型位错，记为“⊥”；而把多出在下边的称为负刃型位错，记为“⊤”。其实这种正负之分只具相对意义而无本质的区别。

②刃型位错线可理解为晶体中已滑移区与未滑移区的边界线。它不一定是直线，也可以是折线或曲线，但它必与滑移方向相垂直，也垂直于滑移矢量。

③滑移面必定是同时包含有位错线和滑移矢量的平面，在其他面上不能滑移。由于在刃型位错中，位错线与滑移矢量互相垂直，因此，由它们所构成的平面只有一个。

④晶体中存在刃型位错之后，位错周围的点阵发生弹性畸变，既有切应变，又有正应变。就正刃型位错而言，滑移面上方点阵受到压应力，下方点阵受到拉应力；负刃型位错与此相反。

⑤在位错线周围的过渡区（畸变区）每个原子具有较大的平均能量。但该区只有几个原子间距宽，畸变区是狭长的管道，所以刃型位错是线缺陷。

2. 螺型位错

螺型位错如图 2.5 所示。设想在简单立方晶体右端施加一切应力，使右端滑移面上下两部分晶体发生一个原子间距的相对切变，于是在已滑移区与未滑移区的交界处，*BC* 线与 aa' 线之间上下两层相邻原子发生了错排和不对齐现象，如图 2.5(a)所示。顺时针依次连结紊乱区原子，就会画出一螺旋路径，如图 2.5(b)所示，该路径所包围的呈长管状原子排列的紊乱区就是螺型位错。

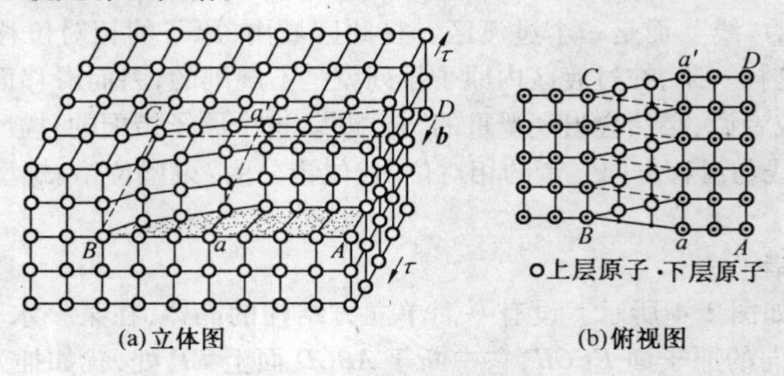

(a)立体图　　(b)俯视图

图 2.5　螺型位错

根据螺旋面的旋转方向,符合右手法则(右手拇指代表螺旋面前进方向,其他四指旋转方向代表螺旋面旋转方向)则为右螺型位错;根据螺旋面的旋转方向,符合左手法则(左手拇指代表螺旋面前进方向,其他四指旋转方向代表螺旋面旋转方向)则为左螺型位错。图 2.5 为右螺型位错。

螺型位错具有以下特征:

①螺型位错无额外半原子面,原子错排是呈轴对称的。

②根据位错线附近呈螺旋形排列的原子旋转方向不同,螺型位错可分为右旋和左旋螺型位错。

③螺型位错线与滑移矢量平行,因此一定是直线,而且位错线的移动方向与晶体滑移方向互相垂直。

④纯螺型位错的滑移面不是唯一的。凡是包含螺型位错线的平面都可以作为它的滑移面。但实际上,滑移通常是在那些原子密排面上进行。

⑤螺型位错线周围的点阵也发生了弹性畸变,但是,只有平行于位错线的切应变而无正应变,即不会引起体积膨胀和收缩,且在垂直于位错线的平面投影上,看不到原子的位移,看不出有缺陷。

⑥螺型位错周围的点阵畸变随离位错线距离的增加而急剧减少,故它也是包含几个原子宽度的线缺陷。

3. 混合位错

当位错线既不平行又不垂直于滑移方向时,可以将晶体的滑移分解为平行于边界线的位移分量和垂直于边界线的位移分量,也就是将位错看成是由螺型位错和刃型位错混和而成的,故称为混和位错。

由于位错线是已滑移区与未滑移区的边界线。因此,位错具有一个重要的性质,即一根位错线不能终止于晶体内部,而只能露头于晶体表面(包括晶面)。若它终止于晶体内部,则必与其他位错线相连接,或在晶体内部形成封闭线。形成封闭线的位错称为位错环。

混合位错如图2.6所示,有一弯曲位错线AC(已滑移区与未滑移区的交界),A点处位错线与b平行为螺型位错,C点处位错与b垂直为刃型位错。其他部分位错线与b既不平行,也不垂直属混合位错,如图 2.6(b) 所示。混合位错可分解为螺型分量b_s与刃型分量

b_c，$b_s = b\cos\varphi$，$b_c = b\sin\varphi$。

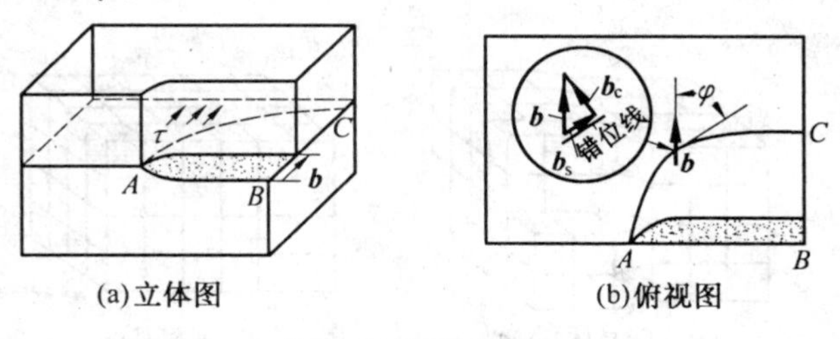

(a)立体图　　(b)俯视图

图 2.6　混合位错

2.2.2　柏氏矢量

柏氏矢量是描述位错性质的一个重要物理量，1939 年由柏格斯（Burgers）提出，故称该矢量为"柏格斯矢量"或"柏氏矢量"，用 ***b*** 表示，其物理意义如下：

① 表征位错线的性质。据 ***b*** 与位错线的取向关系可确定位错线性质。

② ***b*** 表征了总畸变的积累。围绕一根位错线的柏氏回路任意扩大或移动，回路中包含的点阵畸变量的总和不变，因而由这种畸变总量所确定的柏氏矢量也不改变。

③ ***b*** 表征了位错强度。同一晶体中 ***b*** 大的位错具有严重的点阵畸变，能量高且不稳定。位错的许多性质，如位错的能量、应力场、位错受力等，都与 ***b*** 有关。

1. 柏氏矢量的确定

柏氏矢量可以通过柏氏回路来确定。通常确定该位错柏氏矢量的具体步骤如下：

① 首先选定位错线的正向，例如，常规定纸面的方向为位错线的正方向。

② 在实际晶体中，从任一原子出发，围绕位错（避开位错线附近的严重畸变区）以一定的步数作一右旋闭合回路（称为柏氏回路）。

③ 在完整晶体中按同样的方向和步数作相同的回路，该回路并不封闭，由终点向起点引一矢量，使该回路闭合，这个矢量 ***b*** 就是实际晶体中位错的柏氏矢量。

几点说明：

① 刃型位错的柏氏矢量与位错线垂直，这是刃型位错的一个重要特征。刃型位错的正负可借右手法则来确定（右手食指：位错线方向；中指：柏氏矢量方向；拇指：多余半原子面的方向），如拇指向上则为正刃型位错，如拇指向下则为负刃型位错，如图 2.7 所示。

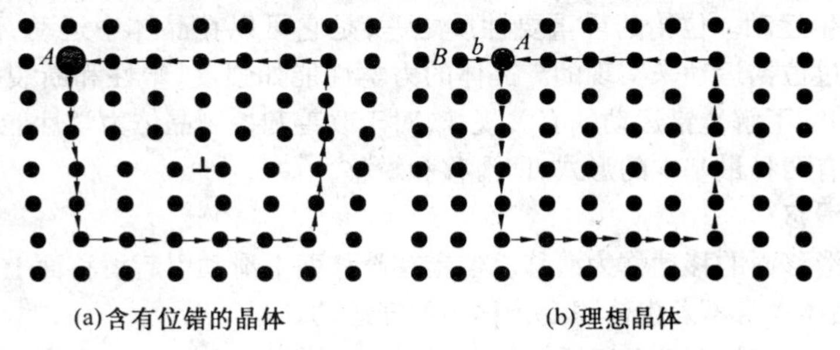

(a)含有位错的晶体　　(b)理想晶体

图 2.7　刃型位错的柏氏回路和柏氏矢量

② 螺型位错柏氏矢量也可按同样的方法加以确定。螺型位错的柏氏矢量与位错线

平行，且 $\boldsymbol{b}$ 与正向平行者为右螺旋位错，$\boldsymbol{b}$ 与反向平行者为左螺旋位错，如图 2.8 所示。

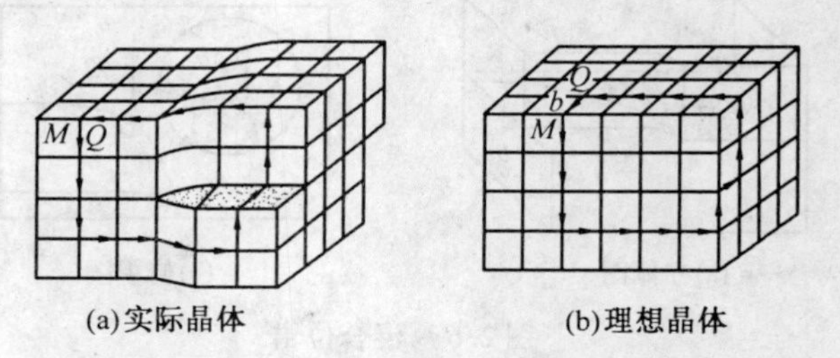

图 2.8　螺型位错的柏氏矢量与位错线平行

③ 混合位错的柏氏矢量既不垂直也不平行于位错线，而与它相交成 φ 角($0<\varphi<\pi/2$)，可将其分解成垂直和平行于位错线的刃型分量($b_c=b\sin\varphi$)和螺型分量($b_s=b\cos\varphi$)。

2. 柏氏矢量的特性

① 柏氏矢量是一个反映位错周围点阵畸变总累积的物理量。

该矢量的方向表示位错的性质与位错的取向，即位错运动导致晶体滑移的方向；矢量的模 $|\boldsymbol{b}|$ 表示了畸变的程度，称为位错的强度。

全位错：柏氏矢量的模等于该晶向上原子间距；

不全位错：柏氏矢量的模小于该晶向上原子间距。

② 柏氏矢量与回路起点及其具体途径无关。柏氏矢量是唯一的，这是柏氏矢量的守恒性。

③ 一根不分岔的位错线，不论其形状如何变化(直线、曲折线或闭合的环状)，也不管位错线上各处的位错类型是否相同，其各部位的柏氏矢量都相同；而且当位错在晶体中运动或者改变方向时，其柏氏矢量不变，即一根位错线具有唯一的柏氏矢量。

④ 若一个柏氏矢量为 $\boldsymbol{b}$ 的位错可以分解为柏氏矢量分别为 $\boldsymbol{b}_1,\boldsymbol{b}_2,\cdots,\boldsymbol{b}_n$ 的 n 个位错，则分解后各位错柏氏矢量之和等于原位错的柏氏矢量。

2.2.3　位错的运动

晶体中的位错总是力图从高能位置转移到低能位置，在适当条件下(包括外力作用)，位错会发生运动。位错的最重要性质之一，是它可以在晶体中运动，而晶体宏观的塑性变形是通过位错运动来实现的。晶体的力学性能如强度、塑性和断裂等均与位错的运动有关。因此，了解位错运动的有关规律，对于改善和控制晶体力学性能是有益的。

位错运动有两种最基本的形式，即滑移和攀移。

1. 位错的滑移

位错沿着滑移面的移动称为滑移。位错在滑移面上滑动引起滑移面上下的晶体发生相对运动，而晶体本身不发生体积变化称为保守运动。

刃型位错的滑移如图 2.9 所示，对含刃位错的晶体加切应力，切应力方向平行于柏氏矢量，位错周围原子只要移动很小距离，就使位错由位置“1”移动到位置“2”，如图 2.9(a) 所示。当位错运动到晶体表面，整个上半部晶体相对下半部移动了一个柏氏矢量,晶体表面产生高度为b的台阶,如图2.9(b)所示。刃位错的柏氏矢量$\boldsymbol{b}$与位错线τ互相垂直,故滑移面为$\boldsymbol{b}$与τ决定的平面,它是唯一确定的。由图2.9可知,刃位错移动的方向与b方向一致,和位错线垂直。

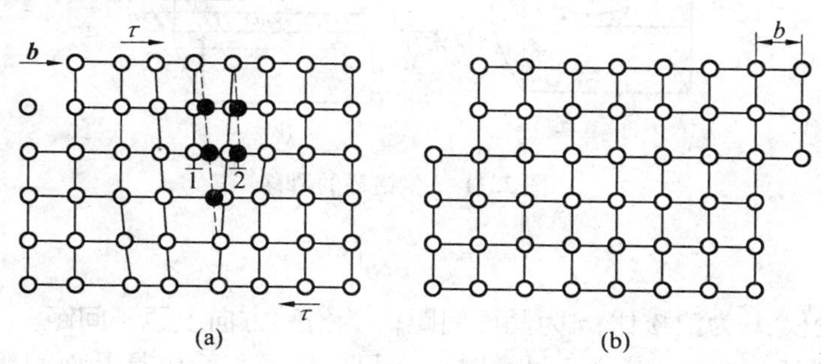

图2.9　刃型位错的滑移

螺位错沿滑移面运动时,周围原子动作情况如图2.10所示。虚线所示螺旋线为其原始位置,在切应力τ作用下,当原子做很小距离的移动时,螺位错本身向左移动了一个原子间距,到图中实线螺旋线位置,滑移台阶(阴影部分)亦向左扩大了一个原子间距。螺位错不断运动,滑移台阶不断向左扩大,当位错运动到晶体表面,晶体的上下两部分相对滑移了一个柏氏矢量,其滑移结果与刃位错完全一样,所不同的是螺位错的移动方向与b垂直。此外因螺位错b与τ平行,故通过位错线并包含b的所有晶面都可能成为它的滑移面。当螺位错在原滑移面运动受阻时,可转移到与之相交的另一个滑移面上去,这样的过程称为交叉滑移,简称交滑移。

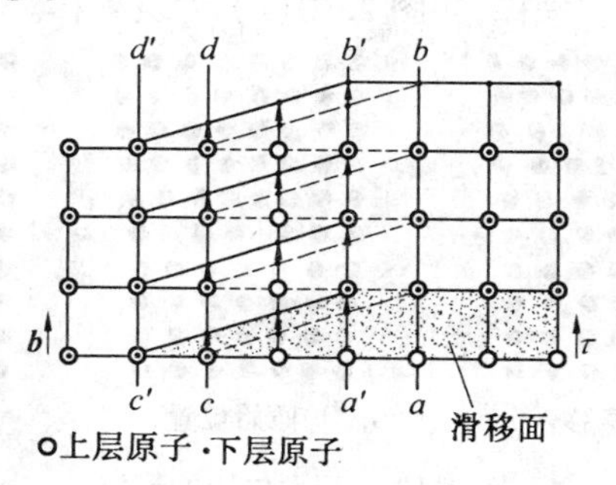

图2.10　螺位错的滑移

混合型位错沿滑移面移动的情况,如图2.11所示。沿柏氏矢量b方向作用一切应力τ,位错环将不断扩张,最终跑出晶体,使晶体沿滑移面相对滑移了b,如图2.11(b)所示。由此例看出,不论位错如何移动,晶体的滑移总是沿柏氏矢量相对滑移,所以晶体滑移方向就是位错的柏氏矢量方向。

实际晶体中,位错的滑移要遇到多种阻力,其中最基本的固有阻力是晶格阻力－派纳力。当柏氏矢量为b的位错在晶体中移动时,将由某一个对称位置(图2.9(a)中1位置)移动到图中2位置。在这些位置,位错处在平衡状态,能量较低。而在对称位置之间,能量增高,造成位错移动的阻力。因此位错移动时,需要一个力克服晶格阻力,越过势垒,此力称派－纳力(Peierls-Nabarro),可表示如下

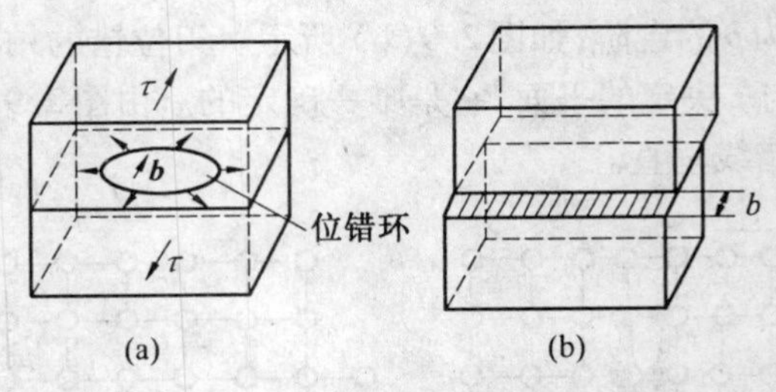

图 2.11　位错环的滑移

$$\tau_p \approx \frac{2G}{1-\nu} e^{\frac{-2\pi a}{b(1-\nu)}} \tag{2.15}$$

式中，G 为切变模；ν 为泊松比；a 为晶面间距；b 为滑移方向上原子间距。

由公式(2.15)可知 a 最大 b 最小时，τ_p 最小，故滑移面应是晶面间距最大的最密排面，滑移方向应是原子最密排方向，此方向 b 一定最小。除点阵阻力外，晶体中各种缺陷如点缺陷、其他位错、晶界和第二相粒子等对位错运动均会产生阻力，使金属抵抗塑性变形能力增强。

2. 位错的攀移

刃型位错除可以在滑移面上滑移外，还可在垂直滑移面的方向上运动即发生攀移。攀移的实质是多余半原子面的伸长或缩短。通常把多余半原子面向上移动称正攀移，向下移动称负攀移，如图 2.12 所示。当空位扩散到位错的刃部，使多余半原子面缩短，如图 2.12(a) 为正攀移。当刃部的空位离开多余半原子面，相当于原子扩散到位错的刃部，使多余半原子面伸长，位错向下攀移，如图 2.12(c) 为负攀移。

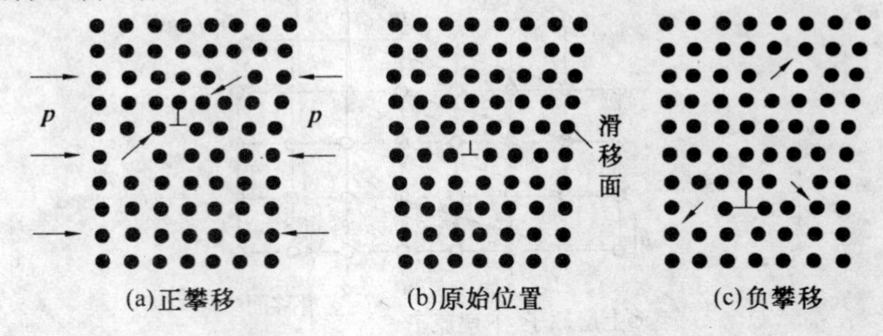

图 2.12　刃型位错的攀移

攀移与滑移不同，攀移时伴随物质的迁移，需要空位的扩散，需要热激话，比滑移需更大能量。低温攀移较困难，高温时易攀移。攀移通常会引起体积的变化，故属非保守运动。此外作用于攀移面的正应力有助于位错的攀移，由图 2.12(a) 可见压应力将促进正攀移，拉应力可促进负攀移。晶体中过饱和空位也有利于攀移。攀移过程中，不可能整列原子同时附着或离开，所以位错(即多余半原子面边缘)要出现割阶(见图 2.13)。割阶是原子附着或脱离多余半原子面最可能的地方。刃型位错通过割阶沿图中箭头方向运动实现攀移，如图 2.13 所示。

3. 运动位错的交割

当一位错在某一滑移面上运动时，会与穿过滑移面的其他位错交割。位错交割时会发生相互作用，这对材料的强化、点缺陷的产生有重要意义。

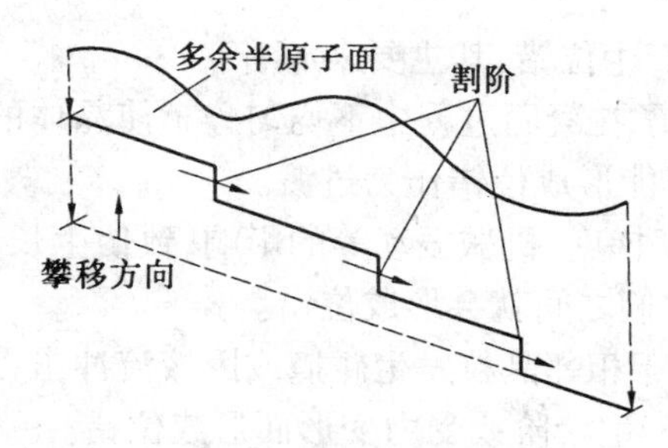

图2.13 位错、割阶的运动

割阶与扭折:

① 在位错的滑移运动过程中,其位错线往往很难同时实现全长的运动。因而一个运动的位错线,特别是在受到阻碍的情况下,有可能通过其中一部分线段(n个原子间距)首先进行滑移。

② 若由此形成的曲折线段就在位错的滑移面上时,称为扭折;若该曲折线段垂直于位错的滑移面时,称为割阶。

③ 扭折和割阶也可由位错之间交割而形成。刃型位错的割阶部分仍为刃型位错,扭折部分则为螺型位错;螺型位错中的扭折和割阶线段,由于均与柏氏矢量相垂直,故均属于刃型位错。

④ 运动位错交割后,每根位错线上都可能产生一扭折或割阶,其大小和方向取决于另一位错的柏氏矢量,但具有原位错线的柏氏矢量。

⑤ 所有的割阶都是刃型位错,而扭折可以是刃型位错也可以是螺型位错。

⑥ 扭折与原位错线在同一滑移面上,可随主位错线一道运动,几乎不产生阻力,而且扭折在线张力作用下易于消失。

但割阶则与原位错线不在同一滑移面上,故除非割阶产生攀移,否则割阶就不能跟随主位错线一道运动,成为位错运动的障碍,通常称此为割阶硬化。

2.2.4 位错的生成和增殖

1. 位错的密度

晶体中位错的量通常用位错密度来表示

$$\rho/(\mathrm{cm}\cdot\mathrm{cm}^{-3}) = S/V \tag{2.16}$$

式中,V为晶体的体积;S为该晶体中位错线总长度。

有时为简便,把位错线当成直线,而且是平行地从晶体的一面到另一面,这样式(2.16)变为

$$\rho/\mathrm{cm}^{-2} = \frac{n \times L}{L \times A} = \frac{n}{A} \tag{2.17}$$

式中,L为每根位错线长度,近似为晶体厚度;n为面积A中见到的位错数目。

位错密度可用透射电镜、金相等方法测定。一般退火金属中位错密度为$(10^5 \sim 10^6)/\mathrm{cm}^2$,剧烈冷变形金属中位错密度可增至$(10^{10} \sim 10^{12})/\mathrm{cm}^2$。

2. 位错的生成

晶体中的位错来源主要可有以下几种。

(1) 晶体生长过程中产生位错,其主要来源有:

① 由于熔体中杂质原子在凝固过程中不均匀分布使晶体的先后凝固部分成分不同,从而点阵常数也有差异,可能形成位错作为过渡。

② 由于温度梯度、浓度梯度、机械振动等的影响,致使生长着的晶体偏转或弯曲引起相邻晶块之间有位相差,它们之间就会形成位错。

③ 晶体生长过程中由于相邻晶粒发生碰撞或因液流冲击,以及冷却时体积变化的热应力等原因会使晶体表面产生台阶或受力变形而形成位错。

(2) 高温下晶体中都含有大量的空位,当冷却较快时,将会保留下来形成空位片,空位片崩塌后形成位错。

(3) 晶体内部的某些晶面,如第二相质点、孪晶界、晶界等附近往往出现应力集中,当此应力足以使该局部区域发生塑性变形就会产生位错。

3. 位错的增殖

经剧烈塑性变形后的金属晶体,其位错密度可增加4 ~ 5个数量级。这个现象充分说明晶体在变形过程中位错必然是在不断地增殖。

位错的增殖机制可有多种,其中一种主要方式是弗兰克 - 瑞德(Frank-Read) 位错源。

2.2.5 实际晶体结构中的位错

实际晶体结构中的位错更为复杂,它们除具有前述的共性外,还有一些特殊性质和复杂组态。

1. 实际晶体中位错的柏氏矢量

简单立方晶体中位错的柏氏矢量 $\boldsymbol{b}$ 总是等于点阵矢量。

但实际晶体中,位错的柏氏矢量除了等于点阵矢量外还可能小于或大于点阵矢量。通常把柏氏矢量等于单位点阵矢量的位错称为“单位位错”;把柏氏矢量等于点阵矢量的位错称为“全位错”,故全位错滑移后晶体原子排列不变;把柏氏矢量不等于点阵矢量的位错称为“不全位错”,或称为“部分位错”,不全位错滑移后原子排列规律发生变化。从能量条件看,由于位错能量正比于 b^2,b 越小越稳定,即单位位错应该是最稳定的位错。

2. 堆垛层错

实际晶体中所出现的不全位错通常与其原子堆垛结构的变化有关。

实际晶体结构中,密排面的正常堆垛顺序有可能遭到破坏和错排,称为堆垛层错,简称层错。形成层错时几乎不产生点阵畸变,但它破坏了晶体的完整性和正常的周期性,使电子发生反常的衍射效应,故使晶体的能量有所增加,这部分增加的能量称堆垛层错能(J/m^2)。它一般可用实验方法间接测得。从能量的观点来看,晶体中出现层错的几率与层错能有关,层错能越高则几率越小。如在层错能很低的奥氏体不锈钢中,常可看到大量的层错,而在层错能高的铝中,就看不到层错。

3. 不全位错

若堆垛层错不是发生在晶体的整个原子面上而只是部分区域存在,那么,在层错与完整晶体的交界处就存在柏氏矢量 $\boldsymbol{b}$ 不等于点阵矢量的不全位错。

在面心立方晶体中,有两种重要的不全位错:肖克莱不全位错和弗兰克不全位错。

(1) 肖克莱不全位错

图 2.14 为肖克莱不全位错结构,图中右边晶体按 *ABCABC*… 正常顺序堆垛,而左边晶体是按 *ABCBCAB*… 顺序堆垛,即有层错存在,层错与完整晶体的边界就是肖克莱位错。

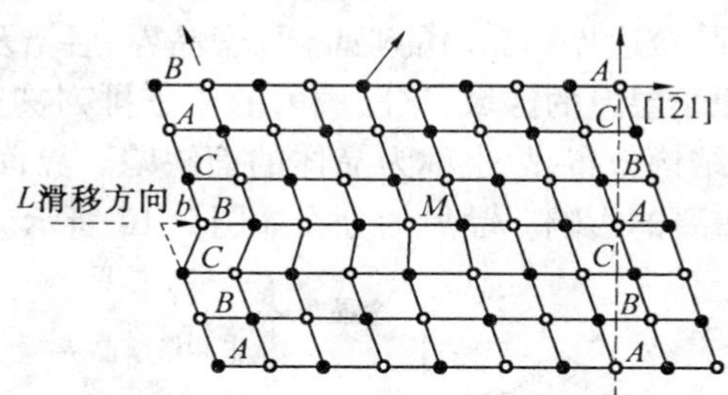

图 2.14 面心立方晶体中的肖克莱不全位错

根据其柏氏矢量与位错线的夹角关系,它既可以是纯刃型,也可以是纯螺型或混合型。

抽出半层密排面形成弗兰克不全位错,抽出为负弗兰克不全位错,插入为正弗兰克不全位错。

(2) 弗兰克不全位错

图 2.15 为抽出半层密排面形成的弗兰克不全位错。与抽出型层错联系的不全位错是负弗兰克不全位错,而与插入型层错相联系的不全位错是正弗兰克不全位错。它们的柏氏矢量都属于弗兰克位错属纯刃型位错。

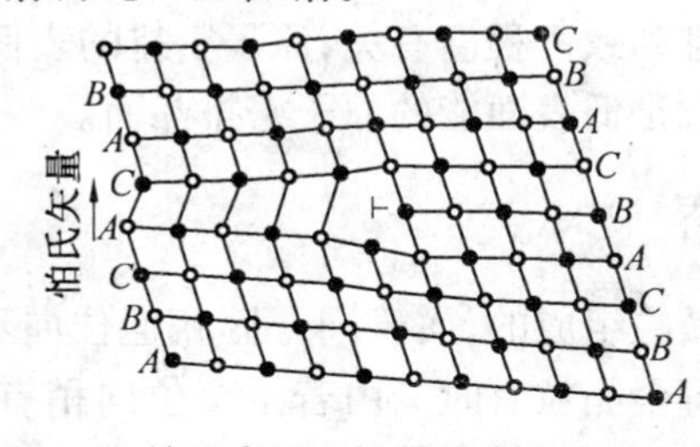

图 2.15 抽出半层密排面形成弗兰克不全位错

4. 位错反应

实际晶体中,组态不稳定的位错可以转化为组态稳定的位错;具有不同帕氏矢量的位错线可以合并为一条位错线;反之,一条位错线也可以分解为两条或更多条具有不同柏氏矢量的位错线。通常,将位错之间的相互转化(分解或合并)称为位错反应。

位错反应能否进行,决定于是否满足如下两个条件:

(1) 几何条件。按照柏氏矢量守恒性的要求,反应后诸位错的柏氏矢量之和应该等于反应前诸位错的柏氏矢量之和。

(2) 能量条件。从能量角度,位错反应必须是一个伴随着能量降低的过程。为此,反应后各位错的总能量应小于反应前各位错的总能量。

2.3 面缺陷

严格来说,界面包括外表面(自由表面)和内界面,表面是指固体材料与气体或液体的分界面,它与摩擦、磨损、氧化、腐蚀、偏析、催化、吸附现象,以及光学、微电子学等均密切相关;而内界面可分为晶粒边界和晶内的亚晶界、孪晶界、层错及相界面等。

界面通常包含几个原子层厚的区域,该区域内的原子排列甚至化学成分往往不同于晶体内部,又因它系二维结构分布,故也称为晶体的面缺陷。界面的存在对晶体的力学、物理和化学等性能产生重要的影响。晶界的分类如图2.16所示。

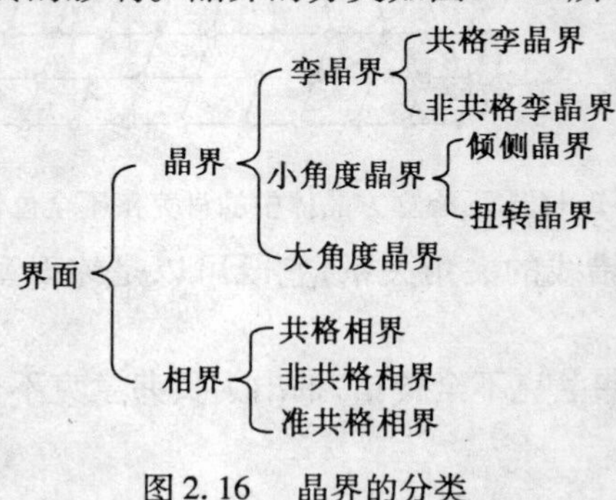

图2.16 晶界的分类

在晶体表面上,原子排列情况与晶内不同,表面原子会偏离其正常的平衡位置,并影响到邻近的几层原子,造成表层的点阵畸变,使它们的能量比内部原子高,这几层高能量的原子层称为表面。

表面能与晶体表面原子排列致密程度有关,原子密排的表面具有最小的表面能,所以自由晶体暴露在外的表面通常是低表面能的原子密排晶面。

2.3.1 晶界和亚晶界

多数晶体物质是由许多晶粒组成的,属于同一固相但位向不同的晶粒之间的界面称为晶界,它是一种内界面;而每个晶粒有时又由若干个位向稍有差异的亚晶粒所组成,相邻亚晶粒间的界面称为亚晶界。晶粒的平均直径通常为0.015 ~ 0.25 mm,而亚晶粒的平均直径则通常为0.001 mm数量级。

从晶体几何学的角度来看,两晶粒交接后,两个晶粒的位向差和晶界相对于一个点阵某一平面的夹角来确定,称为晶界角。根据相邻晶粒之间位向差的大小不同可将晶界分为大角晶界和小角晶界。

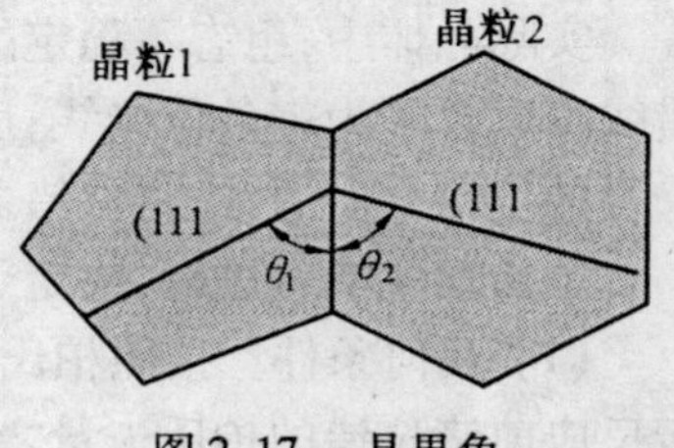

图2.17 晶界角

晶界角$\theta = \theta_1 + \theta_2$,如图2.17所示,$\theta_1 = \theta_2$时称为对称晶界,否则为非对称晶界。$\theta \geq 10°$称为大角晶界,多晶体中90%以上的晶界属于此类;$\theta < 10°$称为小角晶界,亚晶界均属小角度晶界,一般小于2°。

1. 小角晶界

对于小角晶界,假定沿一平面将一完整单晶分成两半,然后绕一旋转轴使两半晶体相对旋转一个小角度 θ ,根据旋转轴与界面的相对取向的不同,小角晶界分成倾侧晶界、扭转晶界及一般晶界。

① 当旋转轴平行于界面时,两半晶体相对于界面发生倾转,这种界面称为倾侧晶界。

对称倾侧晶界是由一系列平行等距的刃位错垂直排列而组成,相当于两部分晶体,沿着平行于界面的某一轴线,各自转过方向相反的 $\theta/2$ 而形成的,如图 2.18 所示。

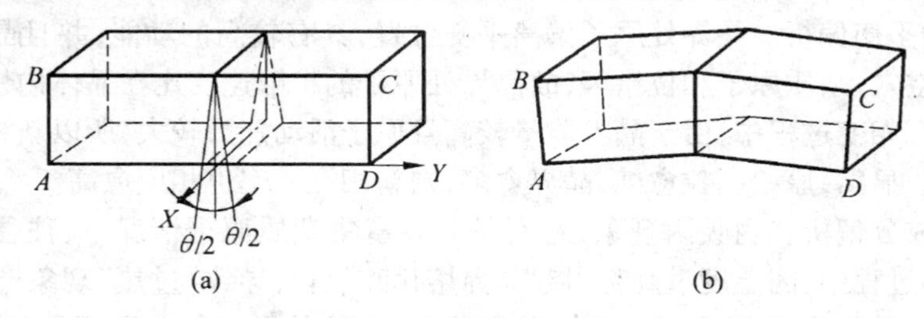

图 2.18 对称倾侧晶界的形成

当晶界两边的晶体相对于界面旋转不同角度时,便形成非对称倾侧晶界。非对称倾侧晶界除了两晶粒的取向差 θ 外,位错的分布还取决于晶界面于晶界两边晶体的对称面之间的夹角 φ。晶界与一个晶粒[100] 的夹角为 $\varphi - \theta/2$,与另一个晶粒的[100] 的夹角为 $\varphi + \theta/2$,晶面上存在两组位错。

② 扭转晶界是小角度晶界的又一种类型,可看成是两部分晶体绕某一轴在一个共同的晶面上相对扭转一个 q 角所构成的,扭转轴垂直于这一共同的晶面。

2. 大角晶界

多晶体材料中各晶粒之间的晶界通常为大角度晶界。大角度晶界的结构较复杂,其中原子排列较不规则,不能用位错模型来描述。晶界可看成坏区与好区交替相间组合而成。随着位向差的增大,坏区的面积将相应增加。纯金属中大角度晶界的宽度不超过3个原子间距。大角晶界有三个基本的模型:

①过冷液体模型。晶界处原子排列与过冷液体(非晶态玻璃)相似,即长程无序而短程有序。晶界上的原子处于亚稳状态,原子的活动性比较强。

②小岛模型。在大角度晶界区存在原子排列匹配较好,具有晶态特征的“岛”,其尺寸几个到几十个原子距离。它们分布在原子匹配较差,具有接近非晶特征的“海”中。

③晶界重合位置点阵模型。晶界是由晶格(晶体)绕某一特殊旋转一定角度而形成的,转动后晶格上的某些原子与原点阵的某些阵点重合,形成所谓的超点阵结构,这种点阵称为重合位置点阵,简称重位点阵。

3. 晶界的特性

①晶界处点阵畸变大,存在着晶界能。晶体中原子呈周期性规律排列,晶体处于能量最低的稳定状态,晶界的形成具备破坏了晶体的周期性结构,使晶体的能量增大。形成单位面积晶界所需的能量称为晶界能。因此,晶粒的长大和晶界的平直化都能减少晶界面

积,从而降低晶界的总能量,这是一个自发过程。然而晶粒的长大和晶界的平直化均需通过原子的扩散来实现,因此,随着温度升高和保温时间的增长,均有利于这两过程的进行。

②晶界处原子排列不规则,因此在常温下晶界的存在会对位错的运动起阻碍作用,致使塑性变形抗力提高,宏观表现为晶界较晶内具有较高的强度和硬度。晶粒愈细,材料的强度愈高,这就是细晶强化;而高温下则相反,因高温下晶界存在一定的粘滞性,易使相邻晶粒产生相对滑动。

③一般来说,晶界结构比晶内松散,溶质原子处在晶内的能量比处在晶界的能量要高,所以溶质原子有自发地向晶界偏聚的趋势,就会发生晶界偏析。晶界偏析使系统能量降低,是一种平衡偏析。晶界处原子偏离平衡位置,具有较高的动能,并且晶界处存在较多的缺陷如空穴、杂质原子和位错等,故晶界处原子的扩散速度比在晶体内快得多。

④在固态相变过程中,由于晶界能量较高且原子活动能力较大,所以新相易于在晶界处优先形核。显然,原始晶粒愈细,晶界愈多,则新相形核率也相应愈高。

⑤由于成分偏析和内吸附现象,特别是晶界富集杂质原子情况下,往往晶界熔点较低,故在加热过程中,因温度过高将引起晶界熔化和氧化,导致“过热”现象产生。

⑥由于晶界能量较高、原子处于不稳定状态,以及晶界富集杂质原子的缘故,与晶内相比,晶界的腐蚀速度一般较快。这就是用腐蚀剂显示全相样品组织的依据,也是某些金属材料在使用中发生晶间腐蚀破坏的原因。

4. 孪晶界

孪晶是指两个晶体(或一个晶体的两部分)沿一个公共晶面构成镜面对称的位向关系,这两个晶体就称为“孪晶”,此公共晶面就称孪晶面。

孪晶界可分为两类,即共格孪晶界和非共格孪晶界。共格孪晶界就是孪晶面。在孪晶面上的原子同时位于两个晶体点阵的结点上,为两个晶体所共有,属于自然地完全匹配是无畸变的完全共格晶面,因此它的界面能很低(约为普通晶界界面能的 1/10),很稳定,在显微镜下呈直线,这种孪晶界较为常见。

如果孪晶界相对于孪晶面旋转一角度,即可得到另一种孪晶界,即非共格孪晶界。此时,孪晶界上只有部分原子为两部分晶体所共有,因而原子错排较严重,这种孪晶界的能量相对较高,约为普通晶界的 1/2。

孪晶的形成与堆垛层错有密切关系。依孪晶形成原因的不同,可分为形变孪晶、生长孪晶和退火孪晶等。正因为孪晶与层错密切相关,一般层错能高的晶体不易产生孪晶。

2.3.2 相界

具有不同结构的两相之间的分界面称为相界,按结构特点,相界面可分为共格相界、半共格相界和非共格相界三种类型。

1. 共格相界

所谓“共格”是指界面上的原子同时位于两相晶格的结点上,即两相的晶格是彼此衔接的,界面上的原子为两者共有。但是理想的完全共格界面,只有在孪晶界,且孪晶界即为孪晶面时才可能存在。

2. 半共格相界

若两相邻晶体在相界面处的晶面间距相差较大，则在相界面上不可能做到完全的一一对应，于是在界面上将产生一些位错，以降低界面的弹性应变能，这时界面上两相原子部分地保持匹配，这样的界面称为半共格界面或部分共格界面。

半共格相界上位错间距取决于相界处两相匹配晶面的错配度。

3. 非共格相界

当两相在相界面处的原子排列相差很大时，只能形成非共格界面。

从理论上来讲，相界能包括两部分，即弹性畸变能和化学交互作用能。弹性畸变能大小取决于错配度的大小；而化学交互作用能取决于界面上原子与周围原子的化学键结合状况。相界面结构不同，这两部分能量所占的比例不同。如对共格相界，由于界面上原子保持着匹配关系，故界面上原子结合键数目不变，因此这里应变能是主要的；而对于非共格相界，由于界面上原子的化学键数目和强度与晶内相比发生了很大变化，故其界面能以化学能为主，而且总的界面能较高。从相界能的角度来看，从共格至半共格到非共格依次递增。

2.4 体缺陷

所谓体缺陷是指在晶体中三维尺度上出现的周期性排列的紊乱，也就是在较大的尺寸范围内的晶格排列的不规则。这些缺陷的区域基本上可以和晶体或者晶粒的尺寸相比拟，属于宏观的缺陷，较大的体缺陷可以用肉眼就能够清晰观察。体缺陷有很多种类，常见的有包裹体、气泡、空洞、微沉淀等，这些缺陷区域在宏观上与晶体其他位置的晶格结构、晶格常数、材料密度、化学成分以及物理性质有所不同，好像是在整个晶体中的独立王国。

空洞是晶体中所包含的较大的空隙区。微沉淀是晶体中出现的分离相，是由于某些杂质超过溶解度极限形成的。硅晶体中的微沉淀主要是氧、碳的沉淀。微沉淀的形成可引起化学配比的偏离而产生次级缺陷，如某种组元的空位或间隙原子。微沉淀是非辐射复合中心，它的形成常伴随过饱和点缺陷的凝聚和崩塌，以及微沉淀与基质晶体之间形成失配应变，还可产生堆垛层错和密集位错等缺陷，故对材料性能有重要影响。其他体缺陷有胞状结构、非晶区等。微缺陷除上述四类结构缺陷外，还有一类以择优化学腐蚀后表面出现的以高密度浅底小坑或小丘为其腐蚀特征的一类缺陷，称为微缺陷。目前已发现的微缺陷有三类：①生长微缺陷；②热诱生微缺陷；③雾缺陷。

生长微缺陷硅中的生长微缺陷是热点缺陷凝聚而形成的，由于位错割阶处使过剩的点缺陷淹灭，因而生长微缺陷只出现在无位错硅中。有一种蚀坑在纵剖面上呈周期性不连续条纹状分布，而在横截面上呈不连续螺旋状分布的微缺陷称为漩涡缺陷，这种缺陷的形成可能是点缺陷通过在分凝系数不等于1的慢扩散杂质（如碳）上的非均匀成核过程实现的。在GaAs中观察到棱柱位错环、不全位错环以及各种形状的微沉淀等微缺陷，而GaP中则有S坑（碟坑）和C坑（云状坑）两种生长微缺陷。热诱生微缺陷硅单晶在高温热处理后，其中氧的沉淀物及其所造成的晶格畸变所诱生的缺陷。这种缺陷具有生长微缺陷的腐蚀特征，是高氧含量直拉硅中所特有的缺陷，主要有各种沉淀物、棱柱位错环、层错等。雾缺陷是热处理硅片或外延片择优腐蚀后表面出现的密集而均匀分布的雾状缺陷，其基本特征是：只出现在表面 1 ~ 2 mm 以内，高温处理前观察不到，主要是 50 ℃以上形成，具有较高的热迁移率，对晶格应力高度敏感，其形成过程是由于砧污金属的溶解、扩散和沉淀三个过程的结合。雾状缺陷在其后的氧化工艺中会引起氧化层错，利用内、外吸除技术可有效地消除雾缺陷。

关于缺陷工程的概念半导体技术自诞生之日起就伴随着晶格缺陷的研究；缺陷的控制与消除研究工作导致了一个新型材料工程，即缺陷工程的诞生。其基本思想是：在深入理解缺陷的基础上，既要努力减少或消除缺陷，也可正面利用缺陷去控制或抵消其他某些难以消除的有害缺陷的影响，以提高器件的成品率和可靠性。这方面至少有三个成功的实例：GaP 发光器件（LED）中等电子陷阱的利用；通过深能级 EL，控制非掺杂 GaAs 单晶的半绝缘性能；硅中利用氧沉淀作为吸杂中心以"耗尽"有源区内的有害金属杂质。有的学者提出把"缺陷"这个词改称为"结晶态变体"可能更恰当些，因为有缺陷的晶体并不一定导致有缺陷的器件；化学上、结构上都完整的半导体只具备学术理论意义。控制（减少、消除）缺陷与利用缺陷都可能提高器件性能和成品率。随着材料、器件研究的不断深入，将不断发现新的缺陷和新的缺陷反应，从而设计出新性能和新结构的器件。

2.5 缺陷的应用

理想的晶体结构在真实的晶体中是不存在的，无论是自然界中存在的天然晶体，还是实验室（或工厂）中培养的人工晶体或是陶瓷和其他硅酸盐制品中的晶相，总是或多或少地存在某些缺陷。因为晶体在生长过程中，总是不可避免地受到外界环境中各种复杂因素不同程度影响，不可能按理想的要求发育，即质点排列不严格服从空间格子规律，可能存在空位、间隙离子、位错、镶嵌结构等缺陷，外形可能不规则。另外，晶体形成后还会受到外界各种因素影响，如温度、溶解、挤压、扭曲等。严格地说，各种偏离晶体结构中质点周期重复排列的因素，是造成晶体点阵结构周期势场畸变的一切因素。缺陷的应用体现在很多方面，下面主要介绍在金属的强化和杂质半导体方面的应用。

2.5.1 金属的强化

金属材料的强化途径有两个，一是提高合金的原子间结合力，提高其理论强度，并制得无缺陷的完整晶体，如晶须。二是向晶体内引入大量晶体缺陷，如位错、点缺陷、异原子、晶界等，这些缺陷阻碍位错运动，也会明显提高金属强度。具体强化形式为以下几种。

（1）结晶强化

结晶强化就是通过控制结晶条件，在凝固结晶以后获得良好的宏观组织和显微组织，从而提高金属材料的性能。它包括：

①细化晶粒。细化晶粒可以使金属组织中包含较多的晶界，由于晶界具有阻碍滑移变形作用，因而可使金属材料得到强化。同时也改善了韧性，这是其他强化机制不可能做到的。

②提纯强化。在浇注过程中,把液态金属充分地提纯,尽量减少夹杂物,能显著提高固态金属的性能。夹杂物对金属材料的性能有很大的影响。在损坏的构件中,常可发现有大量的夹杂物。采用真空冶炼等方法,可以获得高纯度的金属材料。

(2)形变强化

金属材料经冷加工塑性变形可以提高其强度,这是由于材料在塑性变形后位错运动的阻力增加所致。

(3)固溶强化

通过合金化(加入合金元素)组成固溶体,使金属材料得到强化称为固溶强化。

(4)相变强化

合金化的金属材料通过热处理等手段发生固态相变,获得需要的组织结构,使金属材料得到强化,称为相变强化。

(5)晶界强化

晶界部位的自由能较高,而且存在大量的缺陷和空穴。在低温时,晶界阻碍了位错的运动,因而晶界强度高于晶粒本身;但在高温时,沿晶界的扩散速度比晶内扩散速度大得多,晶界强度显著降低。因此强化晶界对提高钢的热强性是很有效的。

硼对晶界的强化作用,是由于硼偏集于晶界上,使晶界区域的晶格缺位和空穴减少,晶界自由能降低;硼还减缓了合金元素沿晶界的扩散过程;硼能使沿晶界的析出物降低,改善了晶界状态,加入微量硼、锆或硼+锆能延迟晶界上的裂纹形成;此外还有利于碳化物相的稳定。

(6)综合强化

在实际生产中,强化金属材料大都是同时采用几种强化方法的综合强化,以充分发挥强化能力。例如:

①固溶强化+形变强化,常用于固溶体系合金的强化。

②结晶强化+沉淀强化,用于铸件强化。

③马氏体强化+表面形变强化,对一些承受疲劳载荷的构件,常在调质处理后再进行喷丸或滚压处理。

④固溶强化+沉淀强化,对于高温承压元件常采用这种方法,以提高材料的高温性能。

2.5.2 杂质半导体

半导体中掺入微量杂质时,杂质原子附近的周期势场受到干扰并形成附加的束缚状态,在禁带中产生了杂质能级。例如,四价元素锗或硅晶体中掺入五价元素磷、砷、锑等杂质原子时,杂质原子作为晶格的一分子,其五个价电子中有四个与周围的锗(或硅)原子形成共价结合,多余的一个电子被束缚于杂质原子附近,产生类氢能级。杂质能级位于禁带上方靠近导带底附近。杂质能级上的电子很易激发到导带成为电子载流子。这种能提供电子载流子的杂质称为施主,相应能级称为施主能级。施主能级上的电子跃迁到导带所需能量比从价带激发到导带所需能量小得多。在锗或硅晶体中掺入微量三价元素硼、铝、镓等杂质原子时,杂质原子与周围四个锗(或硅)原子形成共价结合时尚缺少一个电子，因而存在一个空位，与此空位相应的能量状态就是杂质能级，通常位于禁带下方靠近价带处。价带中的电子很易激发到杂质能级上填补这个空位，使杂质原子成为负离子。价带中由于缺少一个电子而形成一个空穴载流子，这种能提供空穴的杂质称为受主杂质。存在受主杂质时，在价带中形成一个空穴载流子所需能量比本征半导体情形要小得多。半导体掺杂后其电阻率大大下降，加热或光照产生的热激发或光激发都会使自由载流子数增加而导致电阻率减小，半导体热敏电阻和光敏电阻就是根据此原理制成的。对掺入施主杂质的半导体，导电载流子主要是导带中的电子，属电子型导电，称 N 型半导体。掺入受主杂质的半导体属空穴型导电，称 P 型半导体。半导体在任何温度下都能产生电子-空穴对，故 N 型半导体中可存在少量导电空穴，P 型半导体中可存在少量导电电子，它们均称为少数载流子。半导体之所以能广泛应用，凭借的就是其能在晶格中植入杂质改变其导电性，这个过程称之为掺杂。掺杂进入本质半导体的杂质浓度与极性皆会对半导体的导电特性产生很大的影响，而掺杂过的半导体则称为外质半导体。

思考题

1. 名词解释

弗伦克尔缺陷与肖特基缺陷；刃型位错和螺型位错

2. 试述晶体结构中点缺陷的类型，以通用的表示法写出晶体中各种点缺陷的表示符号。试举例写出 $CaCl_2$ 中 Ca^{2+} 置换 KCl 中 K^+ 或进入到 KCl 间隙中去的两种点缺陷反应表示式。

3. 某晶体的缺陷测定生成能为 84 kJ/mol，计算该晶体在 1 000 K 和 1 500 K 时的缺陷浓度。

4. 缺陷反应方程式的书写原则和注意事项。

5. 点缺陷有哪些实验研究方法？

6. 试比较刃型位错和螺型位错的异同点。

7. 高温结构材料 Al_2O_3 可以用 ZrO_2 来实现增韧，如加入 0.2mol% ZrO_2，试写出缺陷反应式和固溶分子式。

第3章　材料的制备方法

历史学家根据各个时期具有代表性的材料将人类社会划分为石器时代、青铜器时代和铁器时代等。人们在大量地烧制陶瓷的实践中，熟练地掌握了高温加工技术，利用这种技术来烧炼矿石，逐渐冶炼出铜及其合金青铜，这是人类社会最早出现的金属材料。

现在人们已经发现了一百多种元素，按照这些元素的原子结构和性质，把它们分为金属和非金属两大类。金属材料可分为钢铁和非铁金属（或有色金属）。碳质量分数为2%～4.3%的铁合金为铸铁，碳质量分数为0.03%～2%的铁合金为钢。在Fe-C合金中，有目的地加入各种适量的合金元素提高钢铁的强度、硬度、耐磨性和耐腐蚀性等性能。常用的合金元素有Si、Mn、Cr、Ni、Mo、W、V、Ti、Nb、B等，形成了形形色色的合金铸铁或合金钢。

非铁合金大体分为：轻合金（铝合金、钛合金、镁合金、铍合金等）、重有色合金（铜合金、锌合金、锰合金、镍合金等）、低熔点合金（铅、锡、镉、铋、铟、镓、汞及其合金）、难熔合金（钨合金、钼合金、铌合金、钽合金等）、贵金属（金、银、铂、钯等）和稀有金属等，其中应用最广的是铝合金。为便于理解和掌握，列简单分类表如下：

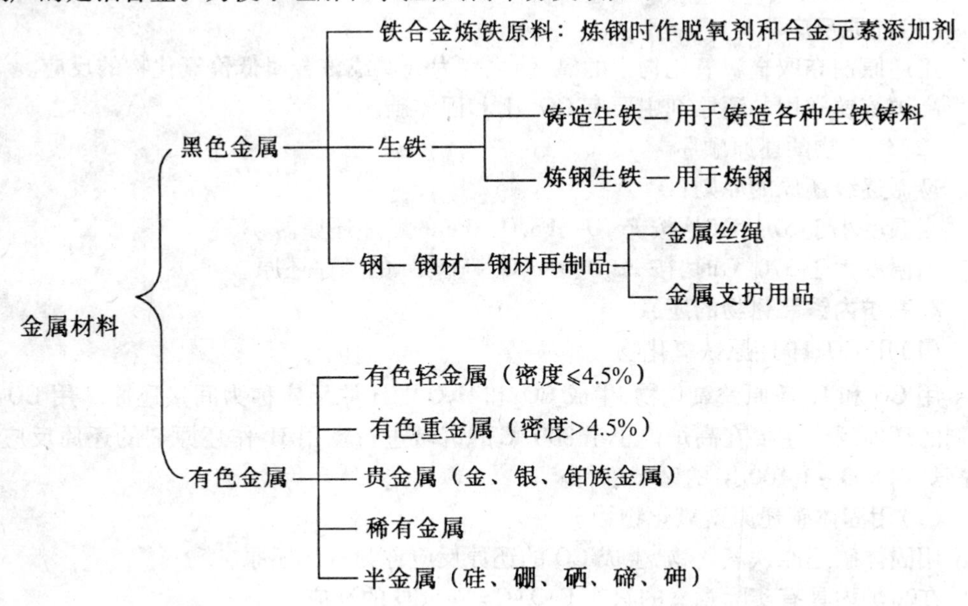

下面介绍几种典型金属的冶炼制备方法。

3.1 金属材料的制备方法

3.1.1 钢铁的制备

现代炼钢方法主要有氧气转炉炼钢法、电炉炼钢法，以前的平炉炼钢法由于具有用重油、成本高、冶炼周期长、热效率低等致命弱点，已基本上被淘汰。氧气转炉炼钢法以顶吹氧气转炉炼钢法为主，同时还有底吹氧气转炉炼钢法、顶底复合吹炼氧气转炉炼钢法。1996 年我国钢产量已达到一亿多吨，其中氧气转炉炼钢法炼的钢约占 70%。2005 年我国粗钢产量已达到 3.49 亿吨，其中氧气转炉炼钢法所炼钢约占 75%。电炉炼钢法以交流电弧炉炼钢为主，同时也有少部分直流电弧炉炼钢、感应炉炼钢及电渣重熔等。

纵观国内外炼钢方法的发展，主要趋势是转炉炼钢法大力发展，成为最主要的炼钢方法；电炉炼钢法稳步发展，长兴不衰；平炉炼钢法则被淘汰。目前炼钢的生产流程主要有以下两种。

①铁水→铁水预处理→氧气转炉→初炼钢水→炉外精炼→连铸机→连铸坯；

②废钢→电弧炉→初炼钢水→炉外精炼→连铸机→连铸坯。

下面介绍在钢铁冶炼过程中的基本化学过程。

1. 基本概念

(1)还原反应

用还原剂夺取金属氧化物中的氧，使之变为金属或该金属低价氧化物的反应。

高炉炼铁常用的还原剂主要有 CO、H_2和固体碳。

(2)氧化物的还原顺序

遵循逐级还原的原则：

当温度小于 570 ℃时，按 $Fe_2O \rightarrow Fe_3O \rightarrow Fe$ 的顺序还原。

当温度大于 570 ℃时，按 $Fe_2O \rightarrow Fe_3O \rightarrow FeOFe$ 的顺序还原。

2. 高炉内铁氧化物的还原

(1)用 CO、H_2还原铁氧化物

用 CO 和 H_2还原铁氧化物，生成 CO_2和 H_2O 的还原反应称为间接还原。用 CO 作还原剂的还原反应主要在高炉内小于 800 ℃的区域进行。用 H_2作还原剂的还原反应主要在高炉内 800 ~1 100 ℃的区域进行。

(2)用固体碳还原铁氧化物

用固体碳还原铁氧化物，生成 CO 的还原反应称为直接还原。

在高炉内具有实际意义的只有 $FeO+C=Fe+CO$ 的反应。

直接还原要通过气相进行反应，其反应过程如下

$$FeO+CO=Fe+CO_2$$

$$C+CO_2=2CO$$

总反应

$$FeO+C=Fe+CO$$

直接还原一般在大于 1 100 ℃的区域进行，800 ~1 100 ℃区域为直接还原与间接还

原同时存在区,低于 800 ℃的区域是间接还原区。

3. 直接还原与间接还原的比较

(1)铁的直接还原度

直接还原的形式还原的铁量与还原出来的总铁量之比,称为铁的直接还原度,记作 γ_d。

(2)间接还原与直接还原的比较

从还原剂需要量角度看,直接还原比间接还原更有利于降低焦比。从热量的需要角度看,间接还原比直接还原更有利于降低焦比。只有直接还原与间接还原在适宜的比例范围内,维持适宜的 γ_d(0.2~0.3),才能降低焦比,取得最佳效果。

(3)发展间接还原,降低 γ_d 的基本途径

改善矿石的还原性,控制高炉煤气的合理分布,采用氧煤强化冶炼新工艺。

(4)降低单位生铁的热量消耗的措施

提高风温,提高矿石品位,使用自熔性或熔剂性烧结矿,减小外部热损失,降低焦炭灰分等。

4. 高炉内非铁元素的还原

(1)锰的还原

高炉内锰氧化物的还原由高级向低级逐级还原直到金属锰,顺序为

$$MnO_2 \rightarrow Mn_2O_3 \rightarrow Mn_3O_4 \rightarrow MnO \rightarrow Mn$$

从 MnO_2 到 MnO 可通过间接还原进行还原反应。MnO 还原成 Mn 只能靠直接还原取得。

MnO 的直接还原是吸热反应。高炉炉温是锰还原的重要条件,其次适当提高炉渣碱度,增加 MnO 的活度,也有利于锰的直接还原。

还原出来的锰可溶于生铁或生成 Mn_3C 溶于生铁。冶炼普通生铁时,有 40% ~60% 的锰进入生铁,5% ~10% 的锰挥发进入煤气,其余进入炉渣。

(2)硅的还原

硅的还原只能在高炉下部高温区(1 300 ℃以上)以直接还原的形式进行

$$SiO_2 + C = Si + 2CO$$

SiO_2 在还原时要吸收大量热量,硅在高炉内只有少量被还原。还原出来的硅可溶于生铁或生成 FeSi 再溶于生铁。较高的炉温和较低的炉渣碱度有利于硅的还原。铁水中的含硅量可作为衡量炉温水平的标志。

(3)磷的还原

磷酸铁[$(FeO)_3 \cdot P_2O_5 \cdot 8H_2O$]又称蓝铁矿,蓝铁矿的结晶水分解后,形成多微孔的结构较易还原,反应式为

$$2Fe_3(PO_4)_2 + 16CO = 3Fe_2P + P + 16CO_2$$

磷酸钙在高炉内首先进入炉渣,在 1 100 ~1 300 ℃时用碳作还原剂还原磷,其还原率能达 60%;磷在高炉冶炼条件下,全部被还原以 Fe_2P 形态溶于生铁。

(4)铅、锌、砷的还原

还原出来的铅易沉积于炉底,渗入砖缝,破坏炉底;部分铅在高炉内易挥发上升,遇到

CO_2和 H_2O 将被氧化,随炉料一起下降时又被还原,在炉内循环。

还原出来的锌,在炉内挥发、氧化、体积增大使炉墙破坏,或凝附于炉墙形成炉瘤。

还原出来的砷,与铁化合影响钢铁性能,使钢冷脆,焊接性能大大降低。

3.1.2 铝的制备

1827 年德国化学家维勒用他独创的一种复杂的方法制得了粉末状金属铝,并首次指出铝的化学性质,他被科学界公认为铝的发现者。30 年后,法国化学家德维尔用金属钠还原氯化铝,得到了有金属光泽的铝球,但用这种方法制得的铝比黄金还贵好几倍,使铝成为当时颇受羡慕的“贵金属”。至 1886 年,英国奥柏林学院化学系的青年学生霍尔,在实验中偶然发现冰晶石可大大降低炼铝成本,他将氧化铝与冰晶石混合熔化然后电解,结果在阴极得到了铝。

制备金属铝的工业方法是电解 Al_2O_3,现代电解铝工业生产采用冰晶石-氧化铝融盐电解法。熔融冰晶石是溶剂,氧化铝作为溶质,以碳素体作为阳极,铝液作为阴极,通入强大的直流电后,在 950~970 ℃下,在电解槽内的两极上进行电化学反应,即电解。冰晶石(Na_3AlF_6)做助熔剂是为了降低熔解 Al_2O_3 所需的温度从而节省能源,至于为什么不用 $AlCl_3$,原因有两点:

①$AlCl_3$不是离子化合物,而是共价化合物。这就注定了熔融的 $AlCl_3$ 中没有 Al^{3+},无法电解制 Al;

②天然中没有 $AlCl_3$ 的矿藏(这点是假设 $AlCl_3$ 是离子化合物时,解释不用电解 $AlCl_3$ 来制 Al 的原因)。

工业上电解 Al_2O_3时需要用一个大的 C 块,所以阳极上发生的反应是

$$2O^{2-}+C-4e=CO_2\uparrow$$

阴极上发生的反应是

$$Al^{3+}+3e=Al$$

由于 C 在电解时会消耗,所以要定期补充 C 块,阳极产物主要是二氧化碳和一氧化碳气体,其中含有一定量的氟化氢等有害气体和固体粉尘。为保护环境和人类健康需对阳极气体进行净化处理,除去有害气体和粉尘后排入大气。阴极产物是铝液,铝液通过真空胎包从槽内抽出,送往铸造车间,在保温炉内经净化澄清后,浇铸成铝锭或直接加工成线、坯型材等。

3.1.3 有色金属的冶炼

有色金属冶金学,是一门研究如何经济地从矿石、精矿或其他原料中提取有色金属或有色金属化合物,并用各种加工方法制成具有一定性能的有色金属材料的科学。广义:矿石采矿、选矿、冶炼和加工;狭义:矿石或精矿的冶炼,提取冶金。

1. 冶炼方法

为了达到由矿石到金属的过程,所采用的方法为冶金方法。主要的有色金属冶金方法包括:火法冶金、湿法冶金、电冶金。

(1)火法冶金。在高温下矿石或精矿经熔炼与精炼反应及熔化作业,使其中的有色

金属与脉石和杂质分开，获得较纯有色金属的过程。包括原料准备、熔炼和精炼三个主要工序。过程所需能源主要靠燃料燃烧供给，也有依靠过程中的化学反应热来提供。

(2)湿法冶金。在常温(或低于 100 ℃)常压或高温(100～300 ℃)高压下，用溶剂处理矿石或精矿，使所要提取的有色金属溶解于溶液中，而其他杂质不溶解，然后再从溶液中将有色金属提取和分离出来的过程。主要包括浸出、分离、富集和提取过程。

(3)电冶金。利用电能提取和精炼有色金属的方法。

①电热冶金：利用电能转变成热能在高温下提炼有色金属，本质同火法冶金相似。

②电化学冶金：用电化学反应使有色金属从所含盐类的水溶液或熔体中析出。前者称为水溶液电解，可归入湿法冶金；后者称为熔盐电解，可归入火法冶金。

2. 冶金工艺过程

(1)干燥，即除去水份。

(2)焙解，即分解水化物或氢氧化物及碳酸盐，除去其中的水份、二氧化碳及有机物等，如钨酸、氢氧化铝等(>200 ℃)。

(3)焙烧，矿石(精矿)→加热(<熔点)→化学变化，包括四种焙烧。

①氧化焙烧，如 $MeS+\frac{3}{2}O_2=MeO+SO_2$

②硫酸化焙烧，如湿法提 Cu、Zn 等

$$MeS+\frac{3}{2}O_2=MeO+SO_2$$

$$SO_2+\frac{1}{2}O_2=SO_3$$

$$MeO+SO_3=MeSO_4$$

③氯化焙烧，矿石(精矿)+氯化剂→可溶性氯化物(稀有金属冶金)，化学式如下

$$TiO_2+2CaCl_2=TiCl_4+2CaO$$

④还原焙烧，矿石(精矿)+还原剂→低价氧化物或金属。

(4)烧结，粉矿(精矿)→块状物料。

(5)熔炼，矿石(精矿、焙烧或烧结的物料)→溶化(化学反应)→两种或以上互不相溶的液体产物(粗金属或硫)，分为 7 种熔炼方法。

①还原熔炼，金属氧化物(焙烧、烧结块)→还原气氛熔炼→粗金属

$$SnO_2+CO=SnO+CO_2$$

$$SnO+CO=Sn+CO_2$$

②氧化熔炼，利用某些元素易氧化的特性，除去合金中的杂质

$$2FeS+3O_2=2FeO+2SO_2$$

③造硫熔炼，如氧化镍矿炼镍硫

$$FeO+CaS=FeS+CaO$$

$$3NiO+3CaS=Ni_3S_2+3CaO+\frac{1}{2}S_2$$

$$3NiO+3FeS=Ni_3S_2+3FeO+\frac{1}{2}S_2$$

④沉淀熔炼(置换熔炼),如炼锑

$$Sb_2S_3+3Fe=2Sb+3FeS$$

⑤反应熔炼

$$MeS+2MeO=3Me+SO_2$$

⑥熔析熔炼,不经化学作用而将熔体分成几相。

⑦电解熔炼,利用电的化学效应在高温下将物质分离,如

$$Mg^{2+}+2e=Mg$$

(6)蒸馏,用于处理低沸点金属的原料。

(7)精炼,将熔炼或蒸馏得到的粗金属中所含的杂质除去,得到较纯的金属,包括:电解精炼和火法精炼。

(8)浸出,矿石(焙烧)+溶剂 + 金属 = 溶液

(9)净化,用水解法或置换法除去与被提金属一起进入溶液中的杂质。

(10)金属的沉积,将金属从溶液中沉积出来,包括4 种沉积方法。

①电积法,利用电化学反应,将金属在阴极上析出,如

阴极
$$Zn^{2+}+2e=Zn$$

阳极
$$SO_4^{2-}-2e+H_2O=H_2SO_4+\frac{1}{2}O_2\uparrow$$

$$ZnSO_4+H_2O=Zn+H_2SO_4+\frac{1}{2}O_2\uparrow$$

②置换法,负电金属置换正电金属,如

$$CuSO_4+Fe=Cu+FeSO_4$$

③水解法,金属盐类转化为氢氧化物,如

$$NaAlO_2+2H_2O=Al(OH)_3+NaOH$$

④化学沉积法,金属化合物与金属难溶盐,如

$$Ag_2SO_4+2NaCl=2AgCl+Na_2SO_4$$

3.1.4 合金的制备

合金是由一种金属与其他一种或几种金属(或金属、非金属)一起熔合而成的具有金属特性的物质。一般来说,组元就是组成合金的化学元素,如黄铜的组元是铜和锌;青铜的组元是铜和锡。但也可以是稳定的化合物,如铁碳合金中的 Fe_3C,镁硅合金中的 Mg_2Si 等。钢铁就是合金的一种。铁合金的主体元素一般熔点较高,或者它的氧化物难于还原,难于炼出纯金属,若与铁在一起则较易还原冶炼。在钢铁冶炼中使用铁合金,其中含铁非但无害,而因为易熔于钢水反较有利,用坩埚冶炼低品位铁合金是 1860 年左右开始的,后来发展用高炉炼锰铁和含硅 12% 以下的硅铁。1890 ~ 1910 年在法国开始用电弧炉生产铁合金。穆瓦桑 (H. Moissan)曾用电弧炉对难还原元素进行系统试验,埃鲁(P. L. T. Héroult)应用于工业生产,当时都用焦炭和木炭作还原剂还原有关矿石,产品大多是高碳的。1920 年以后,为了满足优质钢和不锈钢发展的需要,开始生产低碳铁合金。一方面,在戈尔德施米特 (K. Goldschmidt)1898 年提出铝热法制取金属的工艺基础上,发展用铝

热法冶炼一些不含碳的铁合金和纯金属;另一方面研制出在电炉中氧化硅合金的脱硅精炼法。由于铝热法生产费用太高,脱硅精炼法得到了较多的应用。直到现在中碳、低碳、微碳铬铁,中碳、低碳锰铁,金属锰大多仍用此法精炼。精炼铬铁的热兑法即把液态的矿石、石灰熔体与硅铬合金,通过热兑混合加速反应,是脱硅精炼法的进一步发展。此外也用电解法生产纯净的合金添加剂(如金属锰),并采用真空脱碳法生产含碳极低的超微碳铬铁。近年还应用纯氧吹炼法精炼铬铁、锰铁等。

合金的熔配过程:先根据铸件的体积计算出所需合金原料的总质量,再按各合金的名义成分计算出所需要的合金的重量,称量后全部放入坩锅中,电炉加热,熔化,覆盖,打渣精炼,静置,浇注,至熔炼完毕。

1. 金属相与气相反应

在铸造合金熔炼过程中,金属相(固体料或熔体)可直接与炉气接触,炉气中的 O_2、N_2、CO、CO_2、H_2、$H_2O(g)$、SO_2及碳氢化合物等气体,将与金属相发生反应。例如,在冲天炉熔炼铸铁中,炉气中的氧化性气体将与铸铁中的 Fe 和合金元素 C、Si、Mn 等发生氧化反应,使金属铁和合金元素损伤,其氧化物有的形成炉渣,例如

$$2Fe+O_2=2FeO \quad Fe+CO_2=FeO+CO$$

$$Si+O_2=SiO_2 \quad Si+2CO_2=SiO_2+2CO$$

2. 金属熔体与固相反应

在铸造合金熔炼过程中,与金属熔体发生相互作用的固相有燃料、脱氧剂、覆盖剂等。

在碱性电弧炉炼钢中,还原期内造白渣脱氧时,白渣中的碳粉能使钢液中的 FeO 脱氧还原

$$C+FeO=Fe+CO$$

在坩埚炉内熔炼铜合金,当采用木炭覆盖时,木炭直接使熔体中的 Cu_2O 脱氧

$$C+Cu_2O=2Cu+CO$$

3. 金属熔体与熔渣、溶剂反应

在铸钢、铸铁熔炼过程中,炉料带入的杂质、元素氧化烧损形成的凝聚态氧化物、焦炭等燃料的灰分、加入炉内的熔剂、被侵蚀掉的炉衬等,将形成炉渣,与金属熔体发生许多重要的冶金反应。

4. 金属熔体内组元间的反应

铸造合金熔体中,除了含有合金元素外,还有溶解的化合物和气体,在熔炼过程中,它们在一定的条件下可以相互反应。

在冲天炉内的氧化气氛中,Fe 被氧化成 FeO 并熔于铸铁熔体中,可使 Si、Mn、C 等合金元素氧化烧损

$$Si+2FeO=2Fe+SiO_2$$

3.2 无机非金属材料的制备方法

无机非金属材料是当代材料体系中的一个重要组成部分,通常把它们分为传统(普通)无机非金属材料和新型(特种)无机非金属材料两大类。前者通常生产历史较长,产

量较大,用途也较广。后者主要指20世纪以来发展起来的,具有特殊性质和性能的材料,如半导体、导体、超导体、磁性、超硬、高强度、超高温、生物工程材料以及无机复合材料等。由于新型材料是从传统材料逐渐发展起来的,所以新型无机非金属材料与传统无机非金属材料的分类并不是绝对的。新型无机非金属材料的组成和结构的特殊性决定了其具有能承受高温、高强度或具有光学、电学和生物功能等一些特殊的性质。

传统无机非金属材料包括水泥、石灰、陶瓷、耐火材料、玻璃、搪瓷、碳素材料、非金属矿物等。本节以水泥、玻璃、陶瓷为例,简单介绍硅酸盐工业的生产工艺。它们均是以含硅物质为原料,在高温下,经过一系列复杂的物理、化学变化而得到的产品。

3.2.1 干法水泥生产工艺

1. 水泥生产原料及配料

生产硅酸盐水泥的主要原料为石灰质原料和粘土质原料,有时还要根据燃料品质和水泥品种,掺加校正原料以补充某些成分的不足,还可以利用工业废渣作为水泥的原料或混合材料进行生产。

(1)石灰质原料

石灰质原料是指以碳酸钙为主要成分的石灰石、泥灰岩、白垩和贝壳等。石灰石是水泥生产的主要原料,每生产1吨熟料大约需要1.3吨石灰石,生料中80%以上是石灰石。

(2)黏土质原料

天然黏土质原料有黄土、黏土、页岩、粉砂岩及河泥等,其中黄土和黏土用得最多。此外,还有粉煤灰、煤矸石等工业废渣。黏土质为细分散的沉积岩,由不同矿物组成,如高岭土、蒙脱石、水云母及其他水化铝硅酸盐。

(3)校正原料

当石灰质原料和黏土质原料配合所得生料成分不能满足配料方案要求时(有的硅含量不足,有的铝和铁含量不足)必须根据所缺少的组分,掺加相应的校正原料。

①硅质校正原料含80%以上;

②铝质校正原料含30%以上;

③铁质校正原料含50%以上

2. 硅酸盐水泥熟料的矿物组成

硅酸盐水泥熟料的矿物主要由硅酸三钙($3CaO \cdot SiO_2$)、硅酸二钙($2CaO \cdot SiO_2$)、铝酸三钙($3CaO \cdot A1_2O_3$)、铁铝酸四钙($4CaO \cdot Al_2O_3 \cdot Fe_2O_3$简写为C4AF)组成。

3. 工艺流程

(1)破碎及预均化

①破碎。水泥生产过程中,大部分原料要进行破碎,如石灰石、黏土、铁矿石及煤等。石灰石是生产水泥用量最大的原料,开采后的粒度较大,硬度较高,因此石灰石的破碎在水泥厂的物料破碎中占有比较重要的地位。

破碎过程要比粉磨过程经济而方便,合理选用破碎设备和粉磨设备非常重要。在物料进入粉磨设备之前,尽可能将大块物料破碎至细小、均匀的物料,以减轻粉磨设备的负荷,提高磨机的产量。物料破碎后,可减少在运输和贮存过程中不同粒度物料的分离现象,有利于制得成分均匀的生料,提高配料的准确性。

②原料预均化。预均化技术就是在原料的存、取过程中,运用科学的堆取料技术,实现原料的初步均化,使原料堆场同时具备贮存与均化的功能。

原料预均化的基本原理就是在物料堆放时,由堆料机把进来的原料连续地按一定的方式堆成尽可能多的相互平行、上下重叠和相同厚度的料层。取料时,在垂直于料层的方向,尽可能同时切取所有料层,依次切取,直到取完,即"平铺直取"。这样做的意义是

a. 均化原料成分,减少质量波动,以利于生产质量更高的熟料,并稳定烧成系统的生产。

b. 扩大矿山资源的利用,提高开采效率,最大限度地扩大矿山的覆盖物和夹层,在矿山开采的过程中不出或少出废石。

c. 可以放宽矿山开采的质量和要求,降低矿山的开采成本。

d. 对黏湿物料适应性强。

e. 为工厂提供长期稳定的原料,也可以在堆场内对不同组分的原料进行配料,使其成为预配料堆场,为稳定生产和提高设备运转率创造条件。

f. 自动化程度高。

(2)生料制备

水泥生产过程中,每生产 1 吨硅酸盐水泥至少要粉磨 3 吨物料(包括各种原料、燃料、熟料、混合料、石膏等)。据统计,干法水泥生产线粉磨作业需要消耗的动力约占全厂动力的 60% 以上,其中生料粉磨占 30% 以上,煤磨占约 3%,水泥粉磨约占 40%。因此,合理选择粉磨设备和工艺流程,优化工艺参数,正确操作,控制作业制度,对保证产品质量、降低能耗具有重大意义。

工作原理:电动机通过减速装置带动磨盘转动,物料通过锁风喂料装置经下料溜子落到磨盘中央,在离心力的作用下被甩向磨盘边缘受到磨辊的辗压粉磨,粉碎后的物料从磨盘的边缘溢出,被来自喷嘴高速向上的热气流带起烘干。根据气流速度的不同,部分物料被气流带到高效选粉机内,粗粉经分离后返回到磨盘上,重新粉磨;细粉则随气流出磨,在系统收尘装置中收集下来,即为产品。没有被热气流带起的粗颗粒物料,溢出磨盘后被外循环的斗式提升机喂入选粉机,粗颗粒落回磨盘,再次挤压粉磨。

(3)生料均化

新型干法水泥生产过程中,稳定入窑生料成分是稳定熟料烧成热工制度的前提,生料均化系统起着稳定入窑生料成分的最后一道把关作用。

均化原理:采用空气搅拌,重力作用,产生"漏斗效应",使生料粉在向下卸落时,尽量切割多层料面,充分混合。利用不同的流化空气,使库内平行料面发生大小不同的流化膨胀作用,有的区域卸料,有的区域流化,从而使库内料面产生倾斜,进行径向混合均化。

(4)预热分解

把生料的预热和部分分解由预热器来完成,代替回转窑部分功能,达到缩短回窑长度,同时使窑内以堆积状态进行气料换热过程,移到预热器内在悬浮状态下进行,使生料能够同窑内排出的炽热气体充分混合,增大了气料接触面积,传热速度快,热交换效率高,达到提高窑系统生产效率、降低熟料烧成热耗的目的。

工作原理:预热器的主要功能是充分利用回转窑和分解炉排出的废气余热加热生料,使生料预热及部分碳酸盐分解。为了最大限度提高气固间的换热效率,实现整个煅烧系统的优质、高产、低消耗,必需具备气固分散均匀、换热迅速和高效分离三个功能。

①物料分散。换热80%在入口管道内进行的。喂入预热器管道中的生料,在与高速上升气流的冲击下,物料折转向上随气流运动,同时被分散。

②气固分离。当气流携带料粉进入旋风筒后,被迫在旋风筒筒体与内筒(排气管)之间的环状空间内做旋转流动,并且一边旋转一边向下运动,由筒体到锥体,一直可以延伸到锥体的端部,然后转而向上旋转上升,由排气管排出。

③预分解。预分解技术的出现是水泥煅烧工艺的一次技术飞跃。它是在预热器和回转窑之间增设分解炉和利用窑尾上升烟道,设燃料喷入装置,使燃料燃烧的放热过程与生料的碳酸盐分解的吸热过程,在分解炉内以悬浮态或流化态下迅速进行,使入窑生料的分解率提高到90%以上。将原来在回转窑内进行的碳酸盐分解任务,移到分解炉内进行;燃料大部分从分解炉内加入,少部分由窑头加入,减轻了窑内煅烧带的热负荷,延长了衬料寿命,有利于生产大型化;由于燃料与生料混合均匀,燃料燃烧热及时传递给物料,使燃烧、换热及碳酸盐分解过程得到优化。因而具有优质、高效、低耗等一系列优良性能及特点。

(5)水泥熟料的烧成

生料在旋风预热器中完成预热和预分解后,下一道工序是进入回转窑中进行熟料的烧成。

在回转窑中碳酸盐进一步的迅速分解并发生一系列的固相反应,生成水泥熟料中的矿物。随着物料温度升高,矿物会变成液相,溶解于液相中的钙离子和硅酸盐进行反应生成大量熟料。熟料烧成后,温度开始降低。最后由水泥熟料冷却机将回转窑卸出的高温熟料冷却到下游输送、贮存库和水泥磨所能承受的温度,同时回收高温熟料的显热,提高系统的热效率和熟料质量。

(6)水泥粉磨

水泥粉磨是水泥制造的最后工序,也是耗电量最多的工序。其主要功能在于将水泥熟料(及胶凝剂、性能调节材料等)粉磨至适宜的粒度(以细度、比表面积等表示),形成一定的颗粒级配,增大其水化面积,加速水化速度,满足水泥浆体凝结、硬化要求。

3.2.2 玻璃材料的制备

玻璃材料为经熔融、冷却、固化,具无规则结构的非晶态无机物,原子排列近似液体,近程有序,又像固体那样保持一定的形状。

1. 非晶态玻璃的制备工艺

传统的工艺是熔融冷却法。制备工艺过程经历:原料选取,配合料制备,玻璃的烧制、澄清和均化冷却,玻璃成品的成形、退火及加工等。

(1)原料

有主料、辅料和碎玻璃之分。

①主要原料。为往玻璃中引入各种氧化物的原料,按氧化物性质的差异可引入酸性

氧化物、碱金属氧化物、二价金属氧化物、四价金属氧化物的原料。

a. 酸性氧化物有 SiO_2、B_2O_3、Al_2O_3、P_2O_5 等,其中 SiO_2 是重要的玻璃形成体氧化物,占配合料用量的60% ~70%。以硅氧四面体的结构单元形成不规则的三维连续网络构成玻璃骨架。

b. 碱金属氧化物为 Na_2O、K_2O、LiO 等,作为网络外体即处于硅氧网络间隙当中,提供游离氧,故起到断网作用。

c. 二价金属氧化物有碱金属氧化物、CaO、MgO、BiO 及 ZnO、Al_2O_3 等,均为网络外体氧化物。可作为稳定剂及对一价金属氧化物起压制作用,调节玻璃的析晶光学性质。

d. 四价金属氧化物为 TiO_2 中间体氧化物,或以 TiO_4 形式进入结构网络之中,或以八面体形式处于结构网络之外。ZrO_2 网络外体氧化物可提高玻璃耐碱、耐酸性。

②辅助原料。包括澄清剂、着色剂、脱色剂、乳浊剂、助熔剂。

③碎玻璃。一般为配合料的25% ~30%,废物利用。

(2)配合料的制备

(1)原料选择

遵循以下原则,即化学、矿物、颗粒的组成要符合规定要求,且稳定;易于加工处理;成本低,有大量供应;对人体健康无害;对耐火材料侵蚀少。

(2)原料加工处理过程

根据物料不同,要选用各自加工处理过程,主要步骤如下:干燥,采用离心脱水、真气加热、回转干燥筒、热风炉等方法,干燥后水分含量< 20%;破碎机粉碎,砂岩和石英岩在破碎前可对其进行煅烧,产生内裂,发生晶型转变后,采用颚式破碎机或反击式破碎机,或笼形碾,进行破碎与粉碎;过筛,常用的过筛设备有:六角筛、振动筛、摇动筛。硅砂常通过36 ~49 孔/CM2 的筛,砂岩、石英岩、长石通过 81 孔/CM2 的筛,纯碱、石灰石、芒硝通过64 孔/CM2 的筛,也有用风力离析器进行颗粒分级。除铁方法有物理法和化学法,物理除铁法包括筛分、淘洗、水份分离、超声波浮选和磁选。化学除铁法包括湿法、干法两种。湿法一般用盐酸、硫酸或草酸溶液浸洗。干法则在大于700℃的高温下通入 HCl 气体,使铁生成 $FeCl_3$ 挥发去除;粉状原料的输送,可用溜管、皮带运输机、斗式提升机和气力输送设备输送入仓。

(3)玻璃熔制

玻璃熔制是利用高温加热熔化配合料,制成均匀、无气泡并能成形的玻璃熔融液的过程。其过程是一系列复杂的物理、化学反应。

①硅酸盐的形成和玻璃的形成

a. 硅酸盐形成。高于 1 000℃温度下,碳酸盐分解放出大量 CO_2、SiO_2,并与其他组分反应,产生烧结物,使形成的低共熔物熔化,出现少量液相。又促进配合料的熔化。反应转向固、液相间进行,最终形成由硅酸盐、游离二氧化硅,组成的不透明烧结物。

b. 玻璃形成。反应进行中,配合料基本熔化为液相,过剩的石英颗粒不断溶于熔体中,直至全转化为液相,成为含大量可见气泡的不均匀透明玻璃液。该过程的速度取决于石英颗粒的溶解速度,颗粒度减小,反应速度增加。但过细的颗粒易团聚。

②玻璃液的澄清和均化

熔制过程因配合料各组分的分解及挥发放出的气体、操作过程中带入的气体或与耐火材料作用产生的未完全逸出的气体会残留在熔液中，玻璃液中因残存成分不同产生的化学条纹及不均匀体需消除。

a. 玻璃液的澄清-气泡逸出或被吸收。该过程是将玻璃液内可见气泡中气体、窑内气体、物理溶解与化学结合的不可见气体建立平衡。再使可见气泡漂浮于玻璃液表面，加以消除。

平衡关系由该气体在各相中分压决定，气体从分压高的相进入分压低的相。调整气体分压大小，使大气泡不断增多、上升，漂浮出液面后破裂消失，或使小气泡的气体组分溶于玻璃液中被吸收消除。

最常用的加速澄清法是使用澄清剂和搅拌。用的澄清剂有硝酸盐、三氧化二砷、芒硝、硫酸胺、食盐、氟化物等。一般在高温下，会分解或挥发，但作用不同。因其能生成大量溶解于玻璃液中的气泡，呈过饱和态。增大气泡在玻璃液中内压，并将残留于玻璃液中的气泡析出，增大气泡直径，加速上升，同时带动小气泡上升，以实现澄清加速。

b. 玻璃液的均化。消除残存在玻璃液中的条纹及不均匀体，达到各部分化学组成均匀。该过程取决于分子的扩散运动，即表面张力和玻璃的流动。采取机械搅拌人为促进均化，使不均匀区粗条纹分割成细、短条纹，利于扩散均化。

(4)玻璃液的冷却

为熔制的最后阶段，目的是降温，提高玻璃液的粘度，达到形成制品所需温度。一般降低 200～300℃，要求冷却后温度均匀一致，利于成形，控制好工艺因素，调整原始组成，避免二次气泡出现。

(5)玻璃的熔窑

工业上通常采用两类熔窑，即坩锅窑和池窑。

池窑多采用火焰加热，用高热值重油、天然气、石油液化气等作燃料，利用废气余热来预热空气和煤气。

连续作业的池窑分为熔化部、澄清部和作业部。有直火式、换热式和蓄热式；端部喷火或侧部喷火式。仪表控制和自动调节是稳定熔窑正常工作的重要措施。

2. 玻璃的成形

玻璃液成形是在一定温度范围内进行的，此时除了机械运动外，玻璃液还与周围介质进行连续的热传递。决定因素有：粘度、表面张力、弹性、周围介质比热、导热率、透热性、热传导系数等。

成形的过程分为赋予制品一定形状的成形和把固体的形状固定下来的定形两个阶段。

(1)成形

①成形制度。根据各阶段粘度-时间或温度-时间关系确定成形温度范围。各操作工序的持续时间、冷却介质或模型温度，需根据实际在实践中摸索。

②成形方法。多采用机械成形法，供料方法采用液流法、真空吸料法、滴料法。成形有压制法、拉制法、吹制法、压延法、浇铸法和烧结法。

(2)玻璃退火工艺及选择

玻璃退火工艺的目的是，消除或减少在成型过程中因温度变化产生的热应力。

其中工艺流程：经历加热、保温、慢冷和快冷四阶段。

①退火温度。消除玻璃残留应力，为低于玻璃转变温度 T_g 附近的某温度。加热过程为防止制品因急剧温度变化而破裂，要控制加热速度。

②保温时间。由 $t=1/A\Delta n$ 确定（A：退火常数；Δn：最后允许应力的双折射值）。

③慢冷阶段。欲防止降温过程产生的温度梯度引起新的应力，严格控制退火时冷却速度为

$$v=\frac{\delta}{13a^2}℃/\text{min}。$$

式中，δ 为玻璃最后允许的应力；a 为玻璃的厚度

④快冷阶段。从应变温度到室温的温度区间，此时最大冷却速度为

$$v=\frac{\delta}{65a^2}℃/\text{min}$$

3.2.3　陶瓷的制备

陶瓷材料制备工艺区别于其他材料（金属及有机材料）制备工艺的最大特殊性在于陶瓷材料制备是采用粉末冶金工艺，即是由其粉末原料经加压成型后直接在团根或大部分团相状态下烧结而成。另一个重要特点是材料的制备与制品的制造工艺一体化，即材料制备和零件的制备在同一空间和时间内完成。

一般陶瓷制品的生产要经过三个阶段，即坯料制备、成型、烧结。现分别介绍如下。

(1)坯料制备

通过机械或物理或化学方法制备粉料，在制备坯料时要控制坯料粉的粒度、形状、纯度及脱水脱气，以及配料比例和混料均匀等质量要求。按不同的成型工艺要求，坯料可以是粉料、浆料或可塑泥团。

(2)成型

将坯料用一定工具或模具制成一定形状、尺寸、密度和强度的制品坯型（亦称生坯）。

(3)烧结

生坯经初步干燥后进行涂釉烧结或直接烧结，高温烧结时陶瓷内部会发生一系列物理化学变化及相变，如体积减小，密度增加，强度、硬度提高，晶粒发生相变等，使陶瓷制品达到所要求的物理性能和力学性能。图 3.1 为陶瓷制备工艺流程图。

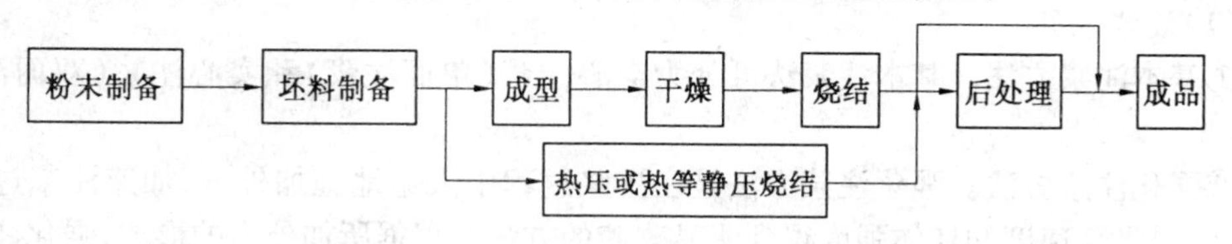

图 3.1　陶瓷制备工艺流程图

1. 粉体的制备

(1)粉碎法

粉碎法分为机械粉碎和气流粉碎，其特点是杂质多，在 1 μm 以上。机械粉碎法又包括冲击式粉碎、球磨粉碎、行星式研磨、振动粉碎等。

(2)合成法

合成法又包括固相法、液相法和气相法,其特点是纯度、粒度可控,均匀性好,颗粒微细。

①固相法。通过从固相到固相的变化来制造粉体。

a. 烧结法

$$A(S)+B(S)\rightarrow C(S)+D(G)$$

b. 热分解反应基本形式,S 代表固相,G 代表气相

$$S1\rightarrow S2+G1$$

c. 化合反应法

$$A(S)+B(S)\rightarrow C(S)+D(G)$$

d. 氧化还原法,或还原碳化、还原氮化,如

$$3SiO_2+6C+2N_2\rightarrow Si_3N_4+6CO$$

②液相法。共同点是以均相溶液为出发点,通过各种方法使溶质与溶剂分离,溶质形成一定大小和形状的颗粒,得到所需粉末的前躯体,热解后得到粉体。

盐溶液→盐晶体或氢氧化物→粉末

a. 化学共沉淀法。

b. 溶胶凝胶法。

c. 喷雾热分解法。

③气相法。图 3.2 为 CVD 方法的原理及气相沉淀产物示意图。

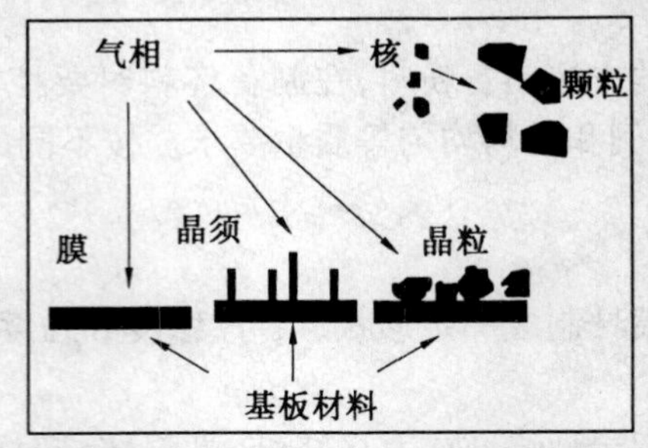

图 3.2 CVD 方法的原理及气相沉淀产物示意图

2. 成型

(1)注浆成型

①基本注浆方法。基本注浆法可分为空心注浆(单面注浆)和实心注浆(双面注浆)两种。

②强化注浆方法。强化注浆方法是在注浆过程中人为地施加外力,加速注浆过程的进行,使得吸浆速度和坯体强度得到明显改善的方法。根据所加外力的形式,强化注浆可以分为:真空注浆、离心注浆、压力注浆。

(2)可塑成型

可塑成型是对具有一定可塑变形能力的泥料进行加工成型的方法。

①滚压成型。成型时盛放着泥料的石膏模型和滚压头分别绕自己的轴线以一定的速

度同方向旋转。滚压头在转动的同时逐渐靠近石膏模型,并对泥料进行滚压成型。

②塑压成型。将可塑泥料放在模型内在常温下压制成坯的方法。

(3)压制成型

粉料含水量为3% ~7%时为干压成型,粉料含水量为8% ~15%时为半干压成型。

3. 烧结

烧结是指高温条件下坯体表面积减小,孔隙率降低、机械性能提高的致密化过程。烧结驱动力是粉体的表面能降低和系统自由能降低,图3.3为陶瓷烧结示意图。

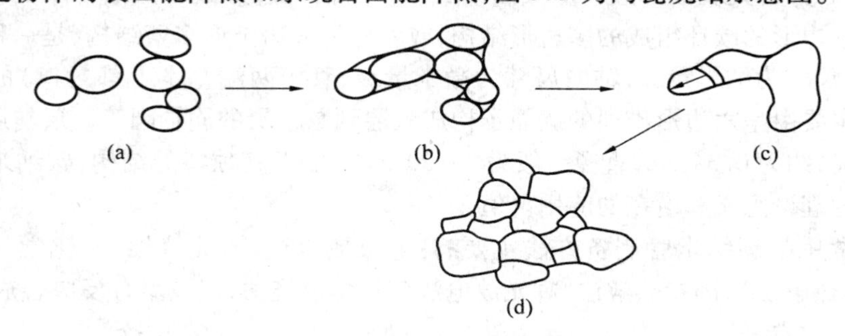

图3.3　陶瓷烧结示意图

(a)颗粒间的松散接触;(b)颗粒间形成颈部;(c)晶界向小晶粒方向移动并逐渐消失,晶粒逐渐长大;(d)颗粒互相堆积形成多晶聚合体

陶瓷的烧结过程一般分为5个阶段:

①低温阶段(室温至300℃左右);

②中温阶段(亦称分解氧化阶段,300 ~950℃);

③高温阶段(950℃至烧成温度);

④保温阶段;

⑤冷却阶段。

几种常见的烧结方法:

①普通烧结。传统陶瓷在隧道窑中进行烧结,特种陶瓷大都在电窑中进行烧结。

②热压烧结。热压烧结是在烧结过程中同时对坯料施加压力,加速其致密化的过程。所以热压烧结的温度更低,烧结时间更短。

③热等静压烧结。将粉体压坯或装入包套的粉体放入高压容器中,在高温和均衡的气体压力作用下,烧结成致密的陶瓷体。

④真空烧结。将粉体压坯放入到真空炉中进行烧结,真空烧结有利于粘结剂的脱除和坯体内气体的排除,有利于实现高致密化。

⑤其他烧结方法。包括反应烧结、气相沉积成形、高温自蔓延(SHS)烧结、等离子烧结、电火花烧结、电场烧结、超高压烧结、微波烧结等。

3.2.4　新型无机非金属材料的制备

新型无机非金属材料包括导体陶瓷、半导体陶瓷、光学材料、高温结构陶瓷、超硬材料、生物陶瓷、高频绝缘材料、磁性材料、无机复合材料等。下面简单介绍碳纳米管和生物陶瓷。

1. 碳纳米管

1991 年日本 NEC 公司基础研究实验室的电子显微镜专家饭岛(Iijima)在高分辨透射电子显微镜下检验石墨电弧设备中产生的球状碳分子时,意外发现了由管状的同轴纳米管组成的碳分子,这就是现在被称作的"Carbon nanotube",即碳纳米管。碳纳米管具有典型的层状中空结构特征,构成碳纳米管的层片之间存在一定的夹角,碳纳米管的管身是准圆管结构,并且大多数由五边形截面组成。管身由六边形碳环微结构单元组成,端帽部分由含五边形的碳环组成的多边形结构,或者称为多边锥形多壁结构,是一种具有特殊结构(径向尺寸为纳米量级,轴向尺寸为微米量级、管子两端基本上都封口)的一维量子材料。它主要由呈六边形排列的碳原子构成数层到数十层的同轴圆管。层与层之间保持固定的距离,约为 0.34 nm,直径一般为 2 ~ 20 nm。由于其独特的结构,碳纳米管的研究具有重大的理论意义和潜在的应用价值。

目前常用的碳纳米管制备方法主要有:电弧放电法、激光烧蚀法、化学气相沉积法(碳氢气体热解法),固相热解法、辉光放电法和气体燃烧法,以及聚合反应合成法。

(1)电弧放电法

电弧放电法是生产碳纳米管的主要方法,电弧放电法的具体过程是:将石墨电极置于充满氦气或氩气的反应容器中,在两极之间激发出电弧,此时温度可以达到 4 000 ℃左右。在这种条件下,石墨会蒸发,生成的产物有富勒烯(C_{60})、无定型碳和单壁或多壁的碳纳米管。通过控制催化剂和容器中的氢气含量,可以调节几种产物的相对产量。使用这一方法制备碳纳米管技术比较简单,但是生成的碳纳米管与 C_{60} 等产物混杂在一起,很难得到纯度较高的碳纳米管,并且得到的往往都是多层碳纳米管,而实际研究中需要的是单层的碳纳米管,此外该方法消耗能量太大。近年来有些研究人员发现,如果采用熔融的氯化锂作为阳极,可以有效地降低反应中消耗的能量,产物纯化也比较容易。

化学气相沉积法或称碳氢气体热解法,在一定程度上克服了电弧放电法的缺陷。这种方法是让气态烃通过附着有催化剂微粒的模板,在 800 ~ 1 200 ℃的条件下,气态烃可以分解生成碳纳米管。这种方法突出的优点是残余反应物为气体,可以离开反应体系,得到纯度比较高的碳纳米管,同时温度亦不需要很高,相对而言节省了能量。但是制得的碳纳米管管径不整齐,形状不规则,并且在制备过程中必须要用到催化剂。目前这种方法的主要研究方向是希望通过控制模板上催化剂的排列方式来控制生成的碳纳米管的结构。目前该项研究已经取得了一定进展。

(2)激光烧蚀法

激光烧蚀法的具体过程是:在一长条石英管中间放置一根金属催化剂/石墨混合的石墨靶,该管置于一加热炉内。当炉温升至一定温度时,将惰性气体冲入管内,并将一束激光聚焦于石墨靶上。在激光照射下生成气态碳,这些气态碳和催化剂粒子被气流从高温区带向低温区时,在催化剂的作用下生长成碳纳米管。

(3)固相热解法

固相热解法是令常规含碳亚稳固体在高温下热解生长碳纳米管的新方法,这种方法的过程比较稳定,不需要催化剂,并且是在原位生长。但受到原料的限制,生产不能规模化和连续化。

2. 生物陶瓷

生物硬组织代用材料有体骨、动物骨，后来发展到采用不锈钢和塑料。由于这些材料是在生物体中使用，不锈钢存在溶析、腐蚀和疲劳的问题，而塑料存在稳定性差和强度低的问题。为此各国相继发展了生物陶瓷材料，它不仅具有不锈钢和塑料所具有的特性，而且具有亲水性、能与细胞等生物组织表现出良好的亲和性，因此生物陶瓷具有广阔的发展前景。

(1)玻璃陶瓷

玻璃陶瓷的生产工艺过程为：

配料制备→配料熔融→成型→加工→晶化热处理→再加工

玻璃陶瓷生产过程的关键在晶化热处理阶段：第一阶段为成核阶段，第二阶段为晶核生长阶段，这两个阶段有密切的联系。在第一阶段必须充分成核，在第二阶段控制晶核的成长。玻璃陶瓷的析晶过程由三个因素决定，第一个因素为晶核形成速度；第二个因素为晶体生长速度；第三个因素为玻璃的粘度。这三个因素都与温度有关。玻璃陶瓷的结晶速度不宜过小，也不宜过大，有利于对析晶过程进行控制。为了促进成核，一般要加入成核剂，一种成核剂为贵金属，如金、银、铂等离子，但价格较贵；另一种是普通的成核剂，如TiO_2、ZrO_2、P_2O_5、V_2O_5、Cr_2O_3、MoO_3、氟化物、硫化物等。

(2)单晶生物陶瓷

单晶生物陶瓷是一种新型的生物陶瓷材料，属氧化铝单晶。氧化铝单晶也称宝石，添加剂不同，制得单晶材料颜色不同，如红宝石、蓝宝石等。氧化铝单晶有许多特性，如机械强度、硬度、耐腐蚀性都优于多晶氧化铝陶瓷，其生物相溶性、安定性、耐磨性也优于多晶氧化铝陶瓷。

氧化铝单晶的生产工艺有提拉法、导模法、气相化学沉积生长法、焰熔法等。

① 提拉法。把原料装入坩埚内，将坩埚置于单晶炉内，加热使原料完全熔化，把装在籽晶杆上的籽晶浸渍到熔体中与液面接触，精密地控制和调整温度，缓缓地向上提拉籽晶杆，并以一定的速度旋转，使结晶过程在固液界面上连续地进行，直到晶体生长达到预定长度为止。提拉籽晶杆的速度为1.0～4.0 mm/min，坩埚的转速为10 r/min，籽晶杆的转速为25 r/min

② 导模法。简称EFG法，在拟定生长的单晶物质熔体中，放顶面下所拟生长的晶体截面形状相同的空心模子即导模，模子用材料应能使熔体充分润湿，而又不发生反应。由于毛细管的现象，熔体上升，到模子的顶端面形成一层薄的熔体面。将晶种浸渍到其中，便可提拉出截面与模子顶端截面形状相同的晶体。

③ 气相化学沉积生长法。将金属的氢氧化物、卤化物或金属有机物蒸发成气相，或用适当的气体做载体，输送到使其凝聚的较低温度带内，通过化学反应，在一定的衬底上沉积形成薄膜晶体。

④ 焰熔法。将原料装在料斗内，下降通过倒装的氢氧焰喷嘴，将其熔化后沉积在保温炉内的耐火材料托柱上，形成一层熔化层，边下降托柱边进行结晶。用这种方法晶体生长速度快、工艺较简单，不需要昂贵的铱金坩埚和容器，因此较经济。

⑤ 单晶氧化铝临床应用。它用作人工关节柄，与氧化铝多晶陶瓷相比，具有比较高的机械强度，不易折断。它还可以作为损伤骨的固定材料，主要用于制作人工骨螺钉，比用金属材料制成的人工骨螺钉强度高。可以加工成各种齿用的尺寸小、强度大的牙根，由于氧化铝单晶与人体蛋白质有良好的亲合性，结合力强，因此有利于牙龈黏膜与异齿材料的附着。

3.3 有机高分子材料的制备方法

3.3.1 加聚反应

由许多相同或不同单体在一定条件下，通过互相加成形成的高分子化合物的反应叫加聚反应。由一种单体发生的加聚反应称为均聚反应，由两种以上的单体共同聚合称为共聚反应。

(1)加聚反应的特点

① 单体是带有不饱和键的化合物。

② 反应过程中没有低分子化合物析出，生成高分子化合物的化学组成与单体相同，其分子量为单体分子量的整数倍。

③ 是通过一连串单体分子间的相互加成反应来完成的。

④ 一般是放热的链锁反应。

⑤ 属于不可逆的链锁反应。

(2)加聚反应的历程

① 游离基历程

链引发

$$\underset{\text{单体}}{M} \xrightarrow[\text{或辐射}]{\text{引发剂　或光　或热}} \underset{\text{单游离基}}{M_{\dot{r}}} \quad \underset{\text{双游离基}}{\left[\text{或}\cdot M_{\dot{r}}\right]}$$

$$M_{\dot{r}} + H_2C{=}\underset{\substack{|\\X}}{CH} \longrightarrow M_1{-}CH_2{-}\underset{\substack{|\\X}}{\dot{C}H} + M_1{-}\underset{H}{\dot{C}}{-}\underset{\substack{|\\X}}{CH_2}$$

活性中心

链增长

$$\underset{\substack{\text{单体}\\\text{游离基}}}{RM_{\dot{r}}} + M \longrightarrow \underset{\substack{\text{二聚体}\\\text{游离基}}}{RM_2^{\cdot}} \xrightarrow{M} \underset{\substack{\text{三聚体}\\\text{游离基}}}{RM_3^{\cdot}} \xrightarrow{M} \text{------} \xrightarrow{M} \underset{\substack{n\text{聚体}\\\text{游离基}}}{RM_n}$$

链终止

$$\sim\sim H_2C{-}\underset{\substack{|\\X}}{\dot{C}H} + H\underset{\substack{|\\X}}{\dot{C}}{-}\underset{H_2}{C}\sim\sim \longrightarrow \sim\sim H_2C{-}\underset{\substack{|\\X}}{CH}{-}\overset{H}{\underset{\substack{|\\X}}{C}}{-}\underset{H_2}{C}\sim\sim$$

② 离子历程,正离子聚合反应

$$A^+ + H_2\overset{\delta^-}{C}=\overset{\delta^+}{C}H(R) \longrightarrow A-\underset{H_2}{C}-\overset{+}{C}H(R)$$ 活性中心是正离子

R 为供电基,使电子云偏向另一个 C 原子,有利于正离子聚合反应的链增长。催化剂一般是亲电试剂。

负离子聚合反应

$$B^- + H_2\overset{\delta^+}{C}=\overset{\delta^-}{C}H(X) \longrightarrow A-\underset{H_2}{C}-\overset{-}{C}H(X)$$ 活性中心是负离子

X 为吸电基,催化剂为亲核试剂。

③ 配位聚合,这是烯类单体在金属有机络合物催化下引起的聚合反应。

全同构型:所有的取代基都有规则地排在同一边。

间同构型:取代基交替排列在上下方。

全同构型和间同构型都是有规构型。

无规构型:取代基排列没有规则。

优点:反应产物是没有支链的线型结构的高分子。

能控制分子结构的空间构型,得到分子结构规整的聚合物。

3.3.2 缩聚反应

由一种或两种以上的单体,通过缩合形成高分子化合物,同时脱去水、卤化氢、氨或醇等小分子的反应叫缩聚反应。

(1)缩聚反应的特点

①所用单体至少有两个相互作用的官能团。

②缩聚反应是通过一连串的缩合反应来完成的。

③反应过程中有小分子析出,高聚物的化学组成与单体不同。

④缩聚一般是不可逆的。

⑤缩聚物的分子量不是很大(与加聚物比较)。

⑥反应不是瞬间完成的,高聚物的分子量随时间的增长而增加,链增长过程是逐步完成的。

(2)缩聚反应的历程

通式 $n\text{aAa}+n\text{bBb} \rightleftharpoons \text{a}[-\text{AB}-]_n+(2n-1)\text{ab}$

aAa、bBb 表示单体;a、b 表示官能团;-AB-表示链节。

①链的开始 $\text{aAa+bBb} \rightleftharpoons \text{aABb+ab}$

②链的增长 $\text{aABb+aAa} \rightleftharpoons \text{aABAa+ab}$

$$\text{aABAa+bBb} \rightleftharpoons \text{a(AB)}_2\text{b+ab}$$

……

$$\text{a(AB)}_n\text{b+aAa} \rightleftharpoons \text{a(AB)}_n\text{Aa+ab}$$

$$\text{a(AB)}_n\text{Aa+bBb} \rightleftharpoons \text{a(AB)}_{n+1}\text{+ab}$$

③链终止　　　　　　$a(AB)_n b+a(AB)_m b \rightleftharpoons a(AB)_{n+m}+ab$

(3)体型缩聚

体型缩聚是具有合成体型结构的缩聚物的反应。

① 所用单体起码要有一个组分是含有两个官能团以上的物质,链增长时才有可能向两个以上的方向增长,生成体型结构的缩聚物。

② 在反应过程中有一个黏度骤然变得很大,出现具有弹性的凝胶的现象,即凝胶化现象。

3.4 复合材料的制备方法

3.4.1 复合材料概述

复合材料是由两种或两种以上不同性质的材料,通过物理或化学的方法,在宏观上组成具有新性能的材料。各种材料在性能上互相取长补短,产生协同效应,使复合材料的综合性能优于原组成材料而满足各种不同的要求。复合材料的基体材料分为金属和非金属两大类,金属基体常用的有铝、镁、铜、钛及其合金;非金属基体主要有合成树脂、橡胶、陶瓷、石墨、碳等。增强材料主要有玻璃纤维、碳纤维、硼纤维、芳纶纤维、碳化硅纤维、石棉纤维、晶须、金属丝和硬质细粒等。

复合材料的成型方法按基体材料不同各异,树脂基复合材料的成型方法较多,有手糊成型、喷射成型、纤维缠绕成型、模压成型、拉挤成型、RTM 成型、热压罐成型、隔膜成型、迁移成型、反应注射成型、软膜膨胀成型、冲压成型等。金属基复合材料成型方法分为固相成型法和液相成型法,前者是在低于基体熔点温度下,通过施加压力实现成型,包括扩散焊接、粉末冶金、热轧、热拔、热等静压和爆炸焊接等。后者是将基体熔化后,充填到增强体材料中,包括传统铸造、真空吸铸、真空反压铸造、挤压铸造及喷铸等。陶瓷基复合材料的成型方法主要有固相烧结、化学气相浸渗成型、化学气相沉积成型等。

3.4.2 复合材料的制备加工

从基体与增强材料的选择、复合材料的界面以及增强材料的表面处理等方面入手,掌握复合材料加工的基本原理,加工工艺和技术等理论基础。

1. 基体与增强材料的选择

由于基体材料的不同,有必要将这些材料分开论述。

首先是金属基复合材料的基体选择。金属基复合材料构(零)件的使用性能要求是选择金属基体材料最重要的依据。在不同技术领域和不同的工况条件下对于复合材料构件的性能要求有很大的差异,应当根据不同的情况选择不同的复合材料基体。在航天航空技术中高比强度、比模量、尺寸稳定性是最重要的性能要求,宜选用密度小的轻金属合金作为基体。高性能发动机则要求复合材料不仅具有高比强度比模量,还要求复合材料具有优良的耐高温性能,能在高温、氧化性气氛中正常工作,需选用钛基、镍基合金以及金属间化合物做基体材料。汽车发动机中要求其零件耐热、耐磨、导热,具有一定的高温强度,同时又要求成本低,适合批量生产,则使用铝合金做基体材料较合适。工业集成电路需要高导热、低膨胀的金属基复合材料作为散热元件和基板,通常选用具有高导热率的 Ag、Cu、Al 等金属为基体。

由于增强物的性质和增强机理的不同,在基体材料的选择上有很大差别。对于连续纤维增强金属基复合材料,纤维是主要承载物体,其本身具有很高的强度和模量,而金属基体的强度和模量远远低于纤维,故在连续纤维增强金属基复合材料中,基体的主要作用是以充分发挥增强纤维的性能为主。基体本身应与纤维有良好的相容性和塑性,而并不要求基体本身有很高的强度。但对于非连续增强(颗粒、晶须、短纤维)金属基复合材料,基体是主要承载物,其强度对非连续增强金属基复合材料具有决定性的影响,故要获得高性能的金属基复合材料必须选用高强度的铝合金为基体,这与连续纤维增强金属基复合材料基体的选择完全不同。

选择基体时应充分注意与增强物的相容性(特别是化学相容性),并考虑到尽可能在金属基复合材料成型过程中,抑制界面反应。由于金属基复合材料需要在高温下成型,所以在金属基复合材料制备过程中,金属基体与增强物在高温复合过程中,处于高温热力学不平衡状态下的纤维与金属之间很容易发生化学反应,在界面形成脆性的反应层,对复合材料的强度影响很大。再者,由于基体金属中往往含有不同类型的合金元素,在与增强物的反应程度和生成的反应物就会不同,因此在选用基体合金成分时须充分考虑。

其次,是无机胶凝材料,主要包括水泥、石膏、菱苦土和水玻璃等,其中研究和应用最多的是纤维增强水泥基增强材料。水泥基材料的特征是多孔体系,孔隙尺埃。其存在不仅会影响基体本身的性能,也会影响纤维与基体的界面粘接。纤维与水泥的弹性模量比不大,在纤维增强水泥复合材料中应力的传递效应远不如纤维增强树脂。水泥基材料的断裂延伸率较低,在纤维尚未从水泥基材料中拔出拉断前,水泥基材料即行开裂。水泥基材料中含有粉末或颗粒状的物料,与纤维成点接触,故纤维的掺量受到很大限制。水泥基材料呈碱性,对金属纤维可起保护作用,但对大多数矿物纤维不利。

基体的水化过程相当复杂,物理化学变化多样,由于篇幅有限,故在此略过不述。

陶瓷是金属和非金属元素的固体化合物,其键合为共价键或离子键,与金属不同,它们不含有大量电子。劣势和优势同样明显。在陶瓷基复合材料诞生后,陶瓷的优势被保留,同时其劣势由于增强材料的加入又被弥补了,使陶瓷材料进入了新的发展领域。用作基体材料使用的陶瓷一般具有耐高温性质、与纤维或晶须之间有良好的界面相容性以及较好的工艺性能等。常用的陶瓷基体主要包括玻璃、玻璃陶瓷、氧化物陶瓷和非氧化物陶瓷等。

第三,另外一类重要的基体是聚合物基体,其种类多样,常用的有不饱和聚酯树脂、环氧树脂、酚醛树脂及各种热塑性聚合物。各组分的作用和关系都十分复杂,一般来说有三种主要作用:把纤维粘在一起;分配纤维间的载荷;保护纤维不受环境影响。

2. 复合材料的界面及增强材料的表面处理

复合材料的界面指基体与增强物之间化学成分有显著变化的、构成彼此结合的、能起载核传递作用的微小区域。一般可将界面的机能归纳为:传递效应、阻断效应、不连续效应、散射和吸收效应、诱导效应。界面上产生的这些效应,是任何一种单体材料所没有的特性,它对复合材料具有重要作用。界面的效应既与界面结合状态、形态和物理-化学性质等有关,也与界面两侧组分材料的浸润性、相容性、扩散性等密切相联。

复合材料中的界面并不是单纯的几何面,而是一个多层结构的过渡区域,界面区是从与增强剂内部性质不同的某一点开始,直到与树脂基体内整体性质相一致的点间的区域。此区域的结构与性质都不同于两相中的任一相,从结构来分,这一界面区有五个亚层组成,每一亚层的性能均与树脂基体和增强基的性质、偶联剂的品种和性质、复合材料的成型方法等密切相关。

由于界面尺寸小且不均匀,基结构的化学成分和力学环境复杂,及对于成分和相结构也很难做出全面分析。因此迄今为止对复合材料界面的认识还是很不充分的,更谈不上用一个通用的模型来建立完整的理论。

对于聚合物基复合材料界面,其界面形成分为两个阶段:①基体与增强纤维的接触与浸润过程;②聚合物的固化阶段。

对于金属基复合材料的界面,比聚合物基复合材料复杂的多。金属基纤维复合材料的界面结合可以分成以下几种形式:①物理结合;②溶解和浸润结合;③反应结合。在实际情况中,界面的结合方式往往不是单纯的一种类型。

与聚合物基复合材料相比,耐高温是金属基复合材料的主要特点。因此,金属基复合材料的界面能否在所允许的高温环境下长时间保持稳定是非常重要的。影响界面稳定性的因素包括:高温条件下增强纤维与基体之间的熔融;复合材料在加工和使用过程中发生的界面化学作用。此外,在金属基复合材料结构设计中,除了要考虑化学方面的因素外,还应注意增强纤维与金属基体的物理相容性。

再看陶瓷基复合材料的界面,其中增强纤维与基体之间形成的反应层质地比较均匀,对纤维和基体都能很好地结合,但通常是脆性的。因增强纤维的横截面多为圆形,故界面反应层常为空心圆筒状,其厚度可以控制。当反应层达到某一厚度时,复合材料的抗张强度开始降低,此时反应层的厚度可定义为第一临界厚度。若反应层厚度继续增大,材料强度亦随之降低,直至达到某一强度时不再降低,这时反应层厚度成为第二临界厚度。

3.5 纳米材料的制备方法

纳米材料是近年来受到人们极大关注的新型材料,广义地说,纳米材料是指其中任意一维的尺度小于100 nm的晶体、非晶体、准晶体以及界面层结构的材料。当小粒子尺寸加入纳米量级时,其本身具有体积效应、表面效应、量子尺寸效应和宏观量子隧道效应等。从而使其具有奇异的力学、电学、光学、热学、化学活性、催化和超导特性,使纳米材料在各种领域具有重要的应用价值。

3.5.1 物理制备方法

"纳米材料"这一概念在20世纪80年代初正式形成,现已成为材料科学和凝聚态物理领域的研究热点,而其制备科学在当前的纳米材料研究中占据着极为关键的地位。人们一般将纳米材料的制备方法划分为物理方法和化学方法两大类,下面就纳米材料的物理制备方法进行概述。

1. 惰性气体冷凝法(GC)制备纳米粉体(固体)

这是目前用物理方法制备具有清洁界面的纳米粉体(固体)的方法之一。其主要过程是:在真空蒸发室内充入低压惰性气体(He或Ar),将蒸发源加热蒸发,产生原子雾,与惰性气体原子碰撞而失去能量,凝聚形成纳米尺寸的团簇,并在液氮冷棒上聚集起来,将聚集的粉状颗粒刮下,传送至真空压实装置,在数百 MPa 至几 GPa 压力下制成直径为几毫米,厚度为 10 nm ~ 1 mm 的圆片。

纳米合金可通过同时蒸发两种或数种金属物质得到;纳米氧化物的制备可在蒸发过程中或制得团簇后于真空室内通以纯氧使之氧化得到。惰性气体冷凝法制得的纳米固体其界面成分因颗粒尺寸大小而异,一般约占整个体积 50% 左右,其原子排列与相应的晶态和非晶态均有所不同,从接近于非晶态到晶态之间过渡。因此,其性质与化学成分相同的晶态和非晶态有明显的区别。

2. 高能机械球磨法制备纳米粉体

自从 Shingu 等人 1988 年用这种方法制备出纳米 Al-Fe 合金以来得到了极大关注。这是一个无外部热能供给的、干的高能球磨过程,是一个由大晶粒变为小晶粒的过程。此法可合成单质金属纳米材料,还可通过颗粒间的固相反应直接合成各种化合物(尤其是高熔点纳米材料):大多数金属碳化物、金属间化合物、Ⅲ-Ⅴ族半导体、金属-氧化物复合材料、金属-硫化物复合材料、氟化物、氮化物等。

3. 非晶晶化法制备纳米晶体

这是目前较为常用的方法,尤其是用于制备薄膜材料与磁性材料。中科院金属所卢柯等人于 1990 年首先提出利用此法制备大块纳米晶合金,即通过热处理工艺使非晶条带、丝或粉晶化成具有一定晶粒尺寸的纳米晶材料。这种方法为直接生产大块纳米晶合金提供了新途径,近年来 Fe-Si-B 体系的磁性材料多由非晶晶化法制备。

掺入其他元素,对控制纳米材料的结构,具有重要影响。研究表明,制备铁基纳米晶合金 Fe-Si-B 时,加入 Cu、Nb、W 等元素,可以在不同的热处理温度得到不同的纳米结构。比如 450℃ 时晶粒度为 2 nm,500 ~ 600℃ 时约为 10 nm,而当温度高于 650℃ 时晶粒度大于60 nm。

4. 深度范性形变法制备纳米晶体

这是由 Islamgaliev 等人于 1994 年初发展起来的独特的纳米材料制备工艺。材料在准静态压力的作用下发生严重范性形变,从而将材料的晶粒细化到亚微米或纳米量级。例如:82 mm 的 Ge 在 6GPa 准静压力作用后,材料结构转化为 10 ~ 30 nm 的晶相与 10% ~ 15% 的非晶相共存;再经 850℃ 热处理后,纳米结构开始形成,材料由粒径 100 nm 的等轴晶组成,而当温度升至 900℃ 时,晶粒尺寸迅速增大至 400 nm。

5. 物理气相沉积方法制备纳米薄膜

此法作为一种常规的薄膜制备手段被广泛应用于纳米薄膜的制备与研究中,包括蒸镀、电子束蒸镀、溅射等。这一方法主要通过两种途径获得纳米薄膜。

①在非晶薄膜晶化的过程中控制纳米结构的形成,比如采用共溅射法制备 Si/SiO_2 薄膜,在 700 ~ 900℃ 氮气气氛下快速降温获得 Si 颗粒。

②在薄膜的成核生长过程中控制纳米结构的形成，其中薄膜沉积条件的控制和在溅射过程中，采用高溅射气压、低溅射功率显得特别重要，这样易于得到纳米结构的薄膜。

6. 低能团簇束沉积法（LEBCD）制备

该技术制备的纳米薄膜也是新近出现的，由 Paillard 等人于 1994 年初发展起来。首先将所要沉积的材料激发成原子状态，以 Ar、He 气作为载体使之形成团簇，同时采用电子束使团簇离化，然后利用飞行时间质谱仪进行分离，从而控制一定质量、一定能量的团簇束沉积而形成薄膜。此法可有效地控制沉积在衬底上的原子数目。

7. 压淬法制备纳米晶体

这一技术是中科院金属所姚斌等人于 1994 年初实现的，他们用该技术制备出了块状 Pd-Si-Cu 和 Cu-Ti 等纳米晶合金。压淬法就是利用在结晶过程中由压力控制晶体的成核速率、抑制晶体生长过程，通过对熔融合金保压急冷（压力下淬火，简称"压淬"）来直接制备块状纳米晶体，并通过调整压力来控制晶粒的尺度。目前，压淬法主要用于制备纳米晶合金。与其他纳米晶制备方法相比，它的优点是，直接制得纳米晶，不需要先形成非晶或纳米晶粒；能制得大块致密的纳米晶；界面清洁且结合好；晶粒度分布较均匀。

8. 脉冲电流非晶晶化法制备纳米晶体

这种方法是由东北大学滕功清等人于 1993 年发展起来的，他们用此法制备了纳米晶 Fe-Si-B 合金。这一方法是：对非晶合金（非晶条带）采用高密度脉冲电流处理使之晶化。与其他晶化法相比，这一技术无需采用高温退火处理，而是通过调整脉冲电流参数来控制晶体的成核和长大，以形成纳米晶，而且由脉冲电流所产生的试样温升远低于非晶合金的晶化温度。

不过，此法制备的纳米晶与用其他方法制备的纳米晶相比，界面组元有所不同：界面图像（电镜下）不是很清晰并存在一定数量的亚晶界，晶粒内部也存在较多的位错。

3.5.2 化学制备方法

化学法是指通过适当的化学反应，从分子、原子、离子出发制备纳米物质，包括化学气相沉积法、化学气相冷凝法、溶胶-凝胶法、水热法、沉淀法、冷冻干燥法等。

1. 化学气相沉积（CVD）法

化学气相沉积是迄今为止气相法制备纳米材料应用最为广泛的方法，在一个加热的衬底上，通过一种或几种气态元素或化合物产生的化学元素反应形成纳米材料的过程。该方法主要可分成热分解反应沉积和化学反应沉积。该法具有均匀性好，可对整个基体进行沉积等优点，其缺点是衬底温度高。随着其他相关技术的发展，由此衍生出来许多新技术，如金属有机化学缺陷相沉积、热丝化学气相沉积、等离子体辅助化学气相沉积、等离子体增强化学气相沉积及激光诱导化学气相沉积等。

化学气相冷凝法（CVC）主要是通过有机高分子热解获得纳米粉体，其过程是先将反应室抽到 10^{-4}Pa 或更高真空度，然后注入惰性气体 He，使气压达到几百帕斯卡，反应物和载气 He 从外部系统先进入前部分的热磁控溅射 CVD 装置，由化学反应得到反应物产物的前驱体，然后通过对流达到后部分的转筒式骤冷器，以冷却和收集合成的纳米微粒。

2. 溶胶–凝胶法

溶胶–凝胶法是用易水解的金属化合物(无机盐或金属盐)在某种溶剂中与水发生反应,经过水解与缩聚过程逐渐凝胶化,再经干燥、烧结等后处理得到所需的材料,其基本反应有水解反应和聚合反应,它可在低温下制备纯度高、粒径分布均匀、化学活性高的单、多组份混合物(分子级混合),并可制备传统方法不能或难以制备的产物。我国清华大学曾庭英[5]等人采用醇盐法制备纳米级微孔 TiO_2玻璃球,孔径为 1.0 ~ 6.0 nm。

3. 水热法

水热法是通过高温高压在水溶液或蒸汽等流体中合成物质,再经分离和热处理得到纳米微粒。水热条件下离子反应和水解反应得到加速和促进,使一些在常温下反应速度很慢的热力学反应,在水热条件下实现快速反应。依据反应类型不同分为:水热氧化、还原、沉淀、合成、水解、结晶等。该法制得的纳米粒子纯度高、分散性好、晶形好且大小可控。郭景坤等人采用高压水热处理,将化学制得的 $Zr(OH)_4$胶体置于高压釜中,控制合适的温度和压力,使氢氧化物进行相变,成功地制备出 10 ~ 15 nm 形状的 ZrO_2超微粒。

4. 化学沉淀法

化学沉淀法是在金属盐类的水溶液中控制适当的条件使沉淀剂与金属离子反应,产生水合氧化物或难溶化合物,使溶液转化为沉淀,然后经分离、干燥或热分解而得到纳米级超微粒。化学沉淀法可分为直接沉淀法、均匀沉淀法、共沉淀法和醇盐水解沉淀法。直接沉淀法是指金属离子与沉淀剂直接作用形成沉淀。均匀沉淀法是指通过预沉淀剂在溶液中的反应缓慢释放出沉淀剂,再与金属离子作用形成沉淀。醇盐水解法是由金属醇盐遇水分解成醇和氧化物或其水合物沉淀。共沉淀法是在混合的金属盐溶液中添加沉淀剂得到多种成份混合均匀的沉淀,然后进行热分解得到纳米微粒。由于冷冻干燥过程冷冻液体并不进行收缩,因而生成的微粒表面积较大,可较好地消除粉料干燥过程中粉末团聚现象,目前该法已制备出 $MgO-ZrO_2$及 $BaPb-xBi_xO_3$超微粒子。

纳米材料由于具有特异的光、电、磁、热、声、力、化学和生物等性能,广泛应用于工业和民用等领域,在高科技领域有不可替代的作用,为传统产业带来生机和活力。

思考题

1. 材料有哪些分类方法,如何分类?
2. 叙述钢铁制备过程中的化学过程。
3. 无机非金属材料通常包括哪几类物质,它们有何特点?
4. 高分子材料如何制备?
5. 纳米材料有哪些特性,常见的制备方法有哪些?
6. 复合材料制备加工有哪些步骤?

第4章　材料结构与性能的关系

材料应用的依据或基础是它们的一般物理性能(如力学性能等)和特殊物理性能(如光、电、磁等功能),材料的这些宏观性能,都取决于它们的微观结构特征。因此,对于材料科学或工程研究的最重要任务是了解材料的结构与它们物理性能之间的关系。材料化学的主要目的就是从分子水平到宏观尺度来认识材料的结构与性能的关系,在材料的合成与加工过程中有目的的控制材料的组成和结构,从而获得有预期使用性能的材料。

4.1　化学性能

在使用过程中,一般都要求材料具有较好的化学稳定性,即不希望其发生化学变化而消耗或转化为其他物质。但是,材料在使用过程中很难避免与外界物质的接触,如空气、水气、酸碱性物质等。在一定条件下材料会与这些物质接触而发生化学反应。材料的化学性能就是材料对这些外界接触物的耐受性,也就是化学稳定性。具有不同组成和结构的材料,其化学性能特点也各不相同,对金属材料而言,主要是其氧化腐蚀问题;而无机非金属材料主要是其耐酸碱性;高分子材料主要涉及耐有机溶剂以及老化的问题。

4.1.1　耐氧化性

金属作为单质容易失去电子而被氧化,除少数贵重金属(如金、铂)外,多数金属在空气中都会被氧化而形成金属氧化物,因此金属材料的化学性能主要涉及氧化腐蚀的问题。例如,铁或钢铁会生锈,铜会形成铜绿等,这种锈蚀对金属材料及其制品有严重的破坏作用。据试验,钢材如果锈蚀1%,其强度就会降低5%～10%。金属材料的锈蚀会随着使用环境的不同而有所改变,如铁在潮湿的空气中或泡在水中很容易生锈,而在干燥的空气中则相对不易生锈。这是因为存在不同的锈蚀机理,即化学锈蚀和电化学锈蚀。

化学锈蚀是指金属与非电解质物质相接触时直接发生化学反应而引起的腐蚀。这类反应比较简单,仅仅是金属跟氧化剂之间的氧化还原反应。具体过程是金属表面吸附介质中的分子,并将其分解为原子,然后与金属原子相结合,生成锈蚀产物。例如,空气中的金属会吸附空气中的氧气分子,然后发生氧化还原反应,形成金属氧化物,氧化物成核、生长并形成氧化膜。

电化学锈蚀是由金属同周围介质之间引起电化学作用后的一种锈蚀,在锈蚀过程中同时伴有电流产生。因为金属在电解液中,一些带正电的金属离子会脱离金属而进入电解液,使金属呈负电性,而电解液呈正电性,因而在金属与电解液之间便出现电位差。溶入电解液的正离子越多,则这种电位差就越大,称这一电位差为电极电位。不同的金属原子,由于其活泼性的不同,所具有的电极电位也不相同。因此,当两块不同金属同时置入电解液中时,它们之间由于各自的电极电位不同便出现电位差。如果用导线把两块不同金属连接起来，并串联一个微电流表的话，则电表将显示出有电流通过。

例如，铁在电化学腐蚀过程中，负极发生的电极反应是

$$Fe-2e \longrightarrow Fe^{2+}\text{（氧化反应）}$$

而在正极发生的反应有两种，如果水膜的酸性很弱或者呈中性，就由溶解在水膜里的氧气作为氧化剂，其正极发生的电极反应是

$$O_2+2H_2O+4e \longrightarrow 4OH^-\text{（还原反应）}$$

这种腐蚀称为吸氧腐蚀，钢铁等金属的腐蚀主要是吸氧腐蚀，如图 4.1 所示。

另一种情况是，由于在水膜里溶解了较多的酸性气体，如二氧化碳、二氧化硫、氮氧化合物等，水膜里的 H^+ 浓度较大，水膜的酸性较强，这时就由 H^+ 作为氧化剂，其正极发生的电极反应是

$$2H+2e \longrightarrow H_2\text{（还原反应）}$$

这种腐蚀称为析氢腐蚀，如图 4.2 所示。

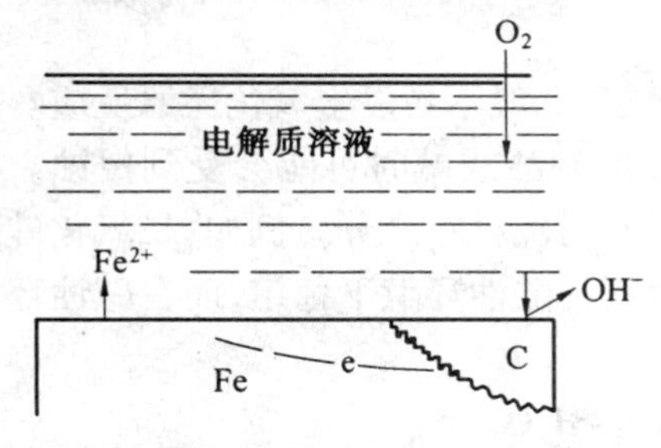

图 4.1　吸氧腐蚀示意图

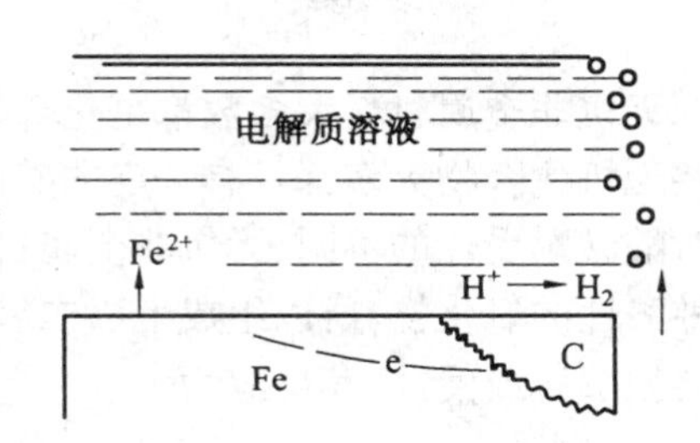

图 4.2　析氢腐蚀示意图

针对金属腐蚀的原因，可以采取适当的方法加以防止，常用的方法主要有以下几种。

1. 改变金属的内部组织结构

例如，制造各种耐腐蚀的合金，像在普通钢铁中加入铬、镍等制成不锈钢。

2. 保护层法

在金属表面覆盖保护层，使金属制品与周围腐蚀介质隔离，从而防止腐蚀。例如，在钢铁制件表面涂上机油、凡士林、油漆或覆盖搪瓷、塑料等耐腐蚀的非金属材料；用电镀、热镀、喷镀等方法，在钢铁表面镀上一层不易被腐蚀的金属膜，如锌、锡、铬、镍等。这些金属常因氧化而形成一层致密的氧化物薄膜，从而阻止水和空气等对其的腐蚀。此外还可以用化学方法使金属表面生成一层细密稳定的氧化膜，如在机器零件、枪炮等钢铁制件表面形成一层细密的黑色四氧化三铁薄膜等。

3. 对腐蚀介质进行处理

消除腐蚀介质，如经常揩净金属器材、在精密仪器中放置干燥剂和在腐蚀介质中加入少量能减慢腐蚀速度的缓蚀剂等。

4. 电化学保护

将被保护的金属作为腐蚀电池的阴极，使其不受到腐蚀，所以也叫阴极保护法。这种方法主要有以下两种：

(1)牺牲阳极保护法

此法是将活泼金属(如锌或锌的合金)连接在被保护的金属上,当发生电化学腐蚀时,这种活泼金属作为负极发生氧化反应,从而减小或防止被保护金属的腐蚀。这种方法常用于保护水中的钢桩和海轮外壳等。例如,水中钢铁闸门的保护,在轮船的外壳水线以下处或在靠近螺旋浆的舵上焊上若干块锌块,来防止船壳体的腐蚀等。

(2)外加电流保护法

将被保护的金属和电源的负极连接,另选一块导电的惰性材料接电源正极。通电后,使金属表面产生负电荷(电子)的聚积,因而抑制了金属失电子而达到保护的目的。此法主要用于防止在土壤、海水及河水中的金属设备受到腐蚀。电化学保护的另一种方法叫阳极保护法,即通过外加电压,使阳极在一定的电位范围内发生钝化的过程。此法可有效地阻滞或防止金属设备在酸、碱、盐类中腐蚀。

4.1.2 耐酸碱性

无机非金属材料大多数都是化合物,价态比较稳定,一般不易发生氧化还原反应。但这些无机化合物大多都具有一定的酸性或碱性,在接触到酸或碱时可能会受到侵蚀。根据对酸碱耐受性的不同,无机非金属材料有耐酸材料和耐碱材料之分。例如,二氧化硅是一种酸性的氧化物,所以组成上以二氧化硅为主的材料在酸性环境下稳定,而在碱性环境下会被溶解或侵蚀,其反应为

$$SiO_2+2NaOH \longrightarrow Na_2SiO_3+H_2O$$

普通的无机玻璃的成分主要是二氧化硅,所以盛放碱液的玻璃瓶不能用玻璃盖,以防止瓶身与瓶盖的接触部位受碱液腐蚀而黏合在一起。同理,碱式滴定管也有别于酸式滴定管。

另外,硅酸盐材料也会被氢氟酸所腐蚀,其反应为

$$SiO_2+4HF=SiF_4\uparrow+2H_2O$$

$$SiF_4+2HF=H_2[SiF_6]$$

大多数金属氧化物都是碱性氧化物,当材料中含有大量碱性氧化物时,则表现出较强的耐碱性,而易受酸侵蚀或溶解。

除无机非金属材料外,在一些应用领域,金属材料耐酸碱性也必须考虑。如在氯碱工业中很多时候会使用不锈钢、碳钢和灰铸铁,这些材料直接接触碱液,耐碱性是个大问题。例如,碳钢在室温的碱性溶液中是耐蚀的,但在浓碱性溶液中,特别是在高温浓碱性溶液中工作则不耐蚀。为此,人们不断研究开发耐碱蚀的金属材料,如高镍奥氏体铸铁是一种发展较早、用途广泛的耐碱蚀合金铸铁。此外,铸铁中加入适量的 Mn、Cr、Cu ,通过热处理得到奥氏体+碳化物的白口组织,这种合金铸铁在海水中的耐蚀性可以与高镍耐蚀合金铸铁相比,并且没有后者的点蚀及石墨腐蚀现象。镍铬铸铁中加入稀土,降低镍含量,可以降低材料成本,又可以保证合金铸铁良好的耐碱蚀性。其耐蚀机理是,碱蚀后稀土高镍铬铸铁表面生成完整、致密的氧化膜等附着物,使材料本体受到保护。

对于高分子材料来说,其主链原子以共价键结合,而且即使含有反应性基团,其长分子链对这些反应基团都有保护作用,所以作为材料使用其化学稳定性较好,一般对酸和碱都有较好的耐受性。

4.1.3 耐有机溶剂性

金属材料和无机非金属材料有较好的耐有机溶剂性能，而高分子材料则要考虑其对有机溶剂的耐受性。热塑性高分子材料一般由线形高分子构成，很多有机溶剂都可以将其溶解。交联型高分子在有机溶剂中不溶解，但能溶胀，使材料体积膨胀，性能变差。不同的高分子材料，其分子链以及侧基不同，对各种有机溶剂表现出不同的耐受性。此外，组织结构对耐溶剂性也有较大影响，例如结晶性聚合物、聚乙烯在大多数有机溶剂中都难溶，因而具有很好的耐溶性。

4.1.4 耐老化性

高分子材料使用过程中面临的主要问题是老化，即性状发生变化（如黄变）、热力学性能下降等。很多高分子材料在太阳光照射下容易老化，主要是因为聚合物分子链吸收太阳光中的紫外线能量而发生光化学降解反应。

空气中的氧气可参与光降解过程，在紫外线（太阳光）的照射下，氧气与高分子材料进行自由基反应，自由基形成后容易导致链的断裂，结果是高分子材料被氧化而降解。羰基容易吸收紫外光，因此含羰基的聚合物在太阳光照射下容易被氧气降解。

高分子的化学结构和物理状态对其老化变质有着极其重要的影响。例如，聚四氟乙烯有极好的耐老化性能，这是因为电负性最大的氟原子与碳原子形成牢固的化学键。同时，因为氟原子的尺寸大小适中，一个紧挨一个，能把碳链紧紧包围住，如同形成了一道坚固的“围墙”保护碳链免受外界攻击。聚乙烯相当于把聚四氟乙烯的所有氟换成氢，而C—H键不如C—F键结合牢固。此外，氢原子的尺寸很小，在聚乙烯分子中不像氟原子那样能把碳键包围住。因此，聚乙烯的耐老化性能比聚四氟乙烯差。聚丙烯分子的每一个链节中都有一个甲基支链，或者说都含有一个叔碳原子，其上的氢原子容易脱掉而成为活性中心，引起迅速老化。所以聚丙烯的耐老化性能还不如聚乙烯。此外，分子链中含有不饱和双键、聚酰氨的酰氨键、聚碳酸酯的酸酯键、聚砜的碳硫键、聚苯醚苯环上的甲基等，都会降低高分子材料的耐老化性。

为了防止或减轻高分子材料的老化，在制造成品时通常都要加入适当的抗氧化剂和光稳定剂以提高其抗氧化能力。其中光稳定剂主要有光屏蔽剂、紫外线吸收剂、猝灭剂等。光屏蔽剂是指在聚合物与光辐射源之间起屏障作用的物质，聚乙烯的铝粉涂层以及分散于橡胶中的炭黑都是光屏蔽剂的实例。紫外线吸收剂的功能在于吸收并消散能引发聚合物降解的屏蔽剂，它与光屏蔽剂之间的区别只是光线波长范围不同，在作用机理上是相同的。猝灭剂的功能是消散聚合物分子上的激发态的能量，所以猝灭剂是很有效的光稳定剂。

4.2 电性能

材料的电性能就是材料被施加电场时所产生的响应行为，主要包括导电性、介电性、铁电性和压电性。

4.2.1 导电性能

1. 电导的特性

电流是电荷在空间的定向运动,世界上不存在绝对不导电的物质,任何一种物质只要存在电荷的自由粒子,就可以在电场作用下产生导电电流。材料能够通过电流,表明其带电的质点可以在外电场的作用下作定向运动,形成电流,称其为载流子。物体的导电现象,其微观本质是载流子在电场作用下的定向迁移。

金属材料中的载流子是自由电子;固体半导体的载流子是电子或空穴;离子型晶体中的载流子可以是杂质离子、由热缺陷形成的填隙位置的离子或离子空位。但是,如果在这种类型的离子晶体中存在变价离子时,它可能受到氧化(或还原)气氛或者温度的影响,形成非化学计量的化合物而使正离子或负离子过剩,前一种情况系统中电子增加,后一种情况系统中空穴增加,这时离子晶体的载流子也可以是电子或者空穴。

金属的电阻率随温度的升高呈上升趋势,这是因为温度升高,原子热振动加剧,增加沿外电场要求方向移动的电子和原子碰撞的机会,使电子的移动受到阻碍的缘故。

半导体的载流子虽然也是电子,但游离的自由电子数量很少。当温度升高时,一旦满带中的电子获得足以跃过禁带宽度的热能时,就会被激发到空带中去而使载流子的浓度迅速增大。所以半导体的电阻率随温度的升高而减小,并且是极为明显地减小。

2. 离子晶体的电导

离子晶体的电导形式主要取决于载流子的类别,有离子式电导和电子式电导两种。前者的载流子是杂质离子,填隙位置的正、负离子,或者正、负离子的空位;后者的载流子是电子或空穴。

(1)离子式电导

离子晶体中 Frenkel 缺陷和Schottky缺陷形成的正、负离子空位,填隙的正、负离子,以及杂质离子都可以成为离子式导电的载流子。而晶格点阵结点上的离子由于位能很低,只能在平衡位置附近作热振动,不可能成为载流子。

晶体中的离子空位和填隙离子的运动形式不完全相同。空位可以容纳邻近的离子而将空位本身移到邻近位置上去,在外电场的作用下,空位可作定向运动引起电流。空位的运动是接力式的运动,而一般填隙离子的运动是某一离子连续不断地运动,与将要讨论的电子、空穴的导电相似。

电介质材料的电导使材料的介电性能下降,严重时会使器件不能正常工作。同时,离子式电导还是一种电解的过程,正离子到阴极获得电子被还原,负离子到阳极释放电子而氧化,长此下去会使材料内部造成大量缺陷而破坏。

由能带理论可知,当原子紧密堆积起来结合成晶体时,成键的价电子是离域的,所有价电子应该属于整个晶格的原子所共有。这些价电子的波函数可以线性组合成分子轨道,其能量不再是单一值,而是发生劈裂形成能带。于是有由已充满电子的能级所形成、能量较低的满带和由未充满电子的能级所形成、能量较高的导带,以及这两带之间的禁带。当满带的电子依靠热激发被激发到导带中去,则满带出现的空穴和导带出现的电子是成对产生的,且空穴、电子都是载流子,能在外电场作用下发生电子式电导。

在无机非金属材料中离子式电导和电子式电导都存在,但后者占的比重十分微弱,可以忽略。

离子电导有本征离子电导和杂质离子电导两种。

①本征离子电导。本征离子电导的载流子是由热运动所形成的 Frenkel 缺陷和 Schottky缺陷中的空位及填隙离子。显然,这两种缺陷的浓度大小与温度有关,而在一定温度下,对于一个均匀的、除了这两种热缺陷外再没有其他缺陷的理想晶体,则电导率的大小仅仅决定于材料的本质,称之为本征电导。

离子电导率σ决定于载流子浓度c、载流子荷电量q和载流子在电场中的迁移率x,即

$$\sigma = cqx$$

而载流子浓度和迁移率都是温度的指数函数,所以晶体的本征离子电导率和温度的关系可表示为

$$\sigma = Ae^{-B/T}$$

式中,A是与材料性质有关的常数;T为绝对温度;$B = U/K$,U为电导活化能,即载流子发生迁移时所需的最低能量,它包括形成一个缺陷所需的能量和使载流子移出其平衡位置时的势垒,通常晶体的U为1 ~ 2 eV;K为波尔兹曼常数。

②杂质离子电导。杂质离子电导的载流子主要是杂质离子本身以及由它所引起的其他晶体缺陷。在温度较低的情况,杂质离子电导主要表现为杂质浓度增大,杂质电导率随之增大而使电导增大。但由于杂质电导率随着温度升高而增大的速度比本征离子电导率随着温度升高而增大的速度慢,因此,当温度足够高时,离子晶体的电导率就主要决定于本征离子的电导率了。

在制备无机绝缘材料时,由于低价的Li^+、Na^+、K^+等杂质离子容易移动,所以要尽量注意避免这些离子的掺入。

(2)电子式电导

电子式电导的载流子是自由电子和空穴。无机电介质一般具有很宽的禁带,约为6 ~ 10 eV,满带的电子不可能逾越禁带,因此既没有电子也没有空穴可以参与导电。在这种情况下,材料的本征电子式电导可以忽略不计。一旦材料中有变价离子存在,或者掺入了不等价的杂质离子,在受气氛及温度的影响下形成非化学计量化合物时,就有可能使自由电子或空穴增加,并使晶体中的电子能态结构发生变化,导致电子式电导率的增加,严重时甚至可以使电介质变成半导体。例如,用金红石为主要成分烧制成的金红石瓷,具有电阻率高的特点,有良好的绝缘性,是制造瓷介电容器的主要材料。但是,如果在还原性气氛中烧制,那么TiO_2会被还原而失去一部分氧离子,此时化学组成变成TiO_{2-x},就形成所谓 n 型半导体,失去绝缘性。因此,烧制TiO_2瓷时要避免在还原性气氛中进行,当然,这是对制备绝缘材料而言的。陶瓷和玻璃材料除了作绝缘材料外,某些陶瓷和玻璃材料的半导性和导电性已引起人们的极大重视。例如,经高温烧结的二氧化锡,由于高温失氧,造成负离子空位,生成非化学计量化合物SnO_{2-x},成为 n 型半导体。有时为了提高材料的导电性,还设法造成更大量的缺陷。工艺上可采用掺杂来提高导电性。例如,按$SnO_2:CuO:Sb_2O_3=96:2:2$配比的坯料,以$9.81\times10^7\ N\cdot m^{-3}$压力压制,在1500℃烧结,所得的二氧化锡陶瓷具有热膨胀系数小、导热性高、高温时电阻率小的特性,可用作输送电

流的电加热元件。

另外有一些半导性陶瓷材料的电阻对热、光、声、磁、湿或某种气体的变化特别敏感，产生一系列敏感效应，如热敏、光敏、磁敏、声敏、湿敏、压敏、气敏等，使半导体陶瓷的应用范围更为广泛。

4.2.2 介电性能

介电材料又称介电质，主要用于制造电容器，因此要求具有高的电阻率、大的介电常数 ε 和小的介质损耗等特性。

无机材料在电场的作用下，不仅有漏电流现象，还会发生如图 4.3 所示的电极化现象。即原来不带电荷的介电体，在电场的作用下，其内部和表面上会感应出一定量的电荷。

对中间是真空的两块平行金属板施加电压 U 时，板上产生的电荷 Q_0 与 U 成正比

$$Q_0 = C_0 U$$

式中，C_0 为比例系数，即为真空电容。

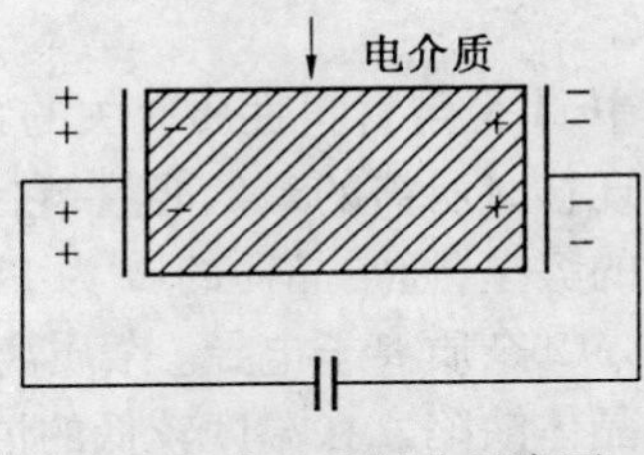

图 4.3 电介质极化示意图

如果同样的两块金属板(平行板电容器)之间不是真空，而是一块电介质，则在相同电压 U 下，电荷增加了 Q_1。因此，有如下关系

$$Q_0 + Q_1 = CU$$

式中，C 为置入电介质后平板电容器的电容。

由上面两式可见，$C > C_0$。说明介电质的引入可使电容器的电容增加。称 C 与 C_0 的比值为相对介电常数 ε_r，即

$$\varepsilon_r = \frac{C}{C_0} = \frac{Q_0 + Q_1}{Q_0}$$

$$C = \varepsilon_r C_0$$

上式表明，电介质的介电常数越大，则相应的电容就越大。ε_r 是一个无量纲量，在真空中 $\varepsilon_r = 1$。各种电介质的 ε_r 都大于1。表4.1 列出了若干材料的相对介电常数。不同用途的电介质材料所要求的 ε_r 值也不同。作为电容器，则要求 ε_r 越大越好，ε_r 大，则做成的电容器容量大而体积小。

表 4.1 几种材料的相对介电常数(25℃)

材料	ε_r	材　料	ε_r
石英玻璃	3.8	氯化钾	4.75
耐热玻璃	3.8~3.9	金刚石	5.5
Pyrex 玻璃	4.0~6.0	碘化钾	5.6
高铅玻璃	19.0	镁橄榄石(Mg_2SiO_4)	6.22
氯化钡	3.4	莫来石($3Al_2O_3 \cdot 2SiO_2$)	6.6
云母	3.6	氧化镁	9.65

此外,任何电介质在电场作用下,总是或多或少地会把部分电能转变成热能,使介质发热而消耗电能。电介质在电场作用下,在单位时间内因发热而消耗的能量称为电介质的损耗功率,简称为介质损耗。

实际使用的绝缘材料并不都是电阻无限大的理想电介质,在外电场的影响下总有一些带电质点会发生移动而引起漏导电流。漏导电流流经介质时会使介质发热而消耗电能,即引起漏导损耗。此外,电介质在电场中还会因极化消耗能量,产生极化损耗,这就是产生介质损耗的机制。

损耗的能量可使材料发热,如不设法冷却,还会使工作状态不稳定。

与直流电场的使用要求有所不同,对于应用于交流电场中的电介质来说,介质损耗是很重要的特性指标之一。因为电流和电压的相位差使高频交流的作用变大,伴随有热的产生。当介质损耗严重时,甚至会引起介质过热而破坏绝缘性。

陶瓷材料是固体电介质中很重要的一类,其介质损耗与材料内部结构密切相关。对于结构紧密的离子晶体,如金红石、镁橄榄石等,其离子键强度大,在外电场下无极化损耗,仅有少量漏导损耗。因此以这类晶体为主的陶瓷材料往往用在高频场合。对于结构较不紧密的离子晶体,如莫来石瓷,晶体内部有较大空隙或晶格畸变,有缺陷或含有较多杂质离子,在外电场作用下,由于离子有较大的活动范围,晶体中联系弱的离子就有可能作贯穿电极的运动而产生漏导损耗,且由于晶格空隙大,离子还有可能在一定范围内来回运动而产生极化损耗。所以这类晶体的介电损耗大,以它们为主的陶瓷材料就不适合于高频场合,只能应用于低频。

此外,气孔率大、玻璃相多、表面吸附水分或油污等因素也都会引起陶瓷材料的漏导或极化损耗,这是在制造过程中必须尽量避免的。

4.2.3 压电性能

早在1880年,人们就发现在石英晶体的某一方向施加机械应力时,则在其两端的表面上会感应出数量相等、符号相反的束缚电荷,在一定范围内电荷密度与作用力成正比。作用力反向的,表面荷电性质也反号,这种现象称为正压电效应。另一方面,置于一定方向电场中的石英晶体会产生外形尺寸的变化,在一定范围内其形变与电场强度成正比,这种现象称为逆压电效应。正、逆压电效应统称为压电效应。

压电效应与晶体结构密切相关,石英晶体(图4.4)属于三方晶系,没有对称中心,但有一个沿 c 轴方向的三次轴和三个沿 a 轴方向的二次轴。晶体无对称中心,其质点排列不对称,在应力作用下,由于受到不对称的相对位移,产生新的电偶极矩而呈现压电效应。因此,压电晶体的共同特点是都具有极轴。石英晶体的三个二次轴都是极轴,在外力作用下沿着这三个极轴方向都会出现压电效应。而它的三次轴不是极轴,外力不能使其在 c 轴方向上显示压电效应。凡是具有对称中心的晶体,因其在受到应力作用后,内部发生均匀的变形,仍然保持质点间对称排列的规律,没有不对称的相对位移,也就不产生极化,电偶极矩为零,因此表面不显示电性,就不具有压电效应。

具有压电效应的晶体很多,已发现的就有数千种,其中不少是有机类压电材料。近年来还不断合成出新型的压电晶体,如磷酸铝晶体、钨青铜型晶体、硼酸盐晶体等。

虽然自然界中具有压电效应的晶体很多，但当其形成陶瓷材料之后，因为陶瓷是一种多晶复合体，组成它的细小晶体取向是紊乱的，各晶粒的压电效应会因此相互抵销，从而显示不出宏观的压电性。如果将这一类陶瓷（如 $BaTiO_3$）预先经过直流电场的预极化，使其内部的偶极矩都尽可能沿外电场方向取向，保持永久定向，则整个陶瓷材料就会呈现出极化效应，也就具有压电效应。称具有压电效应的陶瓷为压电陶瓷。尽管如此，压电陶瓷由于各晶粒的不规则分布，使得有些晶粒中的极化轴并不能极化到与外电场方向完全一致，仍然会有一定角度的偏差，因此它的平均极化强度总是小于自发极化强度。但是压电陶瓷与压电晶体材料相比，具有容易加工、适于大量生产，价格便宜，以及压电特性可以通过掺杂加以控制等特点，故仍不失其实用价值。比较典型的压电陶瓷如钛酸钡、锆钛酸铅等。钛酸钡在 120℃ 以下时，处于氧离子八面体间隙位置的 Ti^{4+} 离子由中心移向与 6 个配位氧离子中的一个氧离子很接近的位置，而使晶胞成为一个永久性偶极子，同时晶胞结构由立方晶系转变为四方晶系的铁电相，即在铁电轴方向长度增加、垂直于铁电轴方向长度减小，当电畴在外电场作用下取向排列后则表现出材料沿场的方向长度有所增加、而垂直场的方向有所缩短，导致体积上的变化。称这种变化为体积电致伸缩效应。

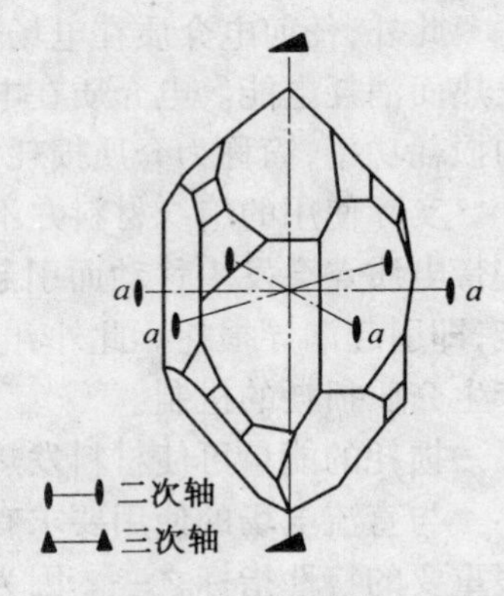

图 4.4　石英晶体

压电晶体用得最多的除石英晶体外，还有铌酸锂。$LiNbO_3$ 属畸变的钙钛矿晶格结构，机电耦合系数大、传输损耗小，压电性能优异。此外，还有 $LiTaO_3$、$NaBa_2NbO_{15}$ 等。

压电效应已被广泛应用于近代技术中，如将压电晶体的机械振动变为电振荡，作成电声器件、谐振器、声纳、拾音器等，也可用于制作超声波发生器。减少压电材料的体积，使压电材料向薄膜化方向发展。

近年来发现不少有机聚合物也具有压电性能，而且有的（如聚氟乙烯）压电性能还相当好。与无机压电材料相比，聚合物压电材料具有许多优点，如声阻抗和介电常数低、柔软性和击穿电压高、耐机械热冲击并能制作成大面积薄膜等。

4.2.4　铁电性能

一般的电介质只有在电场作用下才能电极化，但有一类电介质具有自发极化，而且它的自发极化方向能随电场的作用而转向，这一类电介质称为铁电体。

晶体自发极化的性质起源于晶体中原子的有序排列，出现正负电荷的重心沿某一方向发生相对位移，整个晶体在该方向上呈现极性，一端为正，一端为负，使晶体自发地出现极化现象。自发极化晶体的极化状态，将随温度的改变而变化，这种性质称为热电性。热电性是所有呈现自发极化的晶体的共性，具有热电性的晶体称为热电体。

从晶体结构对称性来看，C_n 和 C_{nv}（$n=1,2,3,4,6$）两类共 10 个点群均可能存在自发极化现象。不具有对称中心的晶体，除 O-432 点群外，都可能出现压电性。极性点群都是非中心对称的，反之则不然。所以，所有的铁电体都具有压电性，但压电晶体不一定都是铁电体。

晶体在整体上呈现自发极化，意味着在其正负两端分别有一层正的和负的束缚电荷，束缚电荷产生的电场在晶体内部与极化反向，使静电能升高，这导致均匀极化的状态是不稳定的。实际上晶体存在着电畴，每个电畴内部电偶极子取向相同，不同的电畴电偶极子的取向则不同。

由于电畴的存在，铁电体的极化随电场的变化而变。电极化强度和电场强度的关系可以用和磁滞回线相类似的电滞回线表示。如图4.5中的曲线*CBDFGHC*即为电滞回线。

晶体的铁电性通常只存在于一定的温度范围，当温度超过某一数值时，自发极化消失，铁电体变为顺电体，该温度即为居里温度(T_c)。

表4.2列出了若干常见的铁电晶体，它们的结构特征都是有一种正离子可以相对于它们邻近的阴离子发生显著的位移，常常偏离正多面体中心达10pm量级，因而出现电偶极距和很高的介电常数。

钙钛矿型铁电晶体得到广泛研究，$BaTiO_3$是人们最熟知的一种。$KNbO_3$和$BaTiO_3$同属钙钛矿型的结构，有着相似的一系列相变，都具有很强的非线性光学效应，是重要的电光和非线性光学材料。

铌酸锂型铁电体主要有$LiNbO_3$和$LiTaO_3$，它们的晶体结构示于图4.6中。

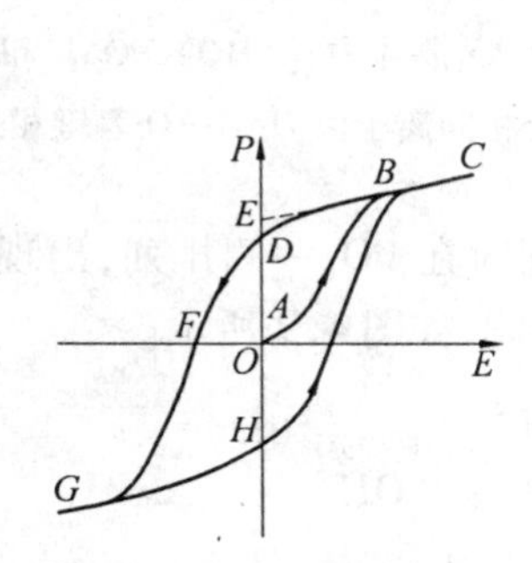

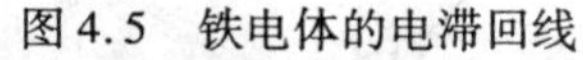

图4.5 铁电体的电滞回线

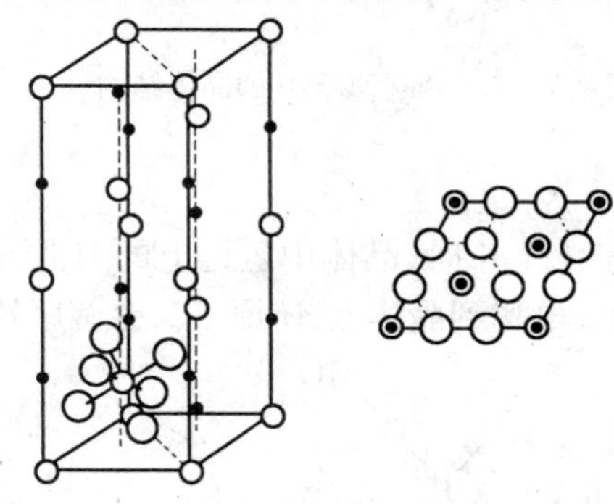

图4.6 $LiNbO_3$的晶体结构

由图4.6可见[NbO_6]或[TaO_6]八面体的C_3轴和晶胞c轴平行，低温铁电体的结构是正离子沿C_3轴偏心位移，使晶体出现极性。$LiNbO_3$和$LiTaO_3$是以高居里温度和高自发极化著称的铁电体，它们的居里温度分别为1 210 ℃和620 ℃，具有良好的压电、电光和声光特性。

表4.2 铁电晶体的结构和性质

铁电晶体	化学式	T_C/℃	结构型
钛酸钡(BT)	$BaTiO_3$	120	钙钛矿型
铌酸钾(KN)	$KNbO_3$	435	钙钛矿型
铌酸锂(LN)	$LiNbO_3$	1210	铌酸锂型
钽酸锂(LT)	$LiTaO_3$	620	铌酸锂型
铌酸锶钡(SBN)	$Sr_{1-x}Ba_x(NbO_3)_2$	75	钨青铜型
铌酸钡钠(BNN)	$Ba_{1-x}Na_{2x}(NbO_3)_2$	560	钨青铜型
磷酸二氢钾(KDP)	KH_2PO_4		四方晶系 氢键中质子有序化

钨青铜型结构的铁电体仅次于钙钛矿型，是第二大类铁电体。其结构和钙钛矿型相似，以 $Sr_{1-x}Ba_x(NbO_3)_2$ 为例，当 $x=0.25$ 时，四方晶胞 $a=125$ pm，$c=40$ pm。结构中 $[NbO_3]$ 八面体共顶点连接成图 4.7 所示的结构，沿 c 轴再共顶点连接而成。由图可见，晶胞中三元环太小，不能容纳 Sr 和 Ba，每个晶胞有 2 个四元环，4 个五元环，均可容纳 Sr 和 Ba，而 Sr 和 Ba 只有 5 个，所以结构是未填满的。

磷酸二氢钾（KDP）是氢键型铁电体。在 KH_2PO_4 晶体中，每个 $[(HO)_2PO_2]^-$ 周围都被 4 个 $[(HO)_2PO_2]^-$ 基团按四面体方式以氢键相连，如图 4.8 所示。

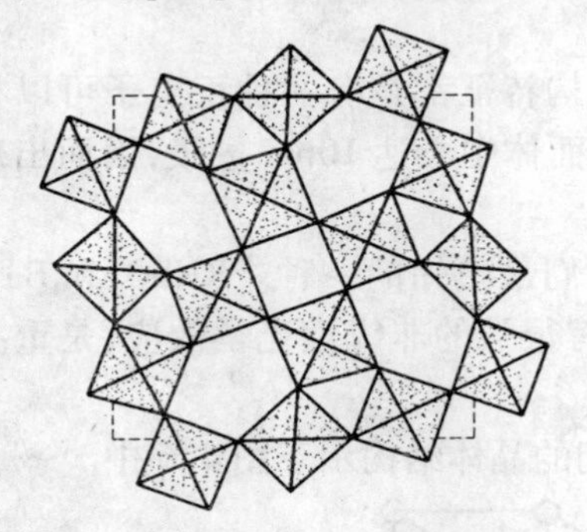

图 4.7　$Sr_{1-x}Ba_x(NbO_3)_2$ 的晶体结构

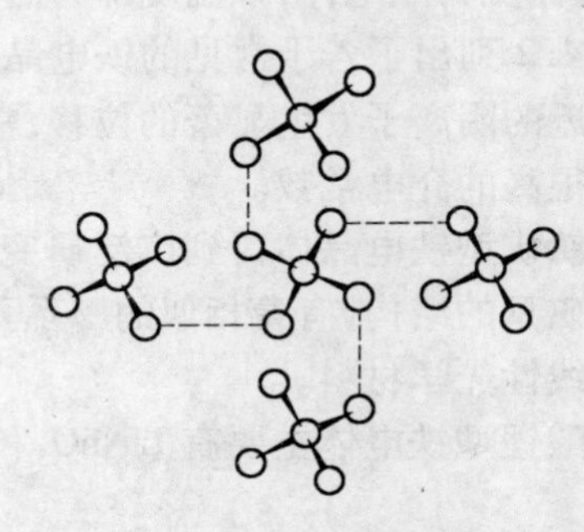

图 4.8　KH_2PO_4 晶体中，$[(HO)_2PO_2]^-$ 和周围 4 个相同离子以 O–H…O 氢键相连

低于 121 K 时，晶体中氢键上的 H 原子会有序地同时在 PO_4 一侧排列，出现自发极化，当加一电场到晶体上，H 原子又会有序地排列在另一侧，如图 4.9 所示。

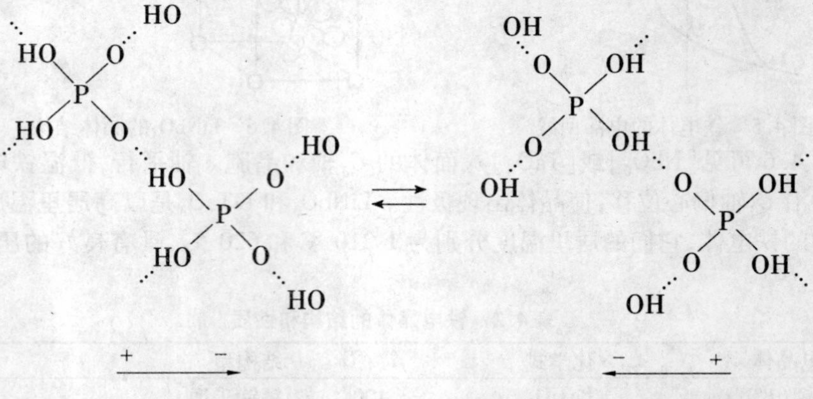

图 4.9　在电场中，KH_2PO_4 晶体中 H 原子的有序排列会随电场而改变

KDP 类晶体最受人们注意的是其优良的电光性能，适合于制作激光器的 Q 开关，以及用作电光调制等。

铁电材料对电信号表现出高的介电常数，对温度改变表现出大的热释电响应，在应力或声波作用下具有强的压电效应和声光效应。在强电场作用下，具有显著的电光效应。另外铁电材料在强光辐照下，电子被激发引起自发极化的变化，从而出现许多新的现象，如光折变效应等。铁电材料具有的这些性质，为其应用开辟了广阔的前景。

4.3 热性能

材料的热学性能包括热容、热膨胀、热传导、热稳定性、熔化和升华等。本节将就这些热性能和材料的宏观、微观本质关系进行讨论。

4.3.1 材料的热容

1. 热容的概念

热容是分子热运动的能量随温度而变化的一个物理量。

材料在温度上升或下降时要吸热或放热。在没有相变或化学反应的条件下，材料温度升高1 K时所吸收的热量(Q)称为该材料的热容，单位为J/K。不同温度下，物体的热容不相同，所以在温度T时材料的热容可表达为

$$C_t=\left(\frac{\partial Q}{\partial T}\right)_T \tag{4.1}$$

物体的质量不同，热容不同。一克物质的热容称为“比热容(比热)”，单位是J/(K·g)，用小写的c表示；一摩尔物质的热容称为“摩尔热容”，单位是J/(K·mol)；某一温度下的热容称为真热容，因为热容是随温度而变化的。

工程上常使用平均热容，平均热容是指物质从温度T_1到T_2所吸收热量的平均值

$$c_{均}=\frac{Q}{T_2-T_1} \tag{4.2}$$

平均热容是比较粗略的，$T_1\sim T_2$的范围愈大，精度愈差，应用时要特别注意适用的温度范围。

2. 材料的热容

(1)德拜温度θ_D

根据德拜热容理论，在高于德拜温度θ_D时，热容趋于常数(25J/(K·mol)，低于θ_D时与T^3成正比。这个温度取决于材料的结合强度、弹性常数和熔点。

因此，不同材料的θ_D是不同的，例如石墨为1 973K，BeO为1173K，Al_2O_3为923 K等。

(2)热容与材料结构的关系

①与微观结构的关系。无机材料的热容与材料结构的关系是不大的，如图4..13所示。CaO和SiO_2摩尔比为1∶1的混合物与$CaSiO_3$的热容-温度曲线基本重合。

②与相变的关系。相变(包括其他所有晶体在多晶转化、铁电转变、有序-无序转变等相变)时，由于热量的不连续变化，所以热容也出现了突变。如α型石英转化为β型石英时会出现明显的变化。

③与材料气孔率的关系。虽然固体材料的摩尔热容不是结构敏感的，但是单位体积的热容却与气孔率有关。多孔材料因为质量轻，所以热容小，因此提高轻质隔热砖的温度所需要的热量远低于致密的耐火砖。

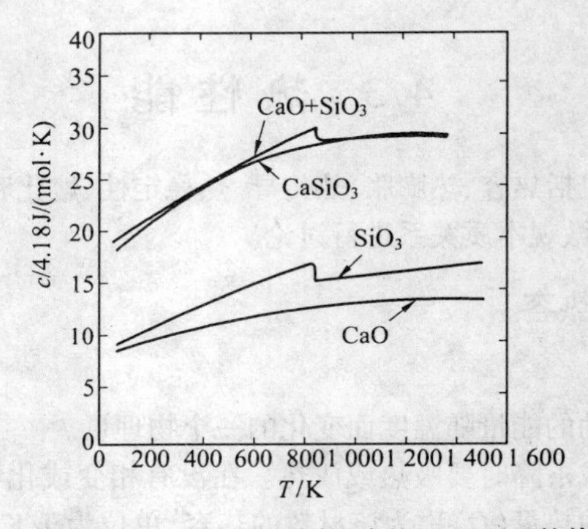

图 4.10 摩尔比为 1∶1 的不同形式的 $CaO+SiO_2$ 的热容

(3)热容与温度的关系

①不同材料的热容-温度曲线。图 4.11 是几种材料的热容-温度曲线，这些材料的 θ_D 约为熔点(热力学温度)的 0.2～0.5 倍。对于绝大多数氧化物、碳化物，热容都是从低温时的一个低的数值增加到 1 273 K 左右的近似于 25 J/K·mol 的数值。温度进一步增加，热容基本上没有什么变化。图中几条曲线不仅形状相似，而且数值也很接近。

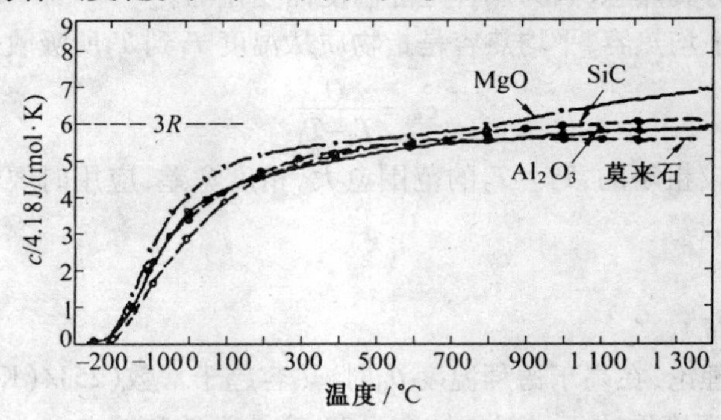

图 4.11 某些陶瓷材料的热容-温度曲线

②热容-温度关系式。材料热容与温度的关系应由实验精确地测定。下面是根据某些实验结果加以整理后，得出的经验公式

$$c_P = a + bT = cT^{-2} + \cdots \tag{4.3}$$

式中，c_P 为 4.18 J/(mol·K)。

(4)材料热容的计算

①化合物热容。在较高温度下，固体摩尔热容大约等于构成该化合物各元素原子热容的总和

$$c = \sum n_i c_i \tag{4.4}$$

式中，n_i 为化合物中元素 i 的原子数；c_i 为化合物中元素 i 的摩尔热容。

这一公式对于计算大多数氧化物和硅酸盐化合物在 573 K 以上的热容有较好的结果。

②多相复合材料。对于多相复合材料有如下的计算公式

$$c = \sum g_i c_i \tag{4.5}$$

式中，g_i为材料中第 i 种组成的量百分数；c_i为材料中第 i 种组成的比热容。

(5)热容理论在应用中的指导作用

周期加热的窑炉，用多孔的硅藻土砖、泡沫刚玉等，因为重量轻可减少热量损耗，加快升降温速度。实验室炉用隔热材料，如用质量小的钼片、碳毡等，可使质量降低，吸热少，便于炉体迅速升降温，同时降低热量损耗。

4.3.2 材料的热膨胀

物体的体积或长度随温度的升高而增大的现象称为热膨胀，热膨胀通常用线膨胀系数和体膨胀系数来表征。

1. 线膨胀系数

温度升高 1 K 时，物体长度的相对伸长。

假设物体原来的长度为 l_0，温度升高 Δt 后物体长度的增加量为 Δl，实验得出

$$\frac{\Delta l}{l_0} = \alpha_1 \Delta t \tag{4.6}$$

式中，α_l称为线膨胀系数。因此物体在温度 t 时的长度 l_t为

$$l_t = l_0 + \Delta l = l_0 + (1 + \alpha_l \Delta t) \tag{4.7}$$

实际上固体材料的 α_l值并不是一个常数，而是随温度稍有变化，通常随温度升高而加大。无机材料的线膨胀系数一般都不大，数量级约为 $10^{-5} \sim 10^{-6}$/K。

2. 体膨胀系数

温度升高 1 K 时，物体体积的相对增长值。物体体积随温度的增长可表示为

$$V_t = V_0(1 + \alpha_V \Delta t) \tag{4.8}$$

式中，α_V称为体膨胀系数。

膨胀系数不是一个恒定的值，而是随着温度变化的，如图 4.12 所示。所以上述的 α 值，都是指定温度范围内的平均值，因此与平均热容一样，应用时要注意适用的温度范围。一般隔热用耐火材料的线膨胀系数，常指 20～1 000 ℃范围 α_1 的平均数。

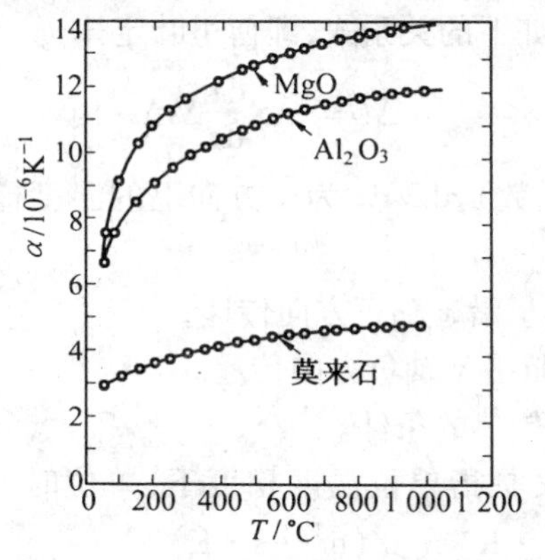

图 4.12 某些无机材料的热膨胀系数与温度的关系

热膨胀系数在无机材料中是重要的性能参数。在多晶、多相无机材料以及复合材料

中,由于各相及各方向的 α_1 不同所引起的热应力问题已成为选材、用材的突出矛盾。例如,石墨垂直于 c 轴方向的 $\alpha_1=1.0\times10^{-6}/\mathrm{K}$,平行于 c 轴方向的 $\alpha_1=27\times10^{-6}/\mathrm{K}$,所以石墨在常温下极易因热应力较大而强度不高,但在高温时内应力消除,强度反而升高。

在陶瓷材料与其他材料复合使用时,如与金属材料相封接,为了封接的严密,除了必须考虑陶瓷材料与焊料的结合性能外,还应该使陶瓷与金属的膨胀系数尽可能接近。但对一般陶瓷制品,考虑表面釉层的膨胀系数并不一定按照上述原则,而是一般要求釉的膨胀系数适当地小于坯体的膨胀系数,使制品的力学强度得以提高。这是因为釉的强度比坯小,烧成后的制品在冷却过程中表面釉层的收缩比坯体小,使釉层中存在压应力。均匀分布的预压应力能明显地提高脆性材料的力学强度。同时,这一压应力也能抑制釉层微裂纹的产生和阻碍其发展,因而使强度提高。

反之,当釉层的膨胀系数比坯体大,则在釉层中形成张应力,对强度不利,而且过大的张应力还会使釉层龟裂。同样,釉层的膨胀系数也不能比坯小得太多,否则会使釉层剥落,造成缺陷。

陶瓷制品的坯体吸湿会导致体积膨胀而降低釉层中的压应力。某些不够致密的制品,时间长了还会使釉层的压应力转化为张应力,甚至造成釉层龟裂,这在某些精陶产品中最易见到。

4.3.4 材料的热传导

1. 热传导及导热系数

当固体材料一端的温度比另一端高时,热量会从热端自动地传向冷端,这个现象就称为热传导。

不同的材料在导热性能上可以有很大的差别,因此有些陶瓷材料是极为优良的绝热材料,有些又是热的良导体。因此绝热或导热又是无机材料的主要性能之一。

设固体材料垂直于 x 轴方向的截面积为 Δs,材料沿 x 轴方向的温度变化率为 $\mathrm{d}T/\mathrm{d}x$,在 Δt 时间内沿 x 轴正方向传过 Δs 截面上的热量为 ΔQ,则实验表明,对于各向同性的物质,在稳定传热状态下具有如下的关系式,即傅里叶定律

$$\Delta Q=-\lambda\times\frac{\mathrm{d}T}{\mathrm{d}x}\Delta s\Delta t \tag{4.9}$$

式中,λ 为导热率(或导热系数);$\mathrm{d}T/\mathrm{d}x$ 为 x 方向上的温度梯度;负号表示热流是沿温度梯度向下的方向流动。即:

$\mathrm{d}T/\mathrm{d}x<0$ 时,$\Delta Q>0$,热量沿 x 轴正方向传递;

$\mathrm{d}T/\mathrm{d}x>0$ 时,$\Delta Q<0$,热量沿 x 轴负方向传递。

式(4.9)只适用于稳定传热的条件。

导热系数 λ 的物理意义是指单位温度梯度下,单位时间内通过单位垂直面积的热量,所以它的单位为 $\mathrm{W/(m^2\cdot K)}$ 或 $\mathrm{J/(m^2\cdot s\cdot K)}$。

如果传热过程中物体内各处的温度随时间而变化,则为不稳定传热。那么,该物体内单位面积上温度随时间的变化率为

$$\frac{\partial T}{\partial t}=\frac{\lambda}{\rho c_p}\times\frac{\partial^2 T}{\partial x^2} \tag{4.10}$$

式中，ρ 为密度；c_p 为恒压热容。

2. 导热系数的影响因素

这里主要以无机材料为例，讨论导热系数的影响因素。由于在无机材料中热传导机构和过程是很复杂的，因而对于热导率的定量分析十分困难，影响热导率的一些因素主要有温度、物质种类及显微结构等。

对于金属材料，热导率随温度的上升而缓慢下降（在温度超过一定程度以后）。对于耐火氧化物多晶材料来说，随温度的上升，热导率下降（在实用的温度范围内）。对于不密实的耐火材料（如粘土砖、硅藻土砖、红砖等），由于气孔导热占一定份量，随着温度的上升，热导率略有增大。显微结构的影响主要包括以下方面。

（1）结晶构造的影响

声子传导与晶格振动的非谐性有关。晶体结构愈复杂，晶格振动的非谐性程度愈大。格波受到的散射愈大，因此，声子平均自由程较小，热导率较低。

例如，镁铝尖晶石的热导率比 Al_2O_3 和 MgO 的热导率都低。莫来石的结构更复杂，所以热导率比尖晶石还低得多。

（2）各向异性晶体的热导率

非等轴晶系的晶体热导率呈各向异性。例如，膨胀系数低的方向热导率最大，像石英、金红石、石墨等。温度升高时，不同方向的热导率差异减小，这是因为温度升高，晶体的结构总是趋于更好的对称。

（3）多晶体与单晶体的热导率

对于同一种物质，多晶体的热导率小于单晶体的热导率。

从图 4.12 可见：

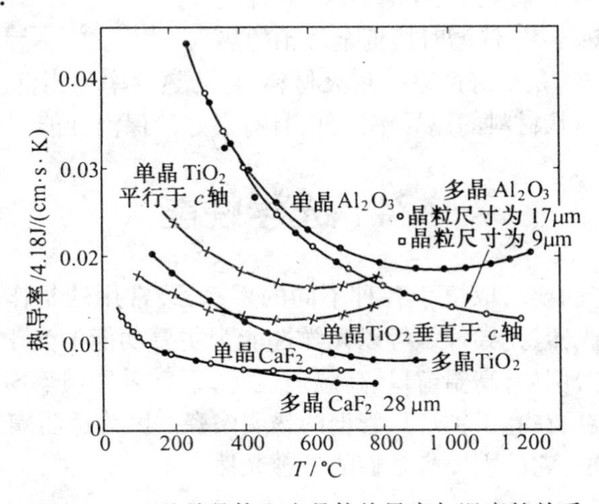

图 4.12 几种单晶体和多晶体热导率与温度的关系

①由于多晶体中晶粒尺寸小，晶界多，缺陷多，晶界处杂质也多，声子更易受到散射，它的平均自由程小得多，所以热导率小。

②低温时多晶体的热导率与单晶体的平均热导率一致，但随着温度升高，差异迅速变大。这也说明了晶界、缺陷、杂质等在较高温度下对声子传导有更大的阻碍作用。

③单晶体在温度升高后比多晶体在光子传导方面有更明显的效应。

(4)化学组成的影响

不同组成的晶体，热导率往往有很大差异。这是因为构成晶体的质点的大小、性质不同，它们的晶格振动状态不同，传导热量的能力也就不同。

①原子量与热导率的关系。一般说来，质点的原子量愈小，密度愈小，杨氏模愈大，德拜温度愈高，则热导率愈大。这样，轻元素的固体和结合能大的固体热导率较大，如金刚石的热导率为 1.7×10^{-2} W/(m·K)，较轻的硅、锗的热导率分别为 1.0×10^{-2} 和 0.5×10^{-2} W/(m·K)。

②晶体中的缺陷及杂质的影响。晶体中存在的各种缺陷和杂质会导致声子的散射，降低声子的平均自由程，使热导率变小。

固溶体的形成同样也降低热导率，而且取代元素的质量和大小与基质元素相差愈大，取代后结合力改变愈大，则对热导率的影响愈大。

3. 某些材料的热导率

根据以上的讨论可以看到，影响无机材料热导率的因素还是比较复杂的。因此，实际材料的热导率主要依靠实验测定。

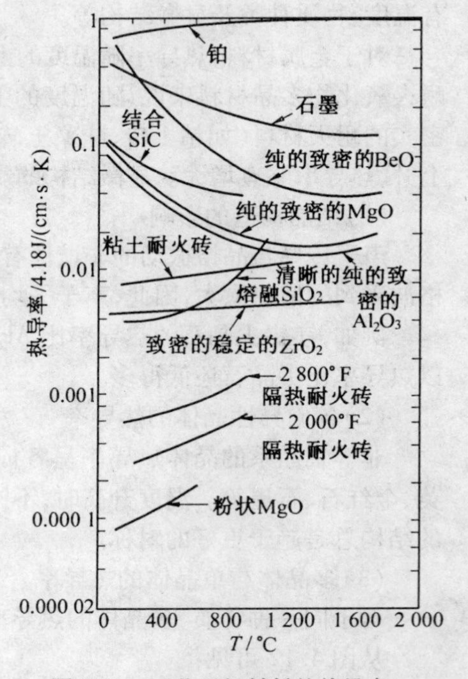

图 4.13　一些无机材料的热导率

图 4.13 所示为某些材料的热导率，其中石墨和 BeO 具有最高的热导率，低温时接近金属铂的热导率。致密稳定的 ZrO_2 是良好的高温耐火材料，它的热导率相当低。气孔率大的保温砖具有更低的热导率，粉状材料的热导率极低，具有最好的保温性能。

4.4　光学性能

对材料光学性能的要求取决于各种不同的用途，最常用的是作仪器的窗口玻璃、透镜、棱镜、滤光镜、激光器、光导纤维等以光学性能为主要功能的光学玻璃、晶体等。有些特殊用途的光学零件，例如，高温窗口、高温透镜等，不宜采用玻璃材料，需采用透明陶瓷材料。例如成功地应用在高压钠灯灯管上的透明陶瓷。因为透明陶瓷能承受上千度的高温，以及钠蒸气的腐蚀，它的主要光学性能是透光性。

4.4.1　材料对光的折射和反射

1. 折射

光是具有一定波长的电磁波，光的折射可理解为光在介质中传播速度的降低而产生的(以真空中的光速为基础)。当光从真空进入较致密的材料时,其速度是降低的。

定义光在真空和材料中的速度之比即为材料的折射率

$$n = v_{真空}/v_{材料} = c/v_{材料} \tag{4.11}$$

一般分为绝对折射率与相对折射率。

(1)绝对折射率

材料相对于真空中的折射率称为绝对折射率,即式(4.11),一般将真空中的折射率定为1。

(2)相对折射率

由于实际工作不可能在真空中进行,所以使用绝对折射率很不方便,便产生了相对折射率的概念。相对于空气的折射率称为相对折射率

$$n' = v_a/v_{材料}$$

(3)绝对折射率与相对折射率的关系

由 $n = c/v_{材料}$,则 $v_{材料} = c/n$

又因为空气的绝对折射率 $n_a = c/v_a$,则 $v_a = c/n_a$,故有

$$n' = \frac{v_a}{v_{材料}} = \frac{c/n_a}{c/n} = \frac{n}{n_a}$$

因此,$n = n_a \cdot n' = 1.00023\ n'$

由此可知,通常情况下,采用相对折射率来代替绝对折射率是可行的。

2. 反射

当光投射到材料表面时一般会产生反射,反射也与折射率有关。表4.3列出了一些玻璃和晶体的折射率。

当光线由介质1入射到介质2时,光在界面上分成了反射光和折射光,如图4.14所示。这种反射和折射是连续发生的。例如,当光线从空气进入介质时,一部分反射回来,另一部分折射进入介质。当遇到另一界面时,又有一部分发生反射,另一部分折射进入空气。

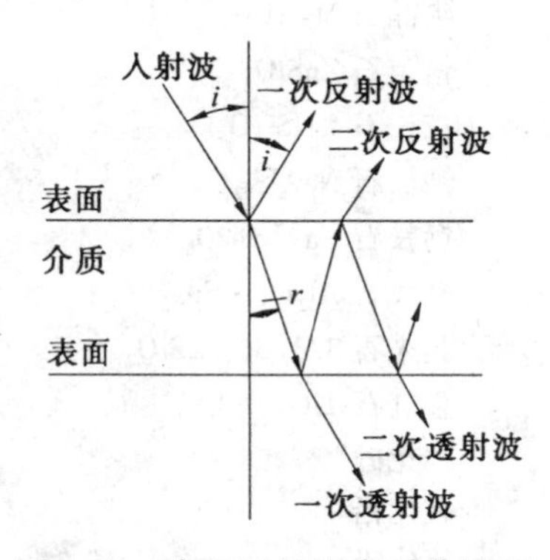

图4.14 光通过透明介质分界面时的反射、折射与透射

由于反射,使得透过部分的强度减弱。因此对于透明材料,希望光能够尽可能多地透过。需要了解介质对光强度的反射损失,使光尽可能多地透过。

材料的折射率受其结构影响。单位体积中原子的数目越多,或结构越紧密,则光波传播受到的影响越大,从而折射率越大;原子半径越大(极化率大),折射率就越大。对具体材料来说,金属材料一般具有强反射(金属光泽),电子吸收光能后激发到较高能态,随即又以光波的形式释放出能量回到低能态。无机非金属材料主要受介质的折射率影响。当光线从一种介质入射另一种介质时,介质的折射率差别越大,反射就越强。

表 4.3　各种玻璃和晶体的折射率

材　料	平均折射率	双折射
玻璃		
由正长石($KAlSi_3O_8$)组成的	1.51	
由钠长石($NaAlSiO_8$)组成的	1.49	
由霞石正长岩组成的	1.50	
氧化硅玻璃	1.458	
高硼硅酸玻璃(90% SiO_2)	1.458	
钠钙硅玻璃	1.51~1.52	
硼硅酸玻璃	1.47	
重燧石光学玻璃	1.6~1.7	
硫化钾玻璃	2.66	
晶体		
四氯化硅	1.412	
氟化锂	1.392	
氟化钠	1.326	
氟化钙	1.434	
刚玉(Al_2O_3)	1.76	
方镁石 MgO	1.74	
石英	1.55	
尖晶石 $MgAl_2O_4$	1.72	
锆英石 $ZnSiO_4$	1.95	0.008
正长石 $KalSi_2O_8$	1.525	
钠长石 $NaAlSi_2O_8$	1.529	0.009
钙长石 $CaAl_2Si2O_8$	1.585	
硅线石 $Al_2O_3 \cdot SiO_2$	1.65	0.055
莫来石 $3Al_2O_3 \cdot 2SiO_2$	1.64	0.007
金红石 TiO_2	2.71	0.008
碳化硅	2.68	0.008
氧化铅	2.61	0.021
硫化铅	3.912	0.010
方解石 $CaCO_3$	1.65	0.287
硅	3.49	0.043
碲化镉	2.74	
硫化镉	2.50	
钛酸锶	2.49	0.17
铌酸锂	2.31	
氧化钇	1.92	
硒化锌	2.62	
钛酸钡	2.40	

例如陶瓷、玻璃等材料的折射率较空气的大,所以反射损失严重。如果透镜系统由许多块玻璃组成,则反射损失更可观。为了减小这种界面损失,常常采用折射率和玻璃相近的胶将它们粘起来,这样,除了最外和最内的表面是玻璃和空气的相对折射率外,内部各界面都是玻璃和胶的较小的相对折射率,从而大大减小了界面的反射损失。

为了调节玻璃的折射率,常在玻璃表面涂以一定厚度的和玻璃折射率不同的透明薄膜,如在玻璃表面涂以对红外线反射率高的金属膜(An、Cu、Ag、Cr、Ni 等)。用在建筑物上的反射太阳能的隔热玻璃,既可以调节室内温度,又增加了建筑物外表的美观,这就是普遍采用的热反射玻璃。

4.4.2 材料的透光性

1. 光的吸收和透过

一束平行单色光照射均匀材料时,一部分被材料表面反射,剩余部分进入材料内部;进入材料内部的一部分光被材料吸收,另一部分光透过材料,透过的程度即材料的透光性。

光作为一种能量流,在穿过介质时,如果使介质的价电子受到光能而激发,在电子壳能态间跃迁,或使电子振动能转变为分子运动的能量,即材料将吸收光能或转变为热能放出;如果介质中的价电子吸收光子能量而激发,当尚未退激而发出光子时,在运动中与其他分子碰撞,使电子的能量转变成分子的动能亦即热能,从而构成了光能的衰减。这就是光的吸收。

如图 4.15 所示,设有一块厚度为 x 的平板材料,入射光的强度为 I_0,通过此材料后光强度为 I'。选取其中一薄层,并认为光通过此薄层的吸收损失为 $-\mathrm{d}I$,它正比于在此处的光强度和薄层的厚度 $\mathrm{d}x$,即

$$-\mathrm{d}I = \alpha I \mathrm{d}x$$

$$\int_0^I \frac{\mathrm{d}I}{I} = -\alpha \int_0^x \mathrm{d}x$$

$$\ln \frac{I}{I_0} = -\alpha x$$

$$I = I_0 \mathrm{e}^{-\alpha x} \tag{4.12}$$

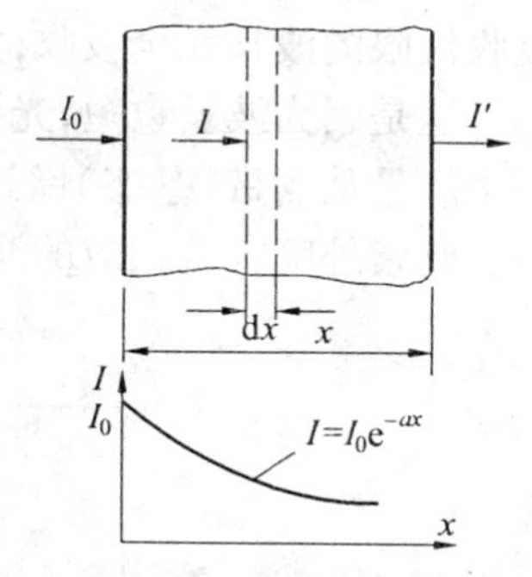

图 4.15 光通过材料时的衰减规律

式中,α 为物质对光的吸收系数,cm^{-1}。α 取决于材料的性质和光的波长。α 越大材料越厚,光被吸收得越多,因而透过后的光强度就越小。

式(4.12)表明,光强度随厚度的变化符合指数衰减规律。此式称为朗伯特定律。

不同的材料 α 差别很大,空气的 $\alpha \approx 10^{-5}\,\mathrm{cm}^{-1}$,玻璃的 $\alpha = 10^{-2}\,\mathrm{cm}^{-1}$,金属的 α 则达几万到几十万,所以金属实际上是不透明的。半导体和其他非金属材料则取决于能隙。高分子材料为无定形透明,结晶影响透明性(晶粒对光的散射)。

2. 光吸收与光波长的关系

材料吸收光的能量大小一般要看通过材料的光的波长而定。

根据光的波长，可将光进行如下划分：

γ射线—X射线—紫外光（10～400 nm）；可见光（400～760 nm）；红外光（760～10^6 nm）；无线电波（0.1 mm～10^3 m）。

①可见光区（400～760 nm）。若材料对可见光各波长的吸收是相等的，光线通过玻璃后，光谱组成无变化，白光仍是白光，只是减弱了它的强度而已。

如果材料对光谱内各波长的光吸收不等，有选择性，则由玻璃出来的光线必定改变了原来的光谱组成，就获得了有颜色的光。

材料对光的吸收是基于原子中电子（主要是价电子）接受光能后，由代能级（E_1）向高能级（E_2）跃迁（即从基态向激发态）。当两个能级的能量差（$E_2-E_1=h\nu=E_g$，h为普照朗克常数，ν为频率）等于可见光的能量时，相应的波长的光就被吸收，从而呈现颜色。E_g越小，吸收的光的波长愈长，呈现的颜色愈深（显示的颜色为低波长段的颜色）；反之，能级差E_g越大，吸收光的波长越短，则呈现的颜色越浅。

例如，玻璃有良好的透光性，吸收系数很小（E_g大），这是由于共价电子所处的能带是填满了的，它不能吸收光子而自由运动，而光子的能量又不足以使价电子跃迁到导带（激发态），所以在一定范围内，吸收系数很小（所以一般无色玻璃在可见光区，几乎没有吸收，近红外也是透明的）。

从图4.16中可见，在电磁波谱的可见光区，金属和半导体的吸收系数都是很大的。但是电介质材料，包括玻璃、陶瓷等无机材料的大部分在这个波谱区内都有良好的透过性，也就是说吸收系数很小。

②紫外区（10～400 nm）。对于一般无色透明的材料（如玻璃）的紫外吸收现象比较特殊，不同于离子着色，并不出现吸收峰，而是一个连续的吸收区。透光区与吸收区之间有一条坡度很陡的分界线，通常称为吸收极限（也称紫外吸收极限或紫外吸收端），小于吸收极限的波长完全吸收，大于吸收极限的波长则全部透过。

这是因为波长愈短，光子能量越来越大。当光子能量达到禁带宽度时，电子就会吸收光子能量从满带（基态）跃迁到导带（激发态），此时吸收系数将骤然增大。

此紫外吸收端相应的波长可根据材料的禁带宽度E_g求得

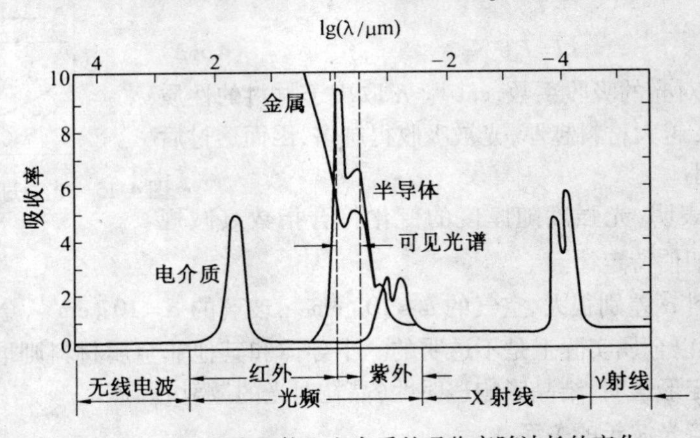

图4.16 金属、半导体和电介质的吸收率随波长的变化

$$E_g = h\nu = h\times\frac{c}{\lambda} \tag{4.13}$$

$$\lambda = \frac{hc}{E_g} \tag{4.14}$$

式中,h 为普朗克常数,$h=6.63\times10^{-34}$ J·s; c 为光速。从式中可见,禁带宽度(E_g)大的材料,紫外吸收端的波长比较小。

若希望材料在电磁波谱的可见光区的透过范围大,就要使紫外吸收端的波长趋小,因此要求 E_g大。如果 E_g小,甚至可能在可见区也会被吸收而不透明。

常见材料的禁带宽度变化较大,如硅的 $E_g=1.2$ eV,锗的 $E_g=0.75$ eV,其他半导体材料的 E_g约为 1.0 eV。电介质材料的 E_g一般在 10 eV 左右。

例如,NaCl 的 $E_g=9.6$ eV,因此发生吸收峰的波长为

$$\lambda = \frac{6.624\times10^{-27}\times3\times10^{8}}{9.6\times1.602\times10^{-12}} = 0.129\ \mu\text{m}$$

此波长位于极远紫外区。

③红外区(760 ~ 10^6 nm)。一般认为在红外区的吸收是属于分子光谱。吸收主要是由于红外光(电磁波)的频率与材料中分子振子(或相当于分子大小的原子团)的本征频率相近或相同引起共振消耗能量所致。即书上所说的:在红外区的吸收峰是因为离子的弹性振动与光子辐射发生谐振消耗能量所致。

要使谐振点的波长尽可能远离可见光区,即吸收峰处的频率尽可能小(波长尽可能长),则需选择较小的材料热振频率 γ。此频率 γ 与材料其他常数呈下列关系

$$\gamma^2 = 2\beta\left(\frac{1}{M_c}+\frac{1}{M_a}\right) \tag{4.16}$$

式中,β 是与力有关的常数,由离子间结合力决定;M_c和 M_a分别为阳离子和阴离子质量。

所以,为了有较宽的透明频率范围,最好有高的电子能隙值和弱的原子间结合力以及大的离子质量。对于高原子量的一价碱金属卤化物,这些条件都是最优的。对于玻璃形成氧化物,如 SiO_2,B_2O_3,P_2O_5等原子量均较小,力常数 β 较大,故 γ(本征频率)大,所以只能透近红外,而不能透中、远红外。

表 4.4 列出一些厚度为 2 mm 的材料的透光率超过 10% 波长范围。

(3)选择性吸收与均匀吸收

吸收还可分为选择吸收和均匀吸收。

前面已介绍选择性吸收,即同一物质对某一种波长的吸收系数可以非常大,而对另一种波长的吸收系数可以非常小。这种现象称为选择吸收。透明材料的选择吸收使其呈不同的颜色。

如果介质在可见光范围对各种波长的光吸收程度相同,则称为均匀吸收。在此情况下,随着吸收程度的增加,颜色从灰变到黑。

表 4.4 各种材料透光波长范围

材 料	能透过的波长范围 A/μm
熔融二氧化硅	0.16~4
熔融石英	0.18~4.2
铝酸钙玻璃	0.4~5.5
偏铌酸锂	0.35~5.5
方解石	0.2~5.5
二氧化钛	0.43~6.2
钛酸锶	0.39~6.8
三氧化二铝	0.2~7
蓝宝石	0.15~7.5
氟化锂	0.12~8.5
多晶氟化镁	0.45~9
氧化钇	0.26~9.2
单晶氧化镁	0.25~9.5
多晶氧化镁	0.3~9.5
单晶氟化镁	0.15~9,6
多晶氟化钙	0.13~11.8
单晶氟化钙	0.13~12
氟化钡—氟化钙	0.75~12
三硫化砷玻璃	0.6~13
硫化锌	0.6~14.5
氟化钠	0.14~15
氟化钡	0.13~15
硅	1.2~15
氟化铅	0.29~15
硫化镉	0.55~16
硒化锌	0.48~22
锗	1.8~23
碘化钠	0.25~25
氯化钠	0.2~25
氯化钾	0.21~25
氯化银	0.4~30
氯化铊	0.42~30
碲化镉	0.9~31
氯溴化铊	0.4~35
溴化钾	0.2~38
碘化钾	0.25~47
溴碘化铊	0.55~50
溴化铯	0.2~55
碘化铯	0.25~70

3. 提高材料透光性的措施

(1)提高原材料纯度

在材料中杂质形成的异相,其折射率与基体不同,等于在基体中形成分散的散射中心,使散射系数提高。杂质的颗粒大小影响到散射系数的数值,尤其当其尺度与光的波长相近时,散射系数达到峰值。所以杂质浓度以及与基体之间的相对折射率都会影响到散射系数的大小。

从材料的吸收损失角度,不但对基体材料,而且对杂质的成分也要求在使用光的波段范围内吸收系数 α 不得出现峰值。这是因为不同波长的光,对材料及杂质的 α 值均有显著影响。特别是在紫外波段,吸收率 k 有一峰值,正像前面所述,要求材料及杂质具有尽可能大的禁带宽度 E_g,这样可使吸收峰处的光的波长尽可能短一些,因而不受吸收影响的光的频带宽度可放宽。

(2)掺入外加剂

掺外加剂的目的是降低材料的气孔率,特别是降低材料烧成时的闭孔。表面看起来,掺加主成分以外的其他成分,虽然掺量很少,也会显著地影响材料的透光率,因为这些杂质质点,会大辐度地提高散射损失。但是,正如前面分析的那样,影响材料透光性的主要因素是材料中所含的气孔。气孔由于相对折射率的关系,其影响程度远大于杂质等其他结构因素。此处所说的掺加外加剂,目的是降低材料的气孔率,特别是降低材料烧成时的闭孔(大尺寸的闭孔称为孔洞)这是提高透光率的有力措施。

闭孔的生成是在烧结阶段。成瓷或烧结后晶粒长大,把坯体中的气孔赶至晶界,成为存在于晶界玻璃相中的气孔和相界面上的孔洞。这些气孔很难逸出。另外,在晶粒内部还有一个一个的圆形闭孔,与外界隔绝得很好。这些小气孔虽然对材料强度无多大影响,但对其光学性能特别是透光率影响颇大。

需要注意的是,外加剂本身也是杂质,掺多了也会影响透光性。

(3)工艺措施

①排除气孔。如采取热压法要比普通烧结法更便于排除气孔,因而是获得透明陶瓷较为有效的工艺,而热等静压法效果更好。

②使晶粒定向排列。几年前,有人采用热锻法使陶瓷织构化,从而改善其性能。这种方法就是在热压时采用较高的温度和较大的压力,使坯体产生较大的塑性变形。由于大压力下的流动变形,使得晶粒定向排列,结果大多数晶粒的光轴趋于平行。这样在同一个方向上,晶粒之间的折射率就变得一致了,从而减少了界面反射。用热锻法制得的 Al_2O_3 陶瓷是相当透明的。

4.4.3 材料的颜色

1. 材料着色的原因

金属材料的颜色取决于其反射光的波长;无机非金属材料的颜色通常与光吸收特性有关。

硅酸盐工业中,陶瓷、玻璃、搪瓷、水泥的使用中都离不开颜料,如玻璃工业中的彩色玻璃和物理脱色剂,搪瓷上用的彩色平均珐琅罩粉和水泥生产中的彩色水泥。陶瓷使用颜料的范围最广，色釉、色料和色坯中都要使用颜料。

低温颜料色彩丰富，而高温颜料受到温度的限制，因为高温下稳定的着色化合物不太多，故色彩比较单调。在陶瓷坯釉中起着色作用的有着色化合物（简单离子着色或复合离子着色）、胶体粒子。形成色心也能着色，色心的出现不是我们所希望的（如粘土中作为杂质的氧化钛）。用作陶瓷颜料的有分子（离子）着色剂与胶态着色剂两大类。其显色的原因和普通的颜料、染料一样，是由于着色剂对光的选择性吸收而引起选择性反射或选择性透射，从而显现颜色。

从本质上说，某种物质对光的选择性吸收，是吸收了连续光谱中特定波长的光量子，以激发吸收物质本身原子的电子跃迁。当然，在固体状态下，由于原子的相互作用、能级分裂，发射光谱谱线变宽。同样道理，吸收光谱的谱线也要加宽，成为吸收带或有较宽的吸收区域。这样剩下的就是较窄的（即色调较纯的）反射或透射光。

2. 着色剂

(1)离子着色

在分子着色剂中，主要起作用的是其中的离子。或是简单离子本身可着色，或是复合离子才可以着色。

根据材料中离子的光吸收、价态等与电子层结构的关系，可把常见离子大致划分为四种类型。

①惰性气体型阳离子。其电子层结构与周期表中邻近的惰性气体相似。

电子层结构	惰性	阳离子
$1s^2$	He（氦）	Li^+，Be^{2+}，B^{3+}，C^{4+}
$1s^22s^22p^6$	Ne（氖）	Na^+，Mg^{2+}，Al^{3+}，Si^{4+}
$1s^22s^22p^63s^23p^6$	Ar（氩）	K^+，Ca^{2+}，Sc^{3+}（钪），Ti^{4+}
$1s^22s^22p^63s^23p^63d^{10}4s^24p^6$	Kr（氪）	Rb^+，Sr^{2+}，Y^{3+}（钇），Zr^{4+}
$1s^22s^22p^63s^23p^63d^{10}4s^24p^64d^{10}5s^25p^6$	Xe（氙）	Cr^+，Ba^{2+}，La^{3+}，

这一类离子中的电子自旋总和等于零。量子力学表明，这类离子中电子状态比较稳定，因此需要较大的能量才能激发电子进上层轨道，可见光的能量不足以使其激发，这就需要吸收波长较短的量子来激发外层电子，因而造成了紫外区的选择性吸收，对可见光则无影响，因此往往是无色的。

②过渡金属离子。过渡元素的次外层有未成对的 d 电子，即具有 $d^xs^0p^0$ 或 $d^{10}s^0p^0$ 结构的离子，外层电子充满，次外层不饱和。其中 $x=1-5$ 或 6-9 时，在 3d 亚层上都有未配对的电子，所以不稳定。电子跃迁所需要的能量 E_g 较小，可见光谱范围内的能量足够，故显色。当 $x=5$ 时，半充满，色弱；$x=0$，10，全空，或全充满时，无色。

离子	Ti^{3+}	Ti^{4+}	V^{3+}	V^{5+}	Cr^{3+}	Mn^{2+}	Mn^{3+}	Fe^{2+}	Fe^{3+}	Co^{2+}	Ni^{2+}	Cu^{2+}	Cu^+
3d 层电子	1	0	2	0	3	5	4	4	5	7	8	9	10
颜色	紫	无	蓝	无	绿	弱	紫	蓝	弱	蓝	紫	蓝	无

③稀土元素(镧系元素)。镧系元素的第三外层含未成对的 f 电子,即具有 $f^xd^0s^0p^0$ 结构,在 4f 层有未充满(即不配对)的电子,所以也是着色离子。它们较不稳定,能量较高,需要较少的能量即可激发,故能选择吸收可见光。

离子	Ce^{3+}, Ce^{4+}, Pr^{3+}, Nd^{4+}, Eu^{3+}, Ga^{3+}
4f层电子	1 0 2 3 7 7
颜色	淡棕, 无, 绿, 紫, 无, 无

④外层具有 18 或 18+2 电子的阳离子。这类离子极化率大,但从电子分布来看,每个轨道上也都有两个电子,所以相对较稳定,但不及惰性气体型离子。它们的特点是极化率大,变价,所以本身不着色。但其化合物在近紫外的光谱上有所吸收。这种离子易被还原,如 Au、Ag、Cu。

常见的例子是过渡元素 Co^{2+},吸收橙、黄和部分绿光,呈带紫的蓝色;Cu^{2+} 吸收红、橙、黄及紫光,让蓝、绿光通过;Cr^{2+} 着黄色;Cr^{3+} 吸收橙、黄,着成鲜艳的紫色。锕系与镧系相同,系放射性元素,如铀 U^{6+},吸收紫、蓝光,着成带绿萤光的黄绿色。复合离子如其中有显色的简单离子则会显色;如全为无色离子,但互作用强烈,产生较大的极化,也会由于轨道变形,而激发吸收可见光。如 V^{5+}、Cr^{6+}、Mn^{7+}、O^{2-} 均无色,但 VO_3^- 显黄色,CrO_4^{2-} 也呈黄色,MnO_4^- 显紫色。

化合物的颜色多取决于离子的颜色,离子有色则化合物必然有色。通常为使高温色料(如釉下彩料等)的颜色稳定,一般都先将显色离子合成到人造矿物中去。最常见的是形成尖晶石形式的 $AO \cdot B_2O_3$,这里 A 是二价离子,B 是三价离子。因此只要离子的尺寸合适,则二价三价离子均可固溶进去。由于堆积紧密,结构稳定,所制成的色料稳定度高。此外,也有以钙钛矿型矿物为载体,把发色离子固溶进去而制成陶瓷高温色料的。

(2)胶体着色

离子着色不能产生红色,但可以通过胶体着色得到。胶体着色分为金属胶体着色和非金属胶体着色。

①金属胶体着色。着色特点:在材料中形成一定大小的胶体粒子,对光产生散射的结果,实际也是选择性吸收。所以与胶体粒子的大小、数量和形状有关。胶体着色的着色剂最常见的有胶体金(红)、银(黄)、铜(红)。

有人以胶态金的水溶液作试验,结果表明:

$d<20$ nm 时,溶液逐渐变成接近金盐溶液的弱黄色;

$d\approx20\sim50$ nm 时,是强烈的红色。这是最好的粒度;

$d\approx50\sim100$ nm 时,则依次从红变到紫红再变到蓝色;

$d\approx100\sim500$ nm 时,透射呈蓝色,反射呈棕色,已接近金的颜色。说明这时已形成晶态金的颗粒。

因此,以金属胶态着色剂着色的玻璃或釉,它的色调决定于胶体粒子的大小,而颜色的深浅则决定于粒子的浓度。

②非金属胶体着色。最著名的是硫硒化镉,这类着色的特点是颜色纯,有特殊的光吸收,无吸收峰,而是连续的吸收区和透过区。

其颜色与 CdS/CdSe 比例有关,即主要决定于它的化学组成,而晶体大小的影响不大。

如果晶粒(d 达到 100 nm 或以上)太大时则开始混浊,但颜色不变,颗粒过大时,则失透。

在玻璃中的情况也完全相同,最好的例子就是以硫硒化镉胶体着色的著名的硒红宝石,总能得到色调相同、颜色鲜艳的大红玻璃。但当颗粒的尺寸增大至 100 nm 或以上时,玻璃开始失去透明。

③胶体着色工艺。熔化,再在较低温度下显色,使胶体粒子形成所需的大小和数量,因此要控制冷却速度。假如冷却太快,则制品将是无色的,必须经过再一次的热处理,方能显现出应有的颜色。

4.4.4 其他光学性能的应用

随着新技术的发展,对某些新材料的光学性能的认识不断深入,也开拓了对无机材料化学和物理本质的深入认识。下面举几种常见的应用。

1. 荧光物质

电子从激发能级向较低能级的衰变可能伴随有热量向周围传递,或者产生辐射,在此过程中,光的发射称为荧光或磷光,取决于激发和发射之间的时间。

荧光物质广泛地用在荧光灯、阴级射线管及电视的荧光屏以及闪烁计数器中。荧光物质的光发射主要受其中的杂质影响,甚至低浓度的杂质即可起到激活剂的作用。

荧光灯的工作是由于在汞蒸气和惰性气体的混合气体中的放电作用,使得大部分电能转变成汞谱线的单色光的辐射(253.7 nm)。这种辐射激发了涂在放电管壁上的荧光剂,造成在可见光范围的宽频带发射。

例如,灯用荧光剂的基质,选用卤代磷酸钙,激活剂采用锑和锰,能提供两条在可见光区重叠发射带的激活带,发射出的荧光颜色从蓝到橙和白。

用于阴极射线管时,荧光剂的激发是由电子束提供的,在彩色电视应用中,对应于每一种原色的频率范围的发射,采用不同的荧光剂。在用于这类电子扫描显示屏幕仪器时,荧光剂的衰减时间是个重要的性能参数,例如,用于雷达扫描显示器的荧光剂是Zn_2SiO_4,激活剂用 Mn,发射波长为 530 nm 的黄绿色光,其衰减至 10% 的时间为 2.45×10^{-2} s。

2. 激光器

许多陶瓷材料已用作固体激光器的基质和气体激光器的窗口材料。固体激光物质是一种发光的固体,在其中,一个激发中心的荧光发射激发其他中心作同位相的发射。

红宝石激光器是由掺少量($<0.05\%$)Cr 的蓝宝石单晶组成,呈棒状,两端面要求平行。靠近两个端面各放置一面镜子,以便使一些自发发射的光通过激光棒来回反射。其中一个镜子起完全反射的作用,另一个镜子只是部分反射。激光棒沿着它的长度方向被闪光灯激发。大部分闪光的能量以热的形式散失,一小部分被激光棒吸收,用来激发 Cr 离子到高能级。在宽的频带内激发的能量被吸收,而在 694.3 nm 处三价 Cr 离子以窄的

谱线进行发射,构成输出的辐射,自激光棒的一端(部分反射端)穿出。

另一个重要的晶体激光物质是掺 Nd 的钇铝石榴石单晶($Y_3Al_5O_{12}$),其辐射波长为 1.06 μm。

某些陶瓷材料,以其在固定的波段(例如红外区)具有高的透射率,因而应用于气体激光器的窗口材料。例如按波长的不同,分别选用 Al_2O_3单晶材料、CaF_2类碱土金属卤化物和各种Ⅰ到Ⅵ族化合物,如 ZnSe 或 CdTe。

4.5 力学性能和磁性

4.5.1 力学性能

材料在使用过程中或多或少地会受到外界各种力的作用,力对材料的作用方式有拉伸、压缩、弯折、剪切等,如图4.17所示。材料受到外力作用时,表现出一定的形变,当受力足够大时,则发生破坏,如断裂。简单地说,材料的力学性能就是材料抵受外力作用的能力,对这些力学性能的表征包括强度、韧性及硬度等。

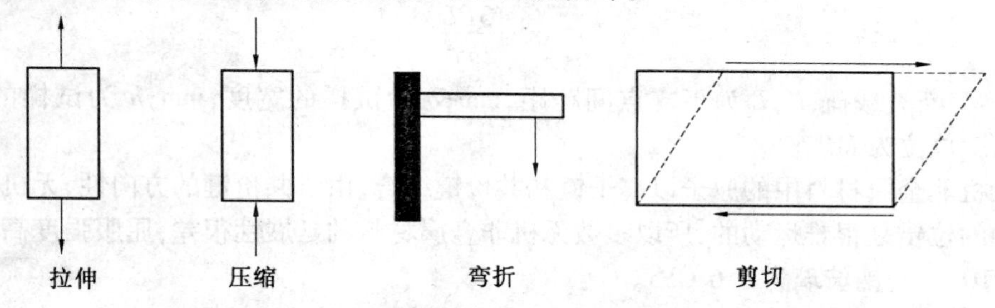

图4.17 材料的受力方式(箭头表示受力方向)

1. 材料的强度

强度是指材料抵抗由外力载荷所引起的应变或断裂的能力,外力载荷方式不同,描述强度的指标也不同。

(1)抗拉强度

塑性较好的金属或高分子材料常用抗拉强度衡量其抵抗破坏的能力,它是通过标准试样在拉伸试验机上通过拉伸试验测出来的。图4.18为低碳钢拉伸试样的形状和尺寸示意图。图4.19为高分子聚合物在不同温度范围时的拉伸曲线(应力-应变关系)。

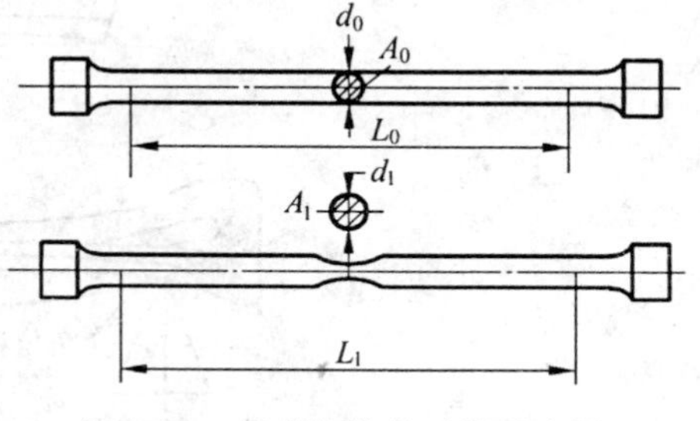

图4.18 低碳钢拉伸试样示意图

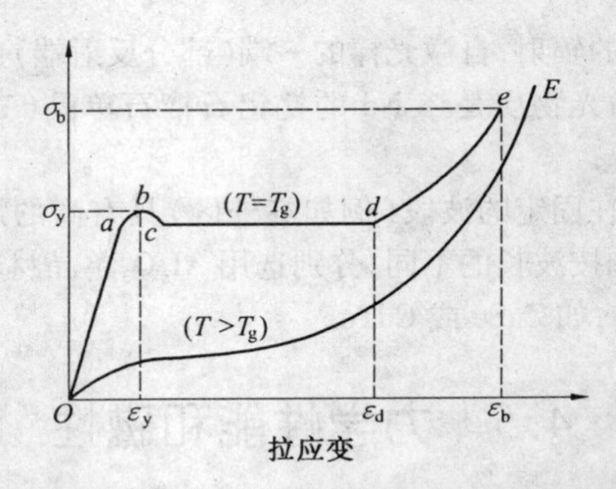

图 4.19　聚合物拉伸时典型的应力-应变图

(2)弯曲强度

对工程陶瓷等脆性材料,由于其塑性几乎为零,用抗拉强度已难以准确描述其抵抗变形与破坏的能力,因此常用弯曲强度表示。在进行弯曲试验时,即可采用三点弯曲的加载方式,也可以采用四点弯曲的加载方式,图 4.20 为弯曲加载示意图,对应弯曲断裂载荷 P,此时的强度为抗折强度,计算公式为

$$\sigma_f=\frac{3PL}{2bh^2} \tag{4.16}$$

式中,P 为断裂载荷,N;L 为下支点间跨距,mm;b 为试样的宽度,mm;h 为试样的厚度,mm;强度单位为 MPa。

无机非金属材料中的原子以离子键和共价键结合,由于共价键的方向性,无机非金属晶体中的位错是很难运动的,所以多数无机非金属材料的延展性很差,屈服强度高。例如 SiC 为 10 GPa,钠玻璃为 3.6 GPa。

除了拉伸试验,材料强度的表征方法还有弯折试验、冲击试验等。

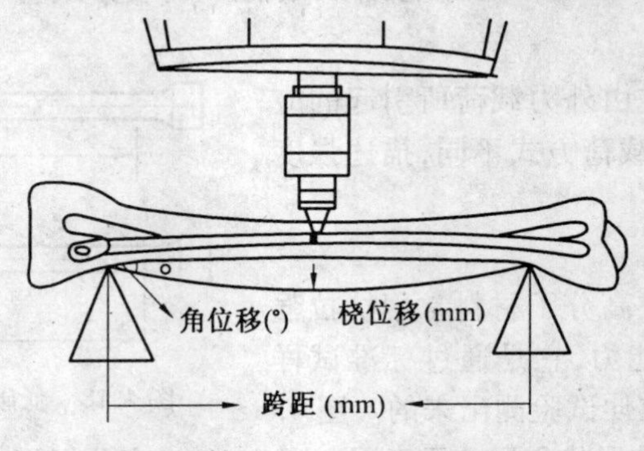

图 4.20　三点弯曲加载示意图

2. 材料的硬度

硬度是指更硬的外来物体作用于固体材料上时,固体材料抵抗塑性变形、压入或压痕的能力。显然材料的硬度取决于材料的结构。

在各种材料中,由共价键结合的材料如金刚石具有很高的硬度,这是因为共价键的强度较高。

无机非金属材料由离子键和共价键构成,这两种键的强度均较高,所以一般都具有较高的硬度,特别是当含有价态较高而半径较小的离子时,所形成的离子键强度较高(因静电引力强度较大),故材料的硬度高。

金属材料的硬度主要受金属晶体结构的影响,形成固溶体或合金时可显著提高材料的硬度。

高分子材料的分子链以共价键结合,但分子之间主要以范德华力或氢键结合,键力较弱,因此硬度通常较低。

综合来看,材料的力学性能一般有如下规律:

很多金属材料既有高的强度,又有良好的延展性。多晶材料的强度高于单晶材料,这是因为多晶材料中的晶界可中断位错的滑移,改变滑移的方向。通过控制晶粒的生长,可以达到强化材料的目的。固溶体或合金的强度高于纯金属,这是因为杂质原子的存在对位错运动具有牵制作用。多数无机非金属材料延展性很差,屈服强度高,主要是由于共价键的方向性决定的。

4.5.2 磁性

1. 磁性的基本概念

磁性是物质放在不均匀的磁场中会受到磁力的作用。在相同的不均匀磁场中,由单位质量的物质所受到的磁力方向和强度,来确定物质磁性的强弱。因为任何物质都具有磁性,所以任何物质在不均匀磁场中都会受到磁力的作用。物质的磁性不但是普遍存在的,而且是多种多样的,并因此得到广泛的研究和应用。近自我们的身体和周边的物质,远至各种星体和星际中的物质,微观世界的原子、原子核和基本粒子,宏观世界的各种材料,都具有这样或那样的磁性。

物质在磁场强度为 $\boldsymbol{H}$ 的外磁场中因与磁场发生相互作用而被磁化,则在该物质内部产生磁感应强度为 $\boldsymbol{B}$ 的磁场。$\boldsymbol{B}$ 与 $\boldsymbol{H}$ 成正比,即

$$\boldsymbol{B}=\mu\boldsymbol{H}$$

式中,μ 为磁导率。某物质的磁导率 μ 与真空磁导率 μ_0 的比值就是该物质的相对磁导率 μ_r。

物质的磁化率 $M=\mu_r-1$。磁化率为正值的物质叫做顺磁性物质;磁化率为负值的物质叫做抗磁性物质或逆磁性物质。有少数物质其磁化率的值特别大,称之为铁磁性物质。

磁化率是对单位体积的物质而言,是个无量纲量。在化学上,常用克磁化率 x 或摩尔磁化率 x_m 度量物质的磁性。存在以下关系

$$\chi=\kappa/d$$

$$\chi_m=\chi\cdot M=\kappa M/d$$

式中,d 是单位体积物质的质量;M 是物质的相对分子质量。

2. 磁性的分类

(1)顺磁性

在顺磁性物质中存在着未成对的电子,未成对电子进行自旋运动和轨道运动时,总角动量不等于零,因而会产生相应物质的分子、原子或离子的磁矩,即永久磁矩。在无外磁场时,这些电子的磁矩指向是无序分布的,不形成宏观磁化现象。但在外磁场作用下,由

于这些磁矩沿磁场方向取向，便产生磁化现象。称这种现象为顺磁性。顺磁性物质经外磁场磁化后所产生的附加磁场，其方向与外磁场一致，其磁化率为正值，约在 $10^{-6} \sim 10^{-4}$ 的范围内。

顺磁性物质的磁化率与温度有关，热运动会妨碍永久磁矩沿一定方向排列，所以温度越高，则磁化率越小。

(2)抗磁性

抗磁性物质因没有未成对电子，不存在永久磁矩。但是当其被放置到外磁场中，则会因感应磁化而产生与外磁场方向相反的诱导磁化、其磁化率为负值，且其大小也不随温度而变化。磁化率值约为负 10^{-6}左右。

(3)铁磁性

一些固体材料在没有外磁场的情况下也能自发磁化，而在外磁场作用下能沿磁场方向被强烈磁化。由于铁在具有此种性质的材料中最具代表性，因此把这种性质称为铁磁性。Fe、Co、Ni 和一些稀土金属(如 Sm 和 Nd)及它们的合金具有铁磁性。铁磁性具有两个特征，一是在不太强的磁场中就可以磁化到饱和状态，磁化强度不再随磁场而增加；二是在某一温度以上时，铁磁性消失变为正常的顺磁性，磁化强度满足居里定理，该转变温度称为居里温度。

(4)反铁磁性

一些材料出现另一种类型的磁性，就是反铁磁性。施加外磁场时，反铁磁性材料的相邻原子磁偶极反方向排列。如 Mn 和 Cr 在室温下具有反铁磁性。

(5)铁氧体磁性

在一些无机陶瓷中，不同离子具有不同的磁矩行为，当不同的磁矩反平行排列时，在一个方向呈现出净磁矩，这就是铁氧体磁性，也称亚铁磁性。具有铁氧体磁性的材料统称为铁氧体。铁磁体属于氧化物系统的磁性材料，是以氧化铁和其他铁族元素或稀土元素氧化物为主成分的复合氧化物，典型的例子是磁铁矿 Fe_3O_4。图 4.21 归纳了铁磁性、反铁磁性和铁氧体磁性的磁偶极矩取向。

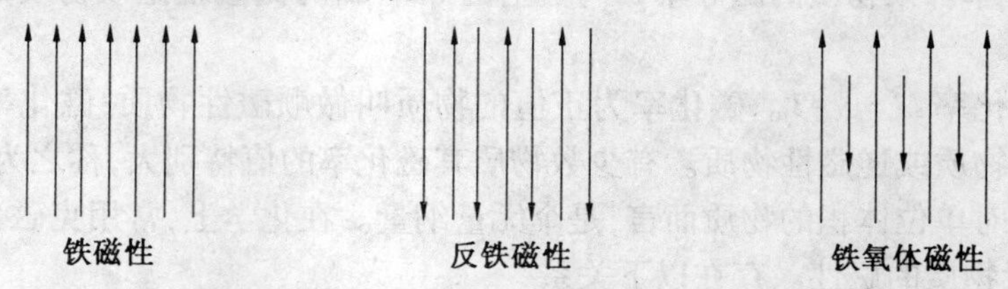

图 4.21 不同类型磁性的磁偶极矩排列取向示意图

3. 磁畴与磁滞回线

铁磁性材料所以能使磁化强度显著增大(即使在很弱的外磁场作用下，也能显示出强弱性)，在于其中存在着磁畴(Domain)结构。由于原子磁矩间的相互作用，晶体中相邻原子的磁偶极子会在一个较小的区域内排成一致的方向，导致形成一个较大的净磁矩。图 4.22 中原子中间的小箭头代表磁矩的方向，每个磁矩方向一致的区域就称为一个磁畴。不同的磁畴方向不同，两磁畴间的区域就称为磁畴壁，好似晶粒的晶界一样。在未受到磁场作用时，磁畴方向是无规的，因而在整体上净磁化强度为零。

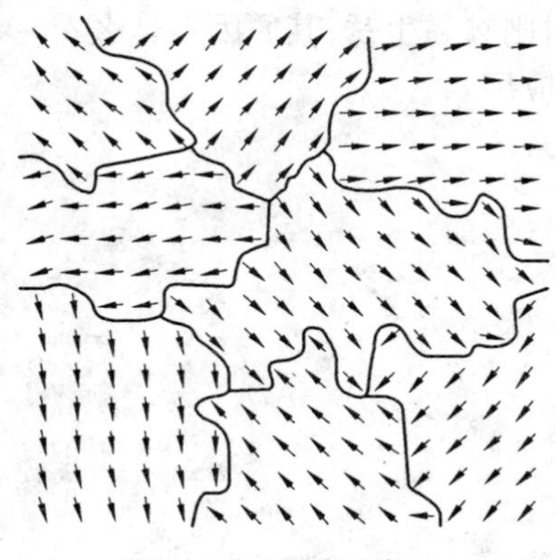

图4.22 磁畴示意图

铁磁体在外磁场中的磁化过程主要为畴壁的移动和磁畴内磁矩的转向，这就使得铁磁体只需在很弱的外磁场中就能得到较大的磁化强度。

对于铁磁性材料，磁感应强度 $\boldsymbol{B}$ 和磁场强度 $\boldsymbol{H}$ 不成正比，因为材料的磁化过程与磁畴磁矩改变方向有关。在 $\boldsymbol{H}=0$ 时，磁畴取向是无规的，到磁感应强度饱和时（$\boldsymbol{B}=\boldsymbol{B}_S$）再增大 $\boldsymbol{H}$ 也不能使 $\boldsymbol{B}$ 增加，因为形成的单一磁畴的方向已与 $\boldsymbol{H}$ 一致了。

铁磁材料磁化后，在磁场强度再度减小一直到零时，$\boldsymbol{B}$ 的大小不按原曲线变化并减小至零，仍保留有相当的磁化强度，称之为剩磁 B_R，成为永久磁铁。只有加反向磁场，使相反方向的磁畴形成并长大，磁畴重新回到无规则状态，$\boldsymbol{B}$ 才回到零。这时的反向磁场 H_C 就称为矫顽磁力。进一步增大反向磁场强度将使磁畴在反方向上达到饱和 $-B_S$。如果继续改变磁场方向（图4.23所示），$\boldsymbol{B}$–$\boldsymbol{H}$ 曲线便构成一个闭合的回线，称为磁滞回线。

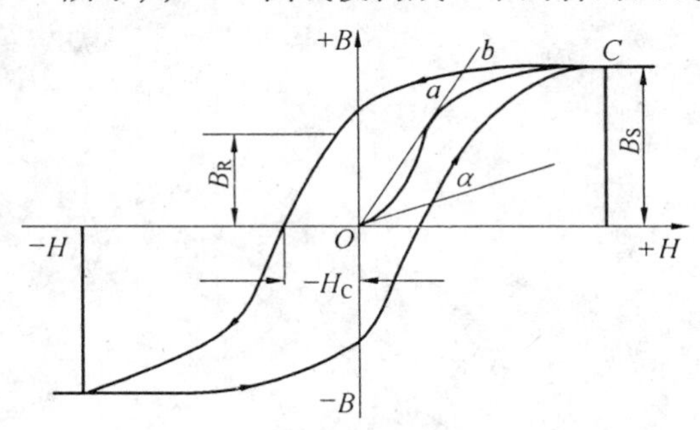

图4.23 磁化曲线

磁滞回线表示铁磁材料的一个基本特征，它的形状、大小均有一定的实用意义。比如材料的磁滞损耗就与回线面积成正比。根据磁滞回线的形状，还可将铁磁材料分为软磁材料和硬磁材料及矩磁材料等。

思考题

1. 简述化学锈蚀和电化学锈蚀的锈蚀机理。

2. 针对金属腐蚀的原因可以采取适当的方法加以防止，常用的方法主要有哪几种？

3. 铝材不易生锈，而铁材则较易生锈，其原因是什么？
4. 举例说明压电效应的应用。
5. 简述影响热膨胀的因素。

第5章　材料表面化学

表面现象与我们的生活密切相关,例如,油在水中分散成的液滴,水在液体毛细管中的升降,固体表面对与它接触的气体或液体的吸附等都属于表面现象。食品的乳化、油污的去除、机械的润滑等,则是利用了表面现象研究的成果来为我们的生产和生活服务。研究表面现象的特性对研究材料的制备、性能及使用等方面都有十分重要的意义。例如,固体材料的晶体缺陷、半导体材料的纯化、金属的防腐、高分子材料的粘结与染色、复合材料增强纤维的表面处理等,都与材料的表面现象研究有关。

5.1　表面现象热力学

两相之间的边界称为界面,若其中一相为气体,则通常称为表面,凡是相界面上所发生的一切物理化学现象,统称为表面现象或界面现象。相界面并不是简单的几何面,而是从一个相到另一个相的过渡层,具有一定的厚度,约几个分子厚,通常称为表面相。表面相的分子所处的境遇与体相分子有很大不同,因此它的性质与相邻的两个体相的性质也不同,这就是表面现象。物质的表面现象可以用经典的化学热力学的方法来研究。

5.1.1　比表面吉布斯自由能和表面张力

表面能和表面张力是描述表面状态的主要物理量。物质具有表面现象是由于物质的表面具有表面能的缘故。从微观来看,任何一个相,其表面分子与内部分子所具有的能量是不相同的。图5.1所示是与其蒸气呈平衡的纯液体,图中圆圈代表分子引力范围。在液体内部的分子A,因四面八方均有同类分子包围着,所受周围分子的引力是对称的。可以相互抵消而总和为零,因此它在液体内部移动时并不需要外界对它作功。但是靠近表面的分子B及表面上的分子C,其处境就与分子A大不相同。由于下面密集的液体分子对它的引力远大于上方稀疏气体分子对它的引力,所以不能相互抵消。这些力的总和垂直于液面而指向液体内部,即液体表面分子受到向内的拉力。因此,在没有其他作用力存在时,所有的液体都有缩小其表面积的自发趋势。相反地,若要扩展液体的表面,即把一部分分子由内部移到表面上来,则需要克服向内的拉力而做功。此功称为“表面功”,即扩展表面而做的功。表面扩展完成后,表面功转化为表面分子的能量,因此,表面上的分

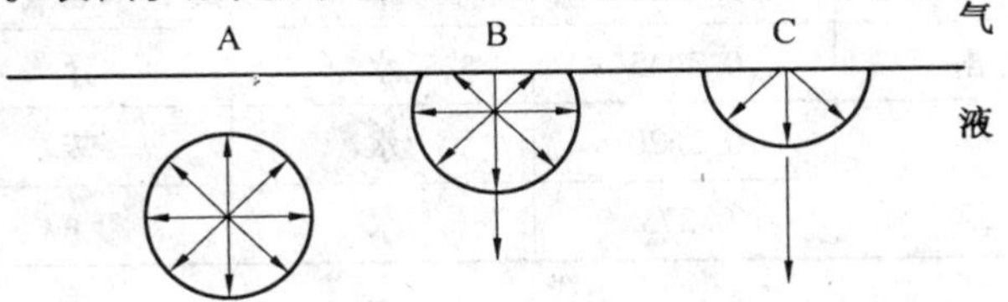

图5.1　表面分子与内部分子能量不同

子比内部分子具有更高的能量。

在一定的温度与压力下，对一定的液体来说，扩展表面所做的表面功 $\delta W'$ 应与增加的表面积 dA 成正比。若以 σ 表示比例系数，则

$$\delta W' = -\sigma \mathrm{d}A$$

若表面扩展过程可逆，则 $\delta W' = -\mathrm{d}G_{T,p}$，所以上式又可以表示为

$$\mathrm{d}G_{T,p} = \sigma \mathrm{d}A \quad 或 \quad \sigma = \left(\frac{\partial G}{\partial A}\right)_{T,p} \tag{5.1}$$

由此可见，σ 的物理意义是，在定温定压条件下，增加单位表面积引起系统吉布斯自由能的增量，也就是单位表面积上的分子比相同数量的内部分子"超额"吉布斯自由能。因此 σ 称为"比表面吉布斯自由能"，或简称为"比表面能"，单位为 $\mathrm{J \cdot m^{-2}}$。由于 $J = \mathrm{N \cdot m}$，所以 σ 的单位也为 $\mathrm{N \cdot m^{-1}}$，此时 σ 称为"表面张力"。其物理意义是，在相表面的切面上，垂直作用于表面上任意单位长度切线的表面紧缩力。一种物质的比表面能与表面张力数值完全一样，量纲也相同，但物理意义有所不同，所用单位也不同。它们是同一个事物从不同角度提出的物理量，当考虑界面的热力学性质时，通常引用比表面吉布斯自由能的概念；而当考虑界面之间相互作用时，则用表面张力的概念更为方便。

比表面能或表面张力 σ 具有强度性质，其值与物质的种类、共存另一相的性质以及温度、压力等因素有关。对于纯液体来说，若不特别指明，共存的另一相就是指标准压力时的空气或饱和蒸气。如果共存的另一相不是空气或饱和蒸气，表面张力的数值可能有相当大的变化，因此必须注明共存相，此时的表面张力通常又称为"界面张力"。表 5.1 和 5.2 分别列出一些液体在 20 ℃ 和常压下的表面张力和界面张力。

表 5.1　20 ℃ 时一些液体的表面张力 σ

物质	$\sigma/(\mathrm{N \cdot m^{-1}})$	物质	$\sigma/(\mathrm{N \cdot m^{-1}})$
水	0.0728	四氯化碳	0.0269
硝基苯	0.0418	丙酮	0.0237
二硫化碳	0.0335	甲醇	0.0226
苯	0.0289	乙醇	0.0223
甲苯	0.0284	乙醚	0.0169

表 5.2　20 ℃ 时汞或水与一些物相接触的界面张力 σ

第一相	第二相	$\sigma/(\mathrm{N \cdot m^{-1}})$	第一相	第二相	$\sigma/(\mathrm{N \cdot m^{-1}})$
汞	汞蒸气	0.4716	水	水蒸气	0.0728
汞	乙醇	0.3643	水	异	0.0496
汞	苯	0.3620	水	苯	0.0326
汞	水	0.375	水	丁醇	0.00176

5.1.2 影响表面张力(σ)的因素

(1) 物质本身的性质

从物质本身来看,表面张力具有极性液体比非极性液体大,固体比液体大的特点。纯液体的表面张力是指与饱和了其本身蒸汽的空气之间的界面张力。

(2) 与另一相物质有关

物系	界面张力
水 —— 正庚烷	0.0502
水 —— 苯	0.0350
水 —— 汞	0.415

(3) 温度

温度升高,体积膨胀,净吸引力减小,因此表面张力减小。

(4) 压力

压力增加,对于液气表面,气体密度增大,净吸引力减小,所以表面张力下降,但影响不大。

5.2 介稳状态和新相的生成

在热力学上不稳定,而在动力学上能暂时稳定的状态称为介稳状态或亚稳状态。

5.2.1 过饱和蒸气

过饱和蒸气是指按照相平衡的条件应当凝结而未凝结的蒸气。这是因为蒸气凝结时,首先要生成极微小的液滴(新相),而微小液滴的蒸气压要大于同温下的平液 面上的蒸气压。也就是说,当蒸气的压力对通常液体已达到饱和状态时,微小液滴却未 达到饱和状态。这时微小液滴既不可能产生,也不可能存在。

由于新生成的液滴比表面大,化学势大,比一般饱和蒸气的化学势高,因而蒸气压力超过饱和蒸气压力时,还没有液滴凝结出来所致。

例题 水蒸气迅速冷却至 25℃ 时会发生过饱和现象。已知 25℃ 时水的表面张力为 $0.072\,5\ \mathrm{N\cdot m^{-1}}$,当过饱和蒸气压为水的平衡蒸气压的 4 倍时,试求最先形成的水滴半径为多少?此种水滴中含有多少个水分子?

解 根据开尔文公式求在此饱和蒸气压时液滴半径

$$r = \frac{2\gamma M}{\rho RT\ln(p_r/p)} = \left(\frac{2\times 0.071\,5\times 18\times 10^{-3}}{1\,000\times 8.315\times 298.15\times \ln 4}\right)\mathrm{m} = 7.49\times 10^{-10}\mathrm{m}$$

每个小液滴的质量为

$$m = V\rho = \frac{4}{3}\pi r^3\rho = \frac{4}{3}\times 3.14\times(7.49\times 10^{-10})^3\times 1\,000\ \mathrm{kg} =$$

1.76×10^{-24} kg

每个小液滴所含分子数为

$$N = nl = \frac{mL}{M} = \frac{1.76 \times 10^{-24} \times 6.02 \times 10^{23}}{18 \times 10^{-3}} = 59$$

5.2.2 过热液体

过热液体是指指按照相平衡的条件,应当沸腾而不沸腾的液体。液体沸腾时,除了在液体表面上进行气化外,在液体内部还要自动地生成微小的气泡。液面下 h 处形成小 气泡的条件是该气泡必须能承受大气压 p_0,液体的静压力为 mgh 及附加压力 Δp 三者之和。在正常沸点时,其饱和蒸气压 $p' < p_0 + mgh + \Delta p$,不能形成小气泡,液体并不沸腾。

由于新生成的微小气泡比表面大,化学势大,比一般到沸点的液体化学势高,因而液体温度超过沸点时,还没有微小气泡逸出所致。

例题 如果水中仅含有半径为 1.00×10^{-3} mm 的空气泡,试求这样的水开始沸腾的温度为多少度? 已知 100 ℃ 以上水的表面张力为 0.058 9 N · m^{-1},汽化热为 40.7 kJ · mol^{-1}。

解 空气泡上的附加压力为 $\Delta p = 2\gamma/R'$,当水沸腾时,空气泡中的水蒸气压至少等于 $p^\theta + \Delta p$,应用克劳修斯 - 克拉贝龙方程可求出蒸汽压为 $p^\theta + \Delta p$ 时的平衡温度,此即沸腾温度

$$p_2 = p^\theta + \Delta p = p^\theta + \frac{2\sigma}{R'} = \left(10^5 + \frac{2 \times 0.058\,9}{1.00 \times 10^{-6}}\right) =$$

$$2.18 \times 10^5 \text{Pa}$$

$$\ln \frac{p_2}{p^\theta} = \frac{\Delta_{mp} H_m}{R}\left(\frac{1}{T_1} - \frac{1}{T_2}\right) = \ln \frac{2.18 \times 10^5}{1.01 \times 10^5} =$$

$$\frac{40.7 \times 10^3}{8.314}\left(\frac{1}{373} - \frac{1}{T_2/K}\right)$$

$$T_2 = 396 \text{ K}$$

5.2.3 过冷液体

过冷液体是指按照相平衡的条件,应当凝固而未凝固的液体。在一定温度下,微小晶体的饱和蒸气压大于晶体,其熔点比大晶体的低。若温度不下降仍处于正常的凝固点时,液体内不能形成小晶粒(晶种),不析出晶体。

由于新生成的微小晶体比表面大,化学势大,比一般达到凝固点的液体化学势高,因而液体温度达到凝固点时,还没有微小晶体凝结出来。必须在温度降低后,微小晶体的化学势小于或等于液体的化学势才有微小晶体从液体中析出。

5.2.4 过饱和溶液

过饱和溶液是指按照相平衡的条件,应当析出晶体而未析出的溶液。这是因为晶体的溶解度与晶粒的大小有关。晶体颗粒越小,其溶解度就越大,对微晶来说就 越不易达

到饱和。也就是说,当溶液的浓度对大晶体来说已达到饱和时,而微小晶粒则还可以继续溶解,即微小晶粒不可能存在。

由于新生成的微小晶体比表面大,化学势大,比一般达到饱和浓度的溶液化学势高,因而溶液浓度达到饱和浓度时,还没有微小晶体析出来所致。

5.3 材料表面的吸附

在固体或者液体表面具有未饱和的剩余键力,当环境中的气体、液体分子甚至固体微粒与之相接触后,比较容易与表面的剩余键力相互作用,被其俘获而滞留在固体表面,导致其在表面的浓度大于在环境中的浓度,这种现象称为表面吸附。通常将能俘获环境中气体、液体或者固体微粒的物体(固体或者液体)称为吸附剂,将被俘获的物体称为吸附质。

虽然固体、液体都可以作为吸附剂,并且作为吸附质的也决不只限于气体,但是在材料工业中比较常见的还是发生在固－气界面上的吸附现象。诸如在多相催化反应、化学传感器的使用、汽车发动机“空气燃料”比的控制等许多重要的实际应用中,气体在固体表面的吸附情况,都关系催化剂(固体)的效率和使用寿命,关系化学传感器的灵敏度、选择性和可靠性等经济技术指标。

1. 吸附、吸收与表面化学反应

环境中的气体分子与固体表面接触,会被固体表面所俘获而滞留在固体的表面。这就是一种宏观的现象,就其本质而言,通常有以下几种情况:

(1) 气体被固体表面吸收

气体被固体表面吸收(或者称为溶解),这种情况与一般气体溶解在液体中(例如 CO_2 在水中溶解)相似。其溶解量 v(吸收量 V)与环境中气体压力(p)之间有线性关系。环境中该气体的分压越大,则吸收量越大,直至达到饱和为止,如图5.2(a)所示。气体在固体表面的吸收过程,一般是不可逆的过程。例如氢气被金属钯(Pd)的表面吸收后,当环境中的氢分压降低,甚至是在真空度为(133.332×10^{-4}Pa)的条件下,氢气也不能再度离开金属钯的表面而重新进入环境中成为自由状态的氢气。固体表面吸收的气体量(v)与气体压力(p)的关系,服从亨利(Henry)定律(即在一定的温度下,气体在液体中的溶解度与其分压力成正比)。并且被吸收的气体在固体中的分布是均匀的,不是仅仅停留在固体的表面层,而是由固体的表面逐渐向固体的内部扩散,直到分布均匀为止。这与溶质在溶剂中的溶解的情形十分相似。

(2) 化学反应

如图5.2(b)所示,曲线表示气体与固体之间发生了化学反应,只有当参与反应的气体压力达到某一临界值时反应才会开始。在此压力之下参与反应的气体体积为(V_p),当反应完成之后,即使再增加气体的压力,参与反应气体的量都不会再增加。例如,氯气作用于干燥的熟石灰以制备漂白粉的反应就属于这种反应。由氯气直接与固态的熟石灰反应而生成漂白粉

$$2Ca(OH)_2 + 2Cl_2 \rightarrow Ca(ClO)_2 + CaCl_2 + 2H_2O$$

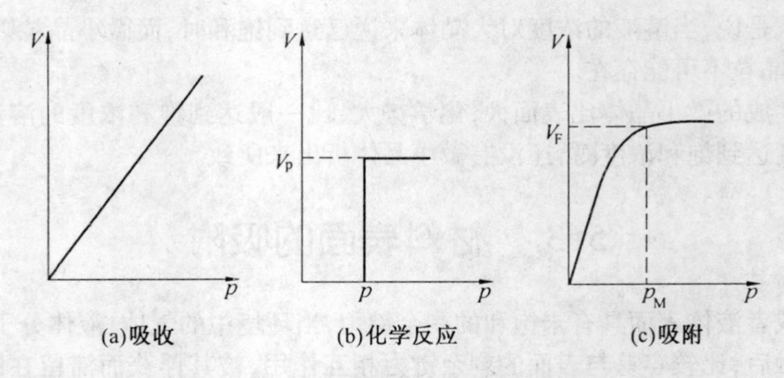

图 5.2　气体在固体表面的关系曲线

(3) 气体在固体表面的吸附

如图 5.2(c) 所示,固体表面的气体吸附量(V),在气体分压比较低的情况下,与环境中气体的分压成正比。当压力增大后(例如压力增大到图中的 p_M),其吸附量逐渐趋于一定值(V_F)。在此以后即使环境中该气体的分压再增大,在固体表面的吸附量也不会随之增加。例如,水蒸气在硅胶表面的吸附、二氧化碳气体在活性炭表面的吸附等均属于此种类型。被吸附在固体上的气体,通常都只停留在固体的表面上(形成单分子层或者多分子层的吸附),不会像吸收那样均匀地分布在整个固体之中。气体在固体表面吸附大都是可逆的,即当环境中该气体的分压降低后,吸附在固体表面的气体会自动地离开固体表面,发生脱附(解吸)现象。

在恒温条件下气体在固体表面的吸附是自动进行的。由热力学观点看来,吸附过程中体系(吸附剂与吸附质组成的体系)的自由能将降低。同时,气体分子被吸附在固体表面之后,其活动的范围由原来的三维空间,缩小到只能在二维的平面上(即固体的表面)移动,活动范围减小,混乱度降低。所以吸附过程也是体系的熵减小的过程,即是吸附过程的熵变量 $\Delta S < 0$。在热力学关系式上有 $\Delta G = \Delta H - T\Delta S$,因此,吸附过程又是体系的热焓($H$)减小的过程。由此可知,等温吸附过程应当是放热过程。实验结果表明,除了氢在金、银、铜等少数金属上的吸附之外,大多数气体在固体表面的吸附均为放热过程。

2. 吸附质与吸附剂间的作用力

气体在固体表面的吸附,从本质上讲是固体表面的剩余键力与气体分子之间相互作用的结果。这种存在于吸附质与吸附剂之间的作用力,有两种主要的类型:一种是物理作用力;另一种是化学键力。通常按照其作用力的特征,可将气体在固体表面的吸附分为两种情况。

(1) 物理吸附

如果气体分子与固体表面之间主要是由范德华力相互作用而发生的吸附,称为物理吸附。范德华力是电矩之间的相互作用力,它包括极性分子之间的相互作用力(定向力);极性分子与非极性分子之间的相互作用力(诱导力);非极性分子间的瞬时电矩作用力(色散力) 等三个部分,其中色散力是存在最为普遍的一种作用力。

当两个原子(分子或者离子) 间的距离为 r 时,范德华力与距离的关系如所图 5.3 所示。由图可见,在气体分子与固体表面距离为 r_0 时,体系的能量最低,表明这种情况下的吸附作用最强,体系的稳定性最高。在气体分子与固体表面相距r_0处,所对应的体系能量(E_D)可称为物理吸附能(或者称吸附热)。由图5.3可知,物理吸附能为负值,表明吸附是放热过程。吸附能的单位是kJ/mol,表明物理吸附能一般不大,其数值通常为每摩尔数百至数千焦耳,与气体分子的液化热大体相当。

物理吸附的主要作用力既然是范德华力,因此应是一种普遍存在的、无选择作用的吸附。从这种意义上而言,在任何固体的表面上,对任何气体都可以发生物理吸附,只是其吸附量不同而已。

一般,越容易被液化的气体,越容易被固体表面所吸附。被物理吸附在固体表面的气体分子,可以是单分子层的吸附也可以是多分子层重叠的吸附。并且因为物理吸附热比较低,所以其吸附过程一般不需要活化能,吸附的速度快,解吸(脱附)也比较容易。

(2)化学吸附

吸附过程中吸附质(气体分子)与吸附剂(固体表面)之间,若发生了电子云的重新分布或者电子的转移,这种吸附是化学吸附。在化学吸附过程中旧的化学键被破坏,形成新的化学键,其实质上是发生了化学反应,化学吸附的作用力就是化学键力。由于在化学吸附过程中,有电子的转移(离子吸附)或者公有化(共价吸附),因此化学吸附是有选择性的吸附。一种吸附质只能在某些特定的固体表面(吸附剂)上进行吸附(即发生化学反应)。在吸附过程中释放出的吸附热也较多(与化学反应热相近,一般为每摩尔数十至数百千焦耳,比物理吸附热高出一个数量级以上)。化学吸附往往需要一定的活化能,其吸附速度也比较慢,且只能在固体表面形成单分子层吸附,解吸(脱附)也比物理吸附要困难一些。

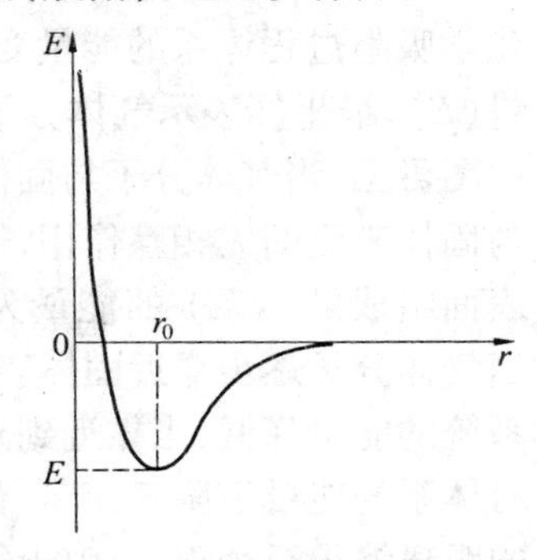

图5.3 范德华作用力(E_r)与距离(r)的关系

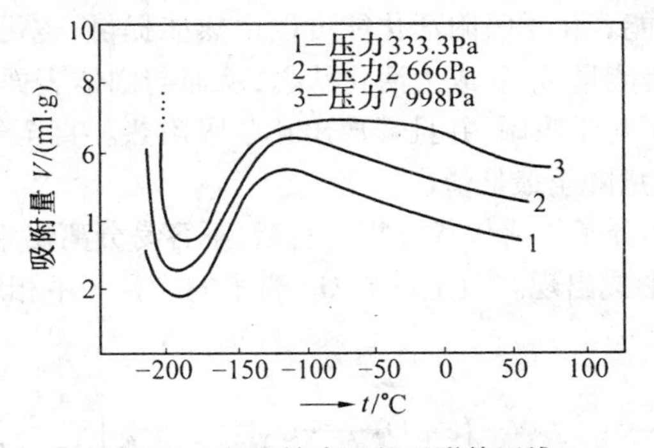

图5.4 氢在镍表面的吸附等压线

在一定条件下,物理吸附与化学吸附可以同时存在,并能相互转换,有时仅需改变吸附的温度就能促使其发生相互转换。例如,氢在金属镍(Ni)表面的吸附就是如此,如图5.4所示。由图可见,在温度很低(-200℃以下)时,吸附量随着温度的升高而迅速下降。表明在低温下氢气在镍表面的吸附主要是物理吸附,随着温度升高,气体分子热运动能增大,脱附速度加快,因而吸附量迅速下降。当温度升高-200℃左右,吸附量(V)下降到最低值。在此以后,吸附量又随着温度的升高而增大。这是因为在 -150℃ 左右,氢分子的活性已增加到足以与镍表面发生化学吸附,所以 吸附量随温度的升高而增大,直到温度升高到 -100℃ 左右,吸附量出现最大值,表明这时化学吸附也已达到饱和。由于化学吸附是放热过程,所以温度若再升高,则使脱附速度大于吸附速度,导致吸附量(V)反而下降。图 5.4 中的三条曲线是在不同氢分压条件下测定的,可见无论氢分压的高低,其结果都有相同的规律性。

(3) 吸附能曲线

将固体表面吸附了气体之后,体系的能量变化情况作成图,就是吸附能曲线,如图 5.5 所示。图中的曲线 a 表示物理吸附过程中体系的能量变化;曲线 b 表示化学吸附过程体系的能量变化。纵坐标表示体系的能量(E),横坐标表示气体分子与固体表面的距离(r)。由图可见,当气体分子与固体表面的距离比较远时,它与固体表面间无相互作用,这时体系(气体分子与固体表面组成的体系)的能量为零,即是没有发生吸附。当气体分子逐步靠近固体表面后,开始出现物理吸附,系统的能量降低,当靠近到 r_a 处物理吸附作用最强,此时体系的能量下降至 E_a。如果气体分子与固体表面的距离缩小至小于 r_a,由于气体分子中原子的核外电子与固体表面原子的核外电子间的相互排斥,体系的能量反而增高。在距离为 r_b 处这种排斥作用达到最大(E_b)。这种情形下若气体分子要进一步与固体表面靠近,就必须越过能量峰 E_b,一旦越过了 E_b 能量峰,气体分子与固体表面之间发生化学吸附,体系能量大幅度下降至 E_c,体系的稳定性也相应增高。由此可知,这个能量 E_b 就是气体分子与固体表面发生化学吸附所必须的最低能量,称为化学吸附活化能。化学吸附活化能可以由热能提供,也可以由光照射、辐射等作用提供。气体分子获得能量 E_b 后成为活化状态,从而与固体表面之间发生电子转移(或者公有化),即是发生了化学吸附,并且释放出化学吸附热。直至气体分子与固体表面的距离为 r_c 时,体系的能量降至最低值(E_c)。

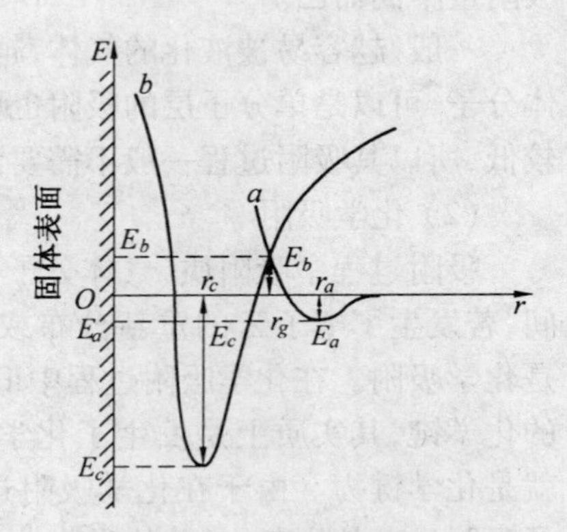

图 5.5 吸附能曲线

在多数情况下气体分子的活化状态相当复杂,不容易分离出来。例如,氧在固体表面的吸附,大多是以 O^- 形式出现。但是形成 O^- 离子的途径却不相同。一般有以下几种可能

① $\begin{cases} e + O_2 \longrightarrow O_2^- \\ O_2^- \longrightarrow O + O^- \\ e + O \longrightarrow O^- \end{cases}$; ② $\begin{cases} e + O_2 \longrightarrow O_2^- \\ e + O_2^- \longrightarrow O_2^{2-} \\ O_2^{2-} \longrightarrow 2O^- \end{cases}$; ③ $\begin{cases} e + O_2 \longrightarrow O_2^- \\ O_2^- + O_2 \longrightarrow O_4^- \\ O_4^- + e \longrightarrow O_3^- + O^- \\ e + O_3^- \longrightarrow O_2^- + O^- \end{cases}$

另外,固体表面的状态(如表面的不均匀性、缺陷等)、催化剂的存在等因素都可以导致化学吸附活化能的变化。

在解吸(脱附)过程中,化学吸附在固体表面上的气体需要获得比较高的能量(E_b +

E_c）后才能越过能量峰，脱离固体表面成为自由状态。物理吸附的气体，仅需获得较低的能量（E_a）就能离开固体表面，所以化学吸附的体系稳定性比物理吸附体系高。

在表5.3中将这两种吸附的特征进行了对比。

表5.3 物理吸附与化学吸附的特征

	物理吸附	化学吸附
吸附作用力	范德华力（约21 kJ/mol，即0.2 eV/分子）	化学键力 $4\times(10^2\sim10^3)$ kJ/mol
吸附热	较小，与气体液化热相近，在10 kJ/mol以下	较大，在10^2 kJ/mol以上
选择性	是一种普遍存在的吸附，无选择性	有选择性
吸附稳定性	不稳定，容易解吸	稳定性高，不易解吸
吸附层	多分子层吸附	单分子层吸附
吸附速度	吸附速度快，受温度的影响比较小	吸附速度比较慢，受温度的影响较大
活化能	一般不需要活化能	需要吸附活化能

5.4 材料表面特征

5.4.1 弯曲表面下的附加压力与毛细管现象

1. 弯曲表面下的附加压力

以上讨论的表面，全部都是水平的表面即是平面。但是，在实际工作中所遇到的表面，并不一定都是平面。如像毛细管中的液面，陶瓷烧结过程中固相颗粒接触处（颈部）的熔体液面，水珠或者球形颗粒的表面等等，都是弯曲的表面。由于表面张力的作用，在弯曲表面的内外所受到的作用力（压力）是不相同的。这种弯曲表面内外压力的差异，对体系的某些性质（例如蒸气压）有相当明显的影响。

在平面上任何一个小的面积上所受到的表面张力，总是在与表面垂直的方向成直角（90°）的方位上，即表面张力的方向是在与表面的周界垂直并与表面相切的方向上。在平衡时，各个方向上的表面张力相互抵消，其合力为零。当表面是凸的弯曲面时，表面上任何一个小面积上所受到的表面张力的方向，都在与其周界相切的方向上，是一种力图使表面积缩小的作用力。达到平衡时其合力不为零（各个方向上的表面张力不能相互抵消）。合力的方向是指向凸弯曲面内部的。在弯曲的凹面上，情况正好与弯曲的凸面相反，平衡时弯曲凹面上表面张力的合力是指向凹表面的外部，是一种力图使凹表面变为平面的作用力，如图5.6所示。

将表面张力的合力（f_0）称为表面附加压力，用Δp表示。水平表面下的附加压力为零（$\Delta p=0$），凸表面下的附加压力$\Delta p>0$，凹表面下的附加压力$\Delta p=0$。弯曲表面下附加压力的大小，与表面张力和其曲率半径有关。

如图5.7所示，在一个带有活塞的细玻璃管中装满液体，其表面张力为σ。当在活塞上施加一定压力（p）后，在细管的下端将形成一液滴。在处于平衡状态时液滴的半径为

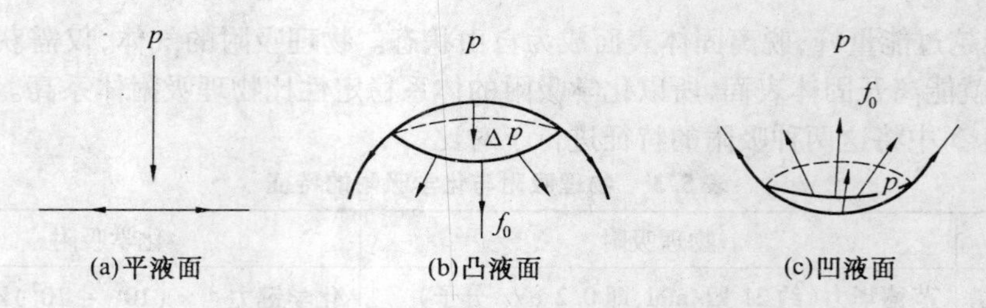

图 5.6 弯曲液面下附加压力示意图

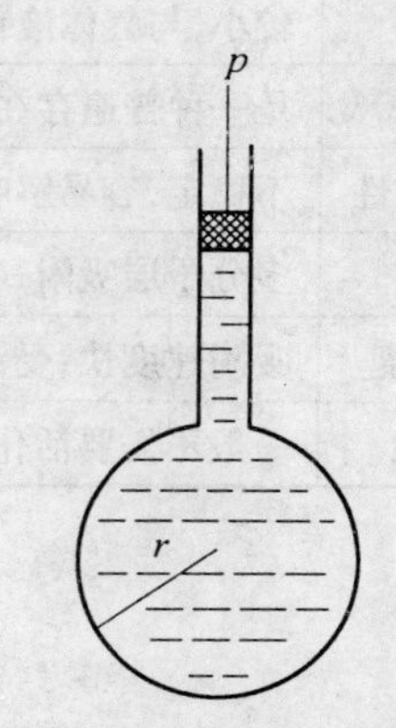

图 5.7 附加压力与半径的关系

r。设作用在液滴表面上的环境压力(大气压力)为p_0,液滴的凸弯曲表面所产生的附加压力为Δp,这个附加压力是指向液滴内部,力图使液滴缩小的作用力。这样在液滴表面上实际所受的作用力应为$p_0+\Delta p$,但是此时的液滴是处于平衡状态,即是其体积并未缩小,所以在液滴内部必然还存在着一个与$p_0+\Delta p$大小相等、方向相反的作用力(p_f)。若在恒温、恒压条件下,再将活塞向下压,使液滴的体积增加$\mathrm{d}V$,相应液滴的表面积也增加$\mathrm{d}A$。该过程中环境对体系所做的功就是克服附加压力,使液滴体积增大的体积功,也等于液滴表面积增加$\mathrm{d}A$所需的功,或者说是体系表面能的增加量。即是体积功($\Delta p\cdot\mathrm{d}V$)与表面能的增加量($\sigma\cdot\mathrm{d}A$)相等

$$\Delta p\cdot\mathrm{d}V=\sigma\cdot\mathrm{d}A \tag{5.1}$$

若设液滴为球形,其体积为V,则

$$V=\frac{4}{3}\pi r^3 \qquad \mathrm{d}V=4\pi r^2\mathrm{d}r$$

再设液滴的总表面积为A,则

$$A=4\pi r \qquad \mathrm{d}A=8\pi r\mathrm{d}r$$

将以上关系代入式(5.1),则有

$$\Delta p\cdot 4\pi r^2\mathrm{d}r=\sigma\cdot 8\pi r\mathrm{d}r$$

$$\Delta p=2\sigma/r \tag{5.2}$$

即是在液滴的凸弯曲表面上的附加压力(Δp)是与液滴的半径成反比的,液滴半径越小附加压力就越大。若液滴是凹弯曲表面、则其半径取负值,这时的附加压力也为负值,是一种力图使凹弯曲表面转变为水平表面的作用力。当液体为平面时,r趋于无穷大,则附加压力为零。

熔融的硅酸盐表面张力(σ)约为300 mN/m,若滴液的半径$r=10^{-4}$m,按式(5.2)计算出其滴液表面的附加压力就比较大。

如果弯曲的液面不是球形而是椭圆形,则式(5.2)写为

$$\Delta P=\sigma\left(\frac{1}{r_1}+\frac{1}{r_2}\right) \tag{5.3}$$

式中,r_1、r_2分别为椭圆球体的长短半径,该式称为拉普拉斯公式。

2. 毛细管现象

仔细观察插入液体中的毛细管内壁，就会发现：毛细管内的液面在有的情况下是凹弯月面；在有的情况下又是凸弯月面。并且凡是出现凹弯曲液面时，毛细管中液柱的高度(h)都比毛细管外的液面高。相反、若是在毛细管中的液面是凸弯曲面时，则管中的液柱高度(h)一定比管外的液面低(图 5.8)。

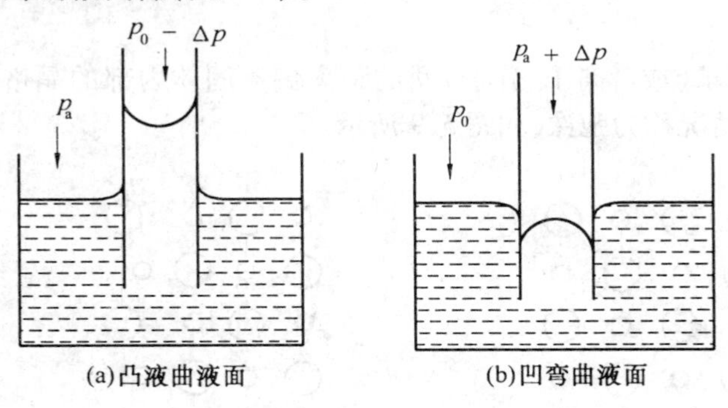

(a)凸液曲液面　　(b)凹弯曲液面

图 5.8　毛细管中的液面

根据前面对弯曲表面上附加压力的讨论，在凹弯曲表面上所受的附加压力(Δp)是负值，即是毛细管中液面上所受的压力应比水平液面上所受压力小。如果设水平液面上的压力为 p_0，则凹弯曲液面上的压力为($p_0 - \Delta p$)，小于 p_0，所以在有凹弯曲液面的毛细管中的液柱要比水平液面高些。同理，凸弯曲液面上的附加压力为正值。在有凸弯曲液面的毛细管中的液柱，受到附加压力的作用，所以要比水平液面低些。当毛细管中液柱的上升(或者下降)达到平衡时，液柱的静压力(ρgh)应与弯曲液面上的附加压力相等，即是 $\rho gh = \Delta p$，将这个关系式代入式(5.3)，则

$$\rho gh = \frac{2\sigma}{r}$$

$$h = \frac{2\sigma}{r\rho g} \tag{5.4}$$

式中，ρ 为液体的密度；g 为重力加速度；σ 为液体的表面张力；r 为液柱(即毛细管内径)的半径。

根据式(5.4)即可算出毛细管中液柱的高度 h。

5.4.2　清洁表面的原子排列

固体的清洁表面是指经过特殊处理(如离子轰击再加退火热处理、解理、外延、热蚀、场效应蒸发等)后，保存在高真空条件下的表面。一般认为这种固体表面上的吸附物和氧化层都在特殊处理中被除去，而且是保存在高真空环境中，在其表面上再度发生氧化和吸附的机会较少，因而可以将之近似地看做是该固体真正的表面。

经过对清洁固体表面的原子(质点)排列情况进行研究的结果表明，固体表面原子的排列与其内部有较为明显的差异。这是由于表面处原子的周期性排列突然中断，产生了附加的表面能。为了减轻表面能对体系稳定性的影响，表面原子必然会自动地对其排列状态进行调整。对晶体表面而言，在经过 4 ~ 6 个原子层之后，原子的排列情况就与晶体

内部的原子排列情况相当接近(例如晶格常数之差小于0.1×10^{-10} m),这个距离可以看做是清洁固体表面的实际厚度。

固体降低表面能,提高体系稳定性的途径主要有:一是通过表面原子的自行调整,即通过表面的重构、弛豫、迭层等调整表面原子的排列;二是依靠外来因素如吸附杂质、生成新相等方式来降低体系的表面能。下面仅就固体表面原子的自行调整进行讨论。

1. 弛豫

固体表面的原子(或者离子、分子)间的距离偏离固体内部的晶格常数,而其晶胞结构基本不变,这种情况称为弛豫,如图5.9所示。

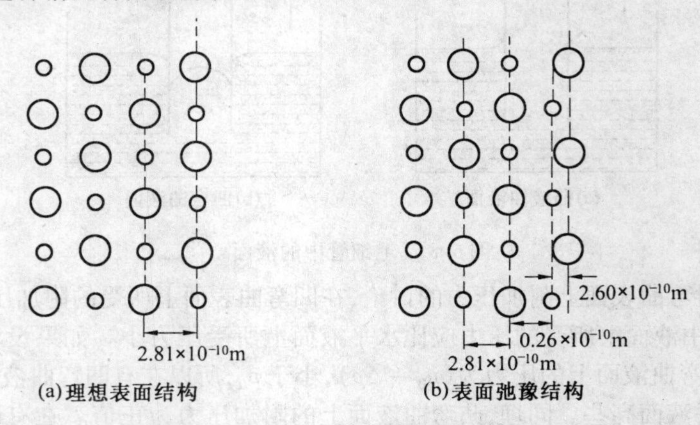

图5.9 NaCl的理想结构与弛豫结构

离子晶体中各个正负离子间的主要作用力是库仑静电力,这是一种长程作用力,所以其表面比较容易发生弛豫现象。除了离子晶体之外,金刚石、锗、硅等共价晶体及一些半导体的表面也有弛豫现象发生。

2. 重构

许多半导体(包括化合物半导体)和某些金属的表面原子排列比较复杂。在平行于衬底的表面上,原子的平移对称性与体内有明显的差异,原子排列情况作了较大幅度的调整,这种现象称为重构。

重构现象可以分为两种类型,其一是表面晶面与体内完全不一样,如金、铂的(001)面的重构是一种与(111)面接近的密堆积面,这种情况有的资料上称为超晶格或者超结构;其二是表面晶胞的尺寸大于体内晶胞的尺寸,即属此重构是晶格常数增大,例如,硅(111)2×1重构即属此类。发生重构现象的原因是价键在表面处发生了畸变(如退化、杂化等),其情况比较复杂,目前尚不能由理论上给予完满的解释。

3. 迭层

当有外来原子进入到表面层,从而在固体表面生成某种在体内所没有的表面结构时称为迭层,这种表面也称为覆盖表面。外来的原子可能来自环境(吸附),也可能由固体内部分凝而富集在表面(偏析)。

5.4.3 固体的内表面和外表面

在一般的固体表面上,裂纹和孔洞是比较常见的,它们也有可能深入到固体的内部。

这些裂纹和孔洞与气相(通常是指空气)的交界面被称为内表面。这是一个与在一般情况下,能用肉眼看到的固体表面(外表面)对应的概念。通常规定,外表面是包括所有能用肉眼看见的明显表面,以及宽度大于深度的所有缝隙的表面。内表面则是指那些深度超过宽度的裂纹、孔穴、洞腔的表面,这些洞腔必须是开口的、与外界连通的。而那些存在于固体的内部,封了口的空洞(称为潜孔)的表面是不包括在内的。

5.5 材料表面分析

5.5.1 表面分析概况

自20世纪60年代中期金属型超高真空系统和高效率微弱信号电子检测系统的发展,导致70年代初现代表面分析仪器商品化以来,至今已产生了约50种表面分析技术。表面分析技术发展的动力来自两个方面,一方面是由于表面分析对了解表面性能至关重要,而表面性能又日益成为现代材料的至关重要的指标。另一方面,也来自科学家和工程师对探索未知的追求。从实用表面分析的角度看,在众多的表面分析技术中,有四种技术在过去的十几年内由世界上几家公司不断改进,已发展为成熟的分析工具。它们是俄歇电子谱(AES),X射线光电子谱(XPS),二次离子质谱(SIMS)和离子散射谱(ISS),它们已应用渗透到材料研究的许多领域。

表5.4为表面分析在材料研究中的一些主要应用。

表5.4 表面分析在材料中的应用

对象	表面	界面	薄膜
方式	直接分析	断裂面与剖面分析	深度剖面分析
	偏析	偏析	互扩散
	扩散	扩散	离子注入
	污染	脆化	反应层(氧化层、钝化层等)
内容	吸附	晶界腐蚀	蒸镀层
	氧化	烧结	保护膜
	催化	粘附	微电子器件
	摩擦与磨损	复合材料	

目前,实用表面分析所面临的问题是如何实现测量方法的规范化及测量结果的定量化,以进一步提高分析的可靠性与准确度。

5.5.2 表面分析的复杂性

1. 试样的复杂性

实际试样是不均匀的,真实的表面同样也具有不均匀性。此外表面还含有各种缺陷以及凹凸不平等。单靠一种表面分析技术鉴别这种不均匀性是非常困难的，这时需要多种表面分析技术互相配合。

试样的复杂性还表现在无法严格控制的表面粗糙度上。表面的凹凸不平将对谱线强度产生不可忽视的影响。一般情况下，可以取峰高比来消除它的影响，即假定粗糙度对所有谱线强度的影响是类似的。如果表面十分粗糙，例如用原位断裂法获得的表面，由于对位十分困难，这时粗糙度对高能峰与低能峰的峰高影响就不能认为类似了。有人发现，错位0.4 mm，将使圆筒反射镜式能量分析器（CMA）的能量分辨率由0.5%变为0.6%；当调制电压为5 V时，将使1 000 eV附近的高能峰高度减少30%。如果在分析多组元试样的成分时，分别使用低能峰和高能峰来表征不同元素而不考虑到这种复杂性，就会得出错误的测量结果。

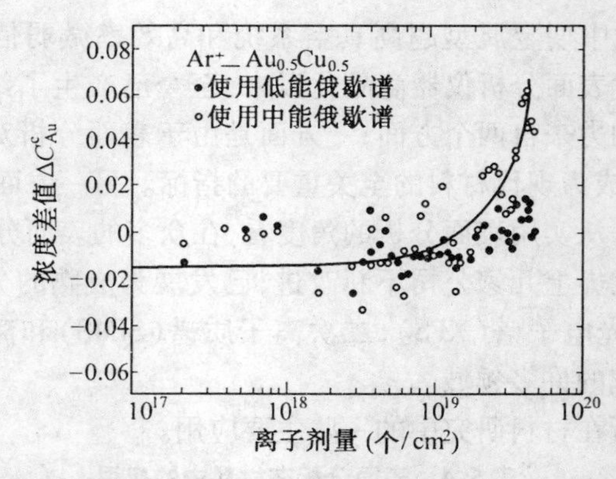

图 5.10　表面粗糙度对用不同能量的俄歇峰所测得的表观浓度值的影响

图5.10显示了一个机械抛光的Au-Cu合金表面在超高真空系统内长期经受Ar离子轰击，表面粗糙度不断变化，对用不同能量的俄歇峰所算出的表观浓度的影响。由图中可以看出，当使用相邻的一对俄歇峰Au(69)/Cu(60)来计算浓度时，在离子轰击过程中其值在±1%内波动。但是，当离子剂量高达5×10^{19}个/cm^2时，金相观测表明，表面出现了锥状结构。虽然对相邻峰计算的表观浓度值影响仍然很小，对相隔较远的一对中能峰Au(239)/Cu(920)计算出的浓度值的影响就高达6%了。该现象可以用表面粗糙度导致样品错位，使能量较高的俄歇峰高度降低，而能量较低的俄歇峰高度增加来解释。在这种情况下，选择能量相近的俄歇峰来计算表面浓度，有可能避免粗糙度的影响。

试样的复杂性还表现为，实际的多晶表面是由许多取向不同的晶面组成的，而每个晶面的表面成分可能是不同的。

2. 仪器性能对分析结果的影响

不同型号的谱仪所测得的俄歇谱，从定量分析的角度看，不能认为是相同的。不仅从不同型号的仪器上测得的数据难以直接进行比较，即使是从同一仪器上由不同的实验者测得的数据，有时也不能直接进行定量的比较。这是因为仪器的性能，例如倍增器的效率在使用过程中会退化；谱线的强度与调制电压并非简单的线性关系，这个关系还受谱峰宽度的影响等。只有对所有这些情况进行认真考虑后，才能对不同实验者所测得的数据进行有意义的定量比较。

材料表面分析的复杂性因素除了上述两点外，还有其他一些因素，如基体效应对定量分析结果的影响等。

5.6 表面现象在材料科学中的应用简介

5.6.1 气-固吸附在陶瓷工业中的应用

1. 粉碎工艺

通常，薄膜、陶瓷、铁氧体等粉体的粒度越细，其工艺性能和理化性能越佳。例如，陶瓷坯体采用流延法成型时，只要当粉体达到一定的细度，才能保证制出的坯体具有足够的表面粗糙度、均匀性等。又如，随着粒度的细化，陶瓷的烧结温度也将有所下降，这对于像Al_2O_3瓷、MgO 瓷和低温独石电容器瓷来说是大有好处的。但是，粒度越细，表面能越高，自发降低表面能趋势越大，因此，当粉粒细至一定程度时粒间出现液膜时，强大的表面张力将使粉粒聚集成团以减少其表面能，同时颗粒上的缝隙会自动愈合以降低表面积。为了克服这种结团现象，常用的方法有如下几种。

(1)添加助磨剂(表面活性剂)

这类物质的分子，一端带有极性(亲水)，而另一端为中性(憎水或亲油)，由于这种表面活性剂的定向性吸附，因此可防止粉粒结团。具体来说，对于酸性粉料如TiO_2、ZrO_2等，则以含羟基助磨剂较好。助磨剂之所以起到提高研磨效率以及细化粉粒的效果，是由于离子性粉料表面的离子电场没有被屏蔽、抵消，助磨剂被表面吸附之后大大减弱了粉料之间的相互作用，而避免了细粉结团。例如，干磨时最早采用的油酸，其中一端的羧基-COOH 具有明显的极性，将与粉料表面离子的电场相互吸引，而烷基一端朝外，因而起到了上述的作用。不仅如此，助磨剂还能自动地渗入到粉料的微裂缝中，这是因为新生的、活性大的缝隙表面具有极大的吸引力的缘故。助磨剂不断地向深处扩展，就像在裂缝中打入了一个楔子，起着劈裂的作用，并在外力的作用下加大了新裂缝或分裂成更细的微粒。多余的助磨剂又很快地吸附在这些新表面上，以防止新裂纹愈合或微粒结团。

(2)加入电解质

在湿法球磨过程中，由于粉粒表面对外来添加物(离子)具有选择吸附特性，若在体系中加入适量电解质，让离子表面选择地吸附一种离子，造成粉粒表面都带有同一种电荷(如粘土粒子带负电荷)，或者具有相同性质的扩散双电层，由于静电斥力的关系，粉粒不会过度接近而聚集。

(3)加入有机物质

在湿法球磨过程中，水是常用的稀释剂。干燥后残余在细粉中的水分，在强大表面张力作用下迫使细粉结团。若用乙醇取代水作为稀释剂，则可使干燥后细粉的表面张力显著下降(乙醇的表面张力还不及水的 1/3)，因而可使结团现象大为缓解。在干法球磨过程中，加入不带电荷的有机高分子物质，若能吸附在粉粒表面也可以起到防止凝集的作用。

2. 成型工艺

热压铸成型工艺广泛采用石蜡作为粘合剂，为了使离子性瓷粉更好地与亲油憎水的石蜡结合，常用油酸[$CH_3-(CH_2)_7-CH=CH-(CH_2)_7COOH$]或硬脂酸[$CH_3-(CH_2)_{14}-COOH$]一类两性物质作为粉料的活性剂，其中羧基-COOH一端能与粉料牢固地结合，而另一端羟基是亲油的，与石蜡熔合在一起，即粉粒为石蜡所润湿，从而提高了蜡浆热流动性和冷凝蜡坯的强度。

3. 化学制粉工艺

在用草酸盐共沉淀法制备钛酸锶的工艺中，把锶钛混合液 $SrCl_2 \cdot TiCl_4$ 滴加到草酸 $H_2C_2O_4$ 水溶液之前，必须先加表面活性剂，以便得到细而没有聚合的 $SrTiO(C_2O_4)_3 \cdot 4H_2O$ 沉淀。

5.6.2 气-固吸附在真空镀膜工艺中的应用

对于金属膜、合金膜或氧化物薄膜来说，真空镀膜工艺要求它们与基片之间有牢固的附着力，否则将影响到电路的物理、力学和防潮等性能。附着力不牢的主要原因是在蒸发或溅射之前，基片上尚存在污染物或气体吸附层未清除干净。污染物通过清洗工序来消除，要求清洗溶剂不仅对污染物和基片有较好的润湿，而且对污染物有较强的溶解能力。常用清洗剂有甲苯、丙酮及无水乙醇等。对气体吸附层消除则要采取解吸的方法来进行，具体方法如下。

①将基片进行烘焙加热，使其表面上的气体分子随着温度升高而逃逸掉。

②抽真空（$10^{-2} \sim 10^{-4}$ Pa），从吸附曲线可以看出，在低压部分，气体在固体表面上的吸附量是随着气体的压力增加而直线上升的，因此，降低压力可以有效地减少气体的吸附量。

③在抽真空的基础上再用惰性气体，如 N_2 或 Ar 进行气洗，然后再进行抽空，反复几次可将吸附在基片上的水蒸气或者氧气被氮气带走。因氮气沸点很低，不易被基片表面所吸附，当抽真空时很易被解吸。

④用高能离子轰击基片，以使吸附在基片上的气体进行解吸。同时还可以使表面部分离子化而产生剩余价力，以便对后来蒸发的金属原子进行牢固的化学吸附。

思考题

1. 名词解释

   驰豫；重构；迭层

2. 影响表面张力的因素主要有哪些？
3. 什么是介稳态？常见的介稳态有哪些？
4. 气体在固体表面的吸附一般分为几种情况。
5. 论述表面现象在材料科学中的应用。

第6章　无机非金属材料

无机非金属材料的组成是多样化的，化合物的形式也是较复杂的，许多无机非金属材料是多元氧化物，它们的晶体结构要比金属材料的晶体结构复杂得多。若以粒子间结合力来讨论晶体结构，主要有离子晶体、共价晶体、分子晶体以及混合键型晶体等，大多数无机非金属材料属于离子晶体。

6.1　离子晶体

离子键是指通过异性电荷之间的吸引产生的化学结合作用，又称电价键。当电离能小的金属原子和电子亲合能大的非金属原子接近时，前者将失去电子形成正离子，而后者则获得电子形成负离子，两者通过库仑作用相互吸引。当这种吸引力与离子的电子云之间相互排斥力达到平衡时，便形成稳定的以离子键结合的体系。离子键的特征是作用力强，而且随距离的增大而减弱较慢，作用不受方向性和饱和性限制，一个离子周围能容纳多少个异性离子及其配置方式，系由各离子的半径和离子间的库仑作用决定的。

以离子键结合的体系倾向于形成晶体，以便在一个离子周围形成尽可能多的离子键。例如，NaCl分子倾向于聚集为NaCl晶体，使得每个钠离子周围的离子键从1个变为6个，对于氯离子来说也是这样。这种由正、负离子借离子键结合而形成的晶体，称为离子晶体。

离子晶体要求组成它的正、负离子作相间的规整排列，以尽量使得异号离子之间的相互吸引力达到最大，而同号离子之间的相互排斥力达到最小。由于正、负离子之间的相互作用不受方向性和饱和性的限制，因而都可能达到很高的配位数。在离子晶体中，已经不可能再分出单个的分子来，所以应该把整个晶体看成是一个庞大的分子。离子键作用力强则决定离子晶体结构稳定、熔点高、硬度大、膨胀系数小等许多重要特性。但是，这类晶体一般又具有较大的脆性，这是因为当其所受的外力大到足以克服离子键结合能而使其中的离子产生足够大的位移，破坏了正、负离子之间原有的那种规整排列，则异号离子之间相互吸引力被削弱、同号离子之间相互排斥力却得以增大，从而导致离子键的破坏，即材料的碎裂。

如果说，金属键可以看成是高度离域的共价键，则离子键与之完全不同，离子键是一种定域键。也就是说：无论是正离子还是负离子，其外层电子都是比较牢固地被束缚在它们的周围，因而很难产生金属材料中的那种电子自由运动。因此，一般情况下离子晶体的导电性都不好，是良好的绝缘体。在溶液或熔体中，离子晶体变成电的良导体，是因为其晶格发生离散而通过离子运动导电，其导电机制和金属材料导电也不一样。

可见光所具备的能量通常不足以激发受到比较牢固束缚的离子晶体中正负离子的外围电子，因而不为离子晶体所吸收。离子晶体通常是无色透明的，例如氯化钠、溴化钾、氯化钙单晶都纯净透明,可用作光学材料。

6.1.1 典型二元离子晶体的结构型式

离子晶体的结构多种多样,而且有的很复杂。但复杂离子晶体的结构一般都是典型的简单结构型式的变形,故可将离子晶体的结构归结为几种典型的结构型式,以下分别用晶体学中的两种基本方法来介绍二元离子晶体中有代表性的六种。

1. 晶胞与离子分数坐标方法的描述

用晶胞参数和晶胞中的原子分数坐标来描述晶体结构,是晶体学中的基本方法,图6.1(a)至(f)六个图中示出了二元离子晶体中有代表性的几种典型结构型式,其中正、负离子组成比为1∶1的AB型4种,1∶2的AB_2型有2种。表6.1列出了它们的晶胞特征及原子分数坐标,对于AB型晶体,A、B的坐标可互换。

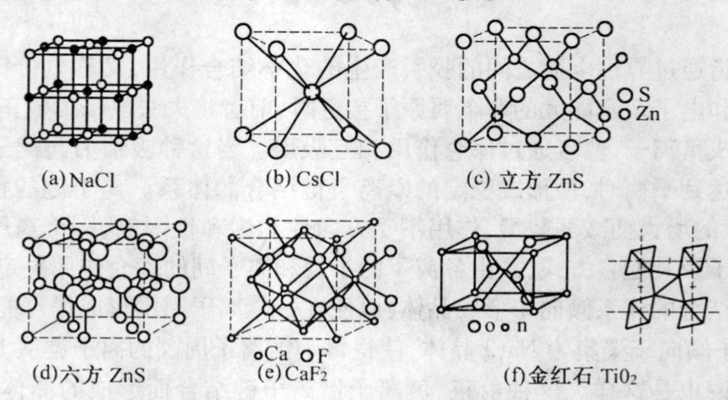

(a) NaCl (b) CsCl (c) 立方 ZnS (d)六方 ZnS (e) CaF_2 (f)金红石 TiO_2

图6.1 二元离子晶体中有代表性的几种典型结构型式

2. 离子晶体结构的近似模型

结晶化学中常常用另一种描写结构型式的基本方法——离子堆积模型方法来描述具体结构,如同金属晶体的等径圆球密堆积模型。由于离子键是无方向性无饱和性的,为使能量最低,一个离子周围尽可能多地排布异号离子,而正负离子又基本上是具有球形对称的稳定电子构型,且两者的大小差别较大,负离子的半径往往要比正离子半径大得多,因此负离子在占据空间上起着主导作用。在比较简单的二元离子晶体中,负离子只有一种,因此可以将负离子的堆积归结为等径圆球密堆积问题。由于负离子本身互相排斥,若无正离子介入其间,是不能构成离子晶体的。离子间的作用力主要是以库仑静电引力为基础,故离子晶体中的离子要以正负离子相间的形式来排列,即可以看做半径较小的正离子以一定的比例填入负离子堆积形成的空隙中。所以,对于较简单的二元离子晶体可以用不等径圆球密堆积,即大球(负离子)密堆积,小球(正离子)填空隙的模型来描述它们的结构。

表 6.1　几种 AB 型及 AB_2 型晶体构型的原子坐标

晶体构型	晶系	点阵型式	原子坐标		图 6.1
			A	B	
NaCl	立方	cF	000,1/2 1/2 1/2 1/2 0 1/2,0 1/2 1/2	1/2 0 0;0 1/2 0 0 0 1/2 ,1/2 1/2 1/2	(a)
CsCl	立方	cP	0,0,0	1/2 1/2 1/2	(b)
立方 ZnS	立方	cF	0 0 0,1/2 1/2 0 1/2 0 1/2 ,0 1/2 1/2	1/4 1/4 1/4 ,3/4 3/4 1/4 1/4 3/4 3/4 3/4 1/4 3/4	(c)
六方 ZnS	六方	hP	0 0 0,1/3 2/3 1/2	0 0 3/8;1/3 2/3 7/8	(d)
CaF_2	立方	cF	0 0 0;1/2 1/2 0 1/2 0 1/2 ,0 1/2 1/2	1/4 1/4 1/4;1/4 3/4 1/4 3/4 1/4 1/4;3/4 3/4 1/4 1/4 1/4 3/4;1/4 3/4 3/4 3/4 1/4 3/4;3/4 3/4 3/4	(e)
金红石(TiO_2)	四方	tP	0 0 3/8 1/3 2/3 7/8	u u 0, -u -u 0 1/2+u 1/2-u 1/2 1/2-u 1/2+4 1/2	(f)

表 6.2　二元离子晶体的典型结构型式的模型特征

结构型式	组成比	负离子堆积方式	正、负离子配位数之比	正离子配位体类型或所占空隙种类	正离子所占空隙分数
NaCl 型	1:1	立方最密堆积	6:6	正八面体	1
CsCl 型	1:1	简单立方堆积	8:8	立方体	1
立方 ZnS 型	1:1	立方最密堆积	4:4	正四面体	1/2
六方 ZnS 型	1:1	六方最密堆积	4:4	正四面体	1/2
CaF_2 型	1:2	简单立方堆积	8:4	立方体	1/2
金红石型	1:2	(假)六方密堆积	6:3	八面体	1/2

表 6.2 列出了前面讲到的六种二元离子晶体的典型结构型式的模型特征，简单说明如下。

在 NaCl 结构中，正负离子的配位情况相同，配位数均为 6，都是八面体配位。若以堆积层的形式描述，较大的负离子(Cl^-)堆积层的相对位置用 A、B、C 表示，较小的正离子(Na^+)在层中的相对位置用 a、b、c 表示，如图 6.2(b)所示，NaCl 晶体中正负离子的堆积形式沿(111)方向周期为|AcBaCb|。NaCl 型结构涉及许多离子晶体。键型可以从典型的离子键到共价键和金属键，同是 NaCl 型结构，它们的电性、磁性和力学性能则随键型的变化有很大差异。

CsCl 结构中 Cl^- 作简单立方堆积，Cs^+ 填入全部立方体空隙。CsCl 结构属于简单立方

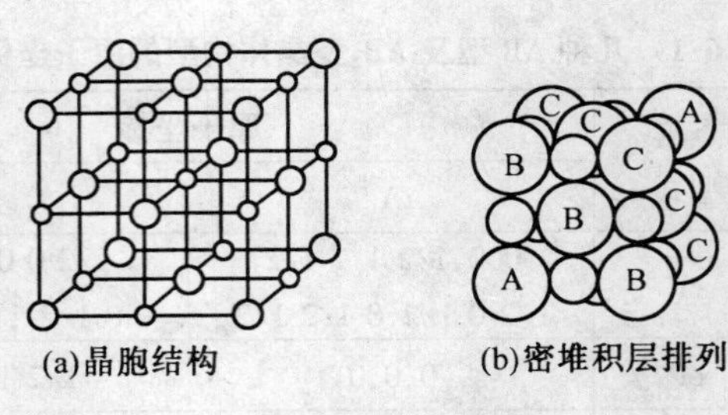

(a)晶胞结构 (b)密堆积层排列

图 6.2 NaCl 结构

点阵，O_h点群。正负离子的配位数均为 8。

两种 ZnS 结构中的 S^{2-}都是最紧密堆积形式，Zn^{2+}填在一半四面体空隙中，填隙时相互隔开，使填隙四面体不会出现共面连接或共边连接。立方 ZnS 结构是 S^{2-}作立方最紧密堆积（A1 型），六方 ZnS 结构是 S^{2-}作六方最紧密堆积（A3 型），它们密堆积的层堆积形式表示式为：

立方 ZnS：|AaBbCc|，结构见图 6.3（a）

六方 ZnS：|AaBb|，结构见图 6.3（b）

CaF_2的晶体结构，可将 F^-看做简单立方堆积，Ca^{2+}填入立方体空隙中，由于 Ca^{2+}数目比 F^-少一倍，所以有一半空隙是空的，只有一半的立方体空隙填 Ca^{2+}，Ca^{2+}与空位交替的间隔排列。这一结构为能与选取晶胞更一致，可以看做 Ca^{2+}作立方最紧密堆积排列，F^-填在全部四面体空隙中。

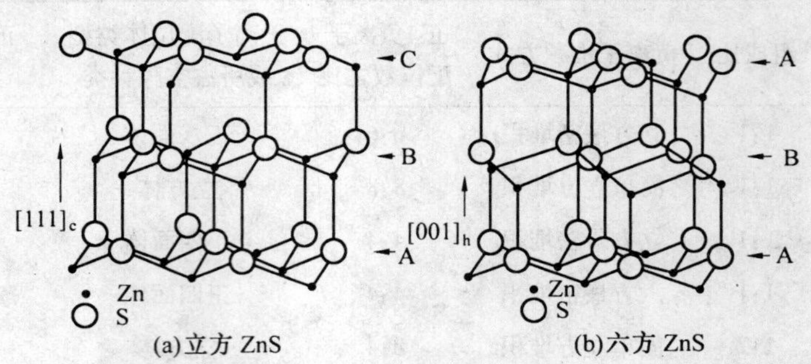

(a)立方 ZnS (b)六方 ZnS

图 6.3 ZnS 结构

TiO_2（金红石）的结构属四方晶系，D_{4h}点群，是常见的重要结构型式之一。在结构中，O^{2-}近似地具有六方密堆积的结构，因构型略有畸变，称假六方堆积。O^{2-}密置层垂直晶胞 a 轴延伸，Ti^{4+}填入其中一半的八面体空隙，而 O^{2-}周围有三个近于正三角形配位的 Ti^{4+}，从结构的配位多面体连接来看，每个（TiO_6）八面体和相邻的两个八面体共边连接成长链，链平行于四重轴，链和链沿垂直方向的共同顶点连成三维骨架。图 6.1（f）中左图示出金红石晶体中离子的配位情况，右图示出配位多面体的连接及轴所在的位置。

6.1.2 离子键与晶格能

1. 离子键的本质

正负离子间有吸引力，同性离子间有排斥力，它们的势能可根据库仑定律求得。设有两个离子，构成一个离子型分子，若正负离子的化合价各为 Z^+ 和 Z^-，则它们之间的吸引能为 $\frac{-Z^+Z^-e^2}{4\pi\varepsilon_0\gamma}$，这里假定每一个离子都是球形对称的，$r$ 为两个核间的距离。上式是两个点电荷间库仑力的公式。实际上离子并不是点电荷，当两个离子相当接近时，它们之间的电子云将会产生排斥作用，排斥能为 $\frac{b}{r^m}$，其中 b 和 m 均为常数。因而正负离子间总的势能为

$$E = EA + ER = -\frac{Z^+ Z^- e^2}{4\pi\varepsilon_0 r} + \frac{b}{r^m} \tag{6.1}$$

以上是正负两个离子在任何距离 r 时的势能公式。当两个离子逐渐接近，势能 E 达到最低点时，吸引力和排斥力达到平衡，形成稳定的离子键，如图 6.4 所示。此平衡时的核间距离 R，即为离子键的键长或者两个离子半径的和。由上可见，离子键是离子静电吸引力与电子短程排斥力平衡的结果。

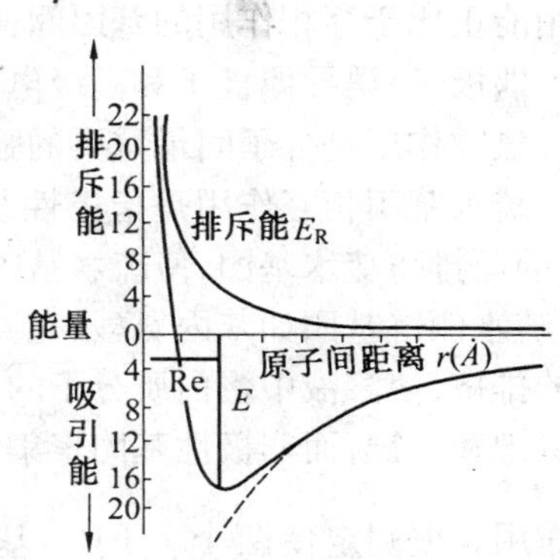

图 6.4 离子间势能与核间距

2. 晶格能(点阵能)

离子键的强弱可用晶格能的大小来表示，晶格能是指在 0 K 时，1 mol 离子化合物中的离子从相互远离的气态结合成离子晶体所释放的能量。若用化学反应式表示，晶格能相当于以下反应的内能的改变量

$$mM^{Z+}(g) + xX^{Z-}(g) = M_mX_x(s) + U$$

式中，U 即为点阵能。点阵能越大表示离子键越强，晶体越稳定。点阵能的数值可以根据热力学第一定律通过实验间接测定，也可根据静电吸引理论通过计算得到。波恩(Born)和朗德(Lande)根据静电吸引理论导出了计算离子化合物的点阵能的理论公式。

从离子键的本质讨论中，已得到一对正负离子键势能的表达式(6.1)，式中 b 为比例常数，m 称为波恩指数，它可以从晶体的压缩系数求得，一般按照离子类型的不同，采取 5 ~ 12的数值，如表 6.3 所示。

表 6.3 波恩指数

离子的电子层构型	He	Ne	Ar, Cu^+	Kr, Ag^+	Xe, Au^+
m	7	7	9	10	12

6.2 分子间作用力与超分子化学

6.2.1 分子间作用力

1. 分子间作用力

在物质的凝聚态中，除了分子内相邻原子间存在的强烈的化学键外，分子和分子之间还存在着一种较弱的吸引力——分子间作用力。早在 1972 年，范德华(van de Walls)就

已注意到这种力的存在，并考虑这种力的影响和分子本身占有体积的事实，提出了著名的范德华状态方程式。所以分子间作用力也称为范德华引力。范德华引力是决定物质的熔点、沸点、气化热、熔化热、溶解热、表面张力、粘度等物理化学性质的主要因素。

分子间主要作用包括：荷电基团、偶极子、诱导偶极子之间的相互作用，氢键、疏水基团相互作用、π…π 堆叠作用以及非键电子推斥作用等。大多数分子的分子间作用能在 $10\ kJ \cdot mol^{-1}$以下，比一般的共价键键能小 1～2 个数量级，作用范围在 300～500 pm。

荷电基团间的静电作用的本质与离子键相当，又称盐键，例如—$COO^{-}\cdots{}^{+}H_3N$—，其作用能正比于互相作用的基团间荷电的数量，与基团电荷重心间的距离成反比。

偶极子、诱导偶极子和高级电极矩（如四极矩）间的相互作用，通称范德华作用。

氢键作用是分子间最重要的强相互作用，下面详细介绍。

疏水基团相互作用是指极性基团间的静电作用和氢键使极性基团倾向于聚集在一起，因而排挤疏水基团，使疏水基团相互聚集所产生的能量效应和熵效应。在蛋白质分子中，疏水侧链基团如苯丙氨酸、亮氨酸、异亮氨酸等较大的疏水基团，受水溶液中溶剂水分子的排挤，使溶液中蛋白质分子的构象趋向于把极性基团分布在分子表面，和溶剂分子形成氢键和盐键，而非极性基团聚集成疏水区，藏在分子的内部，这种效应即为疏水基团相互作用。据测定使两个 $>CH_2$ 基团聚集在一起形成 $>CH_2 \cdots H_2C<$ 的稳定能约达 $3\ kJ \cdot mol^{-1}$。

π…π 堆叠作用是两个或多个平面型的芳香环平行地堆叠在一起产生的能量效应。最典型的是石墨层型分子间的堆叠，其中层间相隔距离为 335 pm。在其他小分子组成的晶体中，芳香环出现互相堆叠在一起的现象也非常普遍。π…π 堆叠作用和芳香分子中离域分子轨道同相叠加有关。

非键电子推斥作用是一种近程作用。

主要的三种分子间作用力为静电力（永久偶极矩与永久偶极矩间的相互作用）、诱导力（永久偶极矩与诱导偶极矩间的相互作用）、色散力（瞬时偶极矩之间的相互作用），它们之间的关系可以用公式表示为

$$E = E_{静} + E_{诱} + E_{色散}$$

静电力和诱导力只有当极性分子参与作用时才存在，而色散力普遍存在于任何相互作用的分子间。当极性分子与极性分子相互作用时，三种力同时存在。实验证明，对大多数分子来说，色散力是主要的。

2. 原子的范德华半径

大量晶体结构的数据说明，一对非键原子间的接触距离变化的幅度很小。在没有氢键和给体-受体相互成键的情况下，对许多化合物而言，C、N、O 原子间的距离一般在 320～370 pm之间。由此可推论出原子的范德华半径的概念，它代表相邻分子中原子之间最小接触距离的平均值。一些元素原子的范德华半径（r_{vdw}）列于表 6.4 中。一个原子的范德华半径接近于 Lennard-Jones 势能函数中的 r_0参数，并和原子的最外层已占的原子轨道的大小相关联。例如，C 原子 2p 轨道包含电子几率达 99% 的球体半径为 190 pm，而碳原子的 r_{vdw}为 170 pm。

表 6.4 原子的范德华半径 *(单位为 pm)

H										He
120										140
Li					B	C	N	O	F	Ne
182					213	170	155	152	147	154
Na	Mg				Al	Si	P	S	Cl	Ar
227	173				251	210	180	180	175	188
K		Ni	Cu	Zn	Ga	Ge	As	Se	Br	Kr
275		163	143	139	251	219	185	190	185	202
		Pd	Ag	Cd	In	Sn	Sb	Te	I	Xe
		163	172	162	255	227	190	206	198	216
		Pt	Au	Hg	Tl	Pb	Bi			CH_3
		175	166	170	196	202	187			200

* 表中数值为 Bondi 所给的范德华半径。

3. 氢键

(1)氢键的基本性质

氢原子 H 与电负性较大的原子 X 形成共价键时,有剩余作用力可与另一个电负性较大的原子 Y 形成氢键,可以用 X—H···Y 表示,X、Y 均指电负性较高的原子,如 F、O、N 等,Cl 和 C 在某些条件下也参与形成氢键。氢键这一名词有两种不同的意义:一是指 X—H···Y 的整个结构,例如说氢键的键长是指 X—Y 间的距离;二是专指 H···Y 的结合,如说氢键的键能是指 H···Y 结合被破坏时所需的能量。

一般认为氢键 X—H···Y 中,X—H 基本上是共价键,而 H···Y 则是一种强有力的有方向性的范德华引力。因为 X—H 的偶极矩很大,H 的半径很小(其原子半径为 25 pm)且又无内层电子,可以允许带有部分电荷的 Y 原子充分接近它,产生强烈的吸引作用而形成氢键。这种吸引作用的能量一般在 40 $kJ \cdot mol^{-1}$ 以下,比化学键的键能小得多,但和范德华引力的数量级相同,又因为这是一种偶极-偶极或偶极-离子的静电相互作用,从这个意义上来说,我们可以把氢键归入范德华力。表 6.5 示出氢键键长、键角和强弱等性质。

表 6.5 氢键的强弱及其性质

	强氢键	中强氢键	弱氢键
X—H···Y 相互作用	共价性占优势	静电性占优势	静电
键长(pm)	X—H≈H—Y	X—H<H···Y	X—H≪H···Y
H···Y	120 ~ 150	150 ~ 220	220 ~ 320
X···Y	220 ~ 250	250 ~ 320	320 ~ 400
键角(°)	175 ~ 180	130 ~ 180	90 ~ 150
键能(kJ/mol)	>50	15 ~ 50	<15
实例	强酸气相二聚体	酸、醇、酚水合物	弱酸
	酸式盐	生物分子	碱式盐
	质子受体		C—H···O(N)
	HF 络合物		(O)N—H···π

但氢键有两个与一般范德华力不同的特点，即它的饱和性和方向性。氢键的饱和性表现在 X—H 只能和一个 Y 原子相结合，这是因为氢原子非常小，而 X 和 Y 都相当大。如果另有一个 Y 原子来接近它们，则它受 X 和 Y 的推斥力要比受 H 的吸引力来得大，所以 X—H 一般不能和两个 Y 原子结合。偶极矩 X—H 与 Y 的相互作用只有当 X—H…Y 在同一直线上时最强，因此时 X 与 Y 间的斥力最小。所以在可能的范围内，要尽量使 X—H…Y 在同一直线上，这是氢键具有方向性的原因。另一方面，Y 一般含有孤对电子，在可能的范围内要使氢键的方向和孤对电子的对称轴相一致，这样可以使 Y 原子中负电荷分布最多的部分最接近氢原子，这是水的晶体(冰)具有四面体结构的原因(图 6.5)。

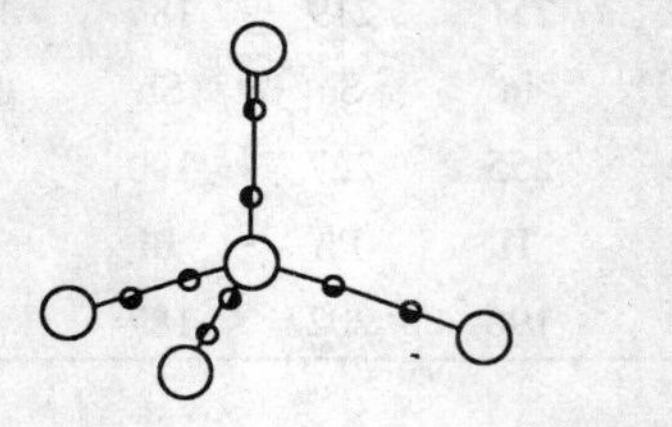

图 6.5 冰中氧原子周围氢原子的统计分布
(大球代表氧原子，小球代表 1/2 个氢原子)

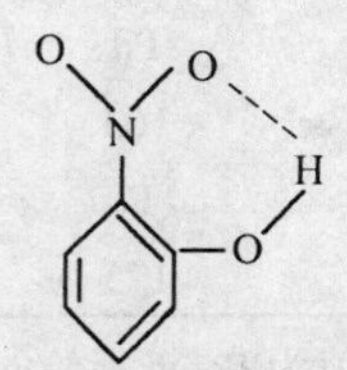

图 6.6 邻硝基苯酚结构

氢键键能介于共价键和范德华引力之间，它的形成不像共价键那样需要严格的条件，它的结构参数如键长、键角和方向性等各个方面都可以在相当大的范围内变化，具有一定的适应性和灵活性。氢键的键能虽然不大，但对于物质性质的影响却很大，其原因一方面是由于物质内部趋向于尽可能多地生成氢键以降低体系的能量，在具备形成氢键条件的固体、液体甚至气体中都尽可能多地生成氢键，这就是形成最多氢键原理。另一方面因为氢键键能小，它的形成和破坏所需要的活化能也小，加上形成氢键的空间条件比较灵活，在物质内部分子间和分子内不断运动变化的条件下，氢键仍能不断地断裂和形成，在物质内部保持一定数量的氢键结合。

(2)氢键的类型

氢键可以分为分子内氢键和分子间氢键两大类。一个分子内的 X—H 键和它内部的 Y 相结合而成的氢键叫做分子内氢键，如邻硝基苯酚(图 6.6)；一个分子的 X—H 键和另一个分子的 Y 相结合而成的氢键叫做分子间氢键。大量存在的是分子间氢键。

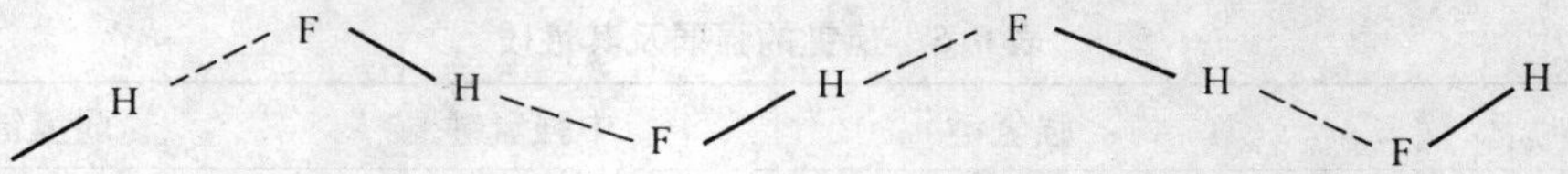

H F H F H F H F H

图 6.7 固体氧化氢[$(HF)_n$]的链状结构

由于氢键具有一定的方向性，如在分子间形成氢键时，必然要对由这些分子堆积而成的晶体的构型发生重要的影响。在氢键型晶体中，有的因分子间氢键而连成链状，有的连成层状，有的形成骨架型结构。

多聚分子中氢键的链状结构可举固体氟化氢为例子，X 射线研究证明，它的结构如图 6.7 所示。在氢键 F—H…F 中 H…F 的键轴就是 F 的孤对电子云的对称轴，所以氢键间的夹角 134°实际上是 F 的孤对电子和成键电子(F—H 键)的杂化轨道间的夹角。

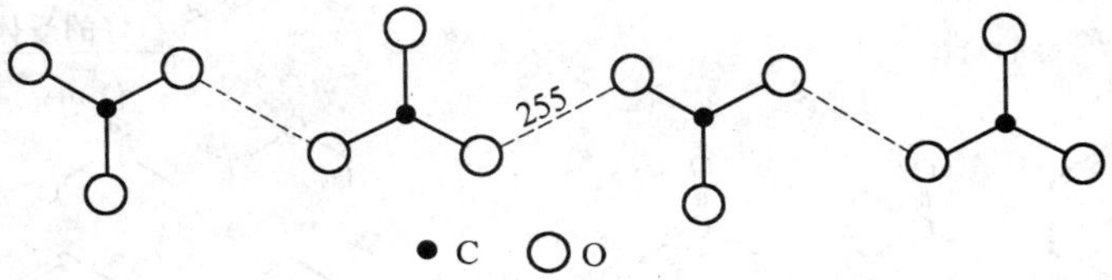

图 6.8 HCO^{3-} 由氢键结合成无限长的链状负离子团

电子衍射的研究证明，氟化氢气体中也有多聚分子$(HF)_n$存在，n 大约在 5 以下，F—H…F 之键长为 255 pm，F…F…F 间的夹角为 140±5°，根据红外光谱研究结果证明，除链状$(HF)_n$外，还有$(HF)_6$环状六聚分子存在。

在 $NaHCO_3$结晶中，HCO^{3-} 由氢键结合成无限长的链状负离子团，如图 6.8 所示。在长链负离子的两旁是 Na^+离子，它们由于离子间的引力结合成晶体。

图 6.9 示出硼酸(H_3BO_3)结晶中由氢键结合起来的层状结构，从图中可以清楚地看出硼酸分子间的氢键结合。

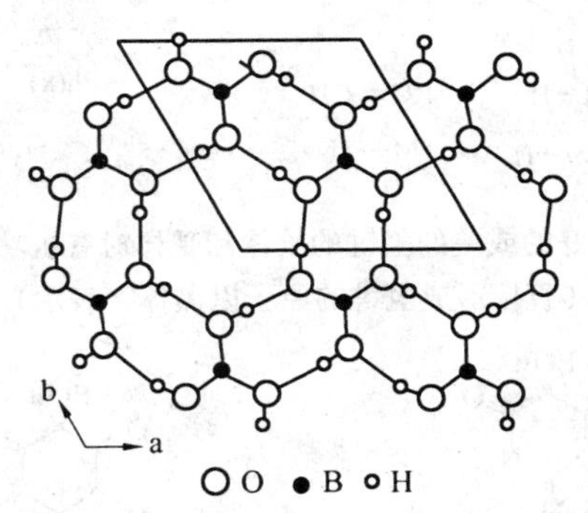

图 6.9 硼酸(H_3BO_3)结晶中由氢键结合起来的层状结构

对氢键结合的晶体的大量晶体学数据进行系统分析，显示出当互补的给体或受体可以利用时，某些类型的功能团几乎总是形成氢键，而其他的则只是偶尔形成氢键。图6.10 示出一些按照好的或差的给体和受体进行分类的实例。

在中性有机分子中，功能团间氢键的形成通常有三个重要规则：

①所有强的给体和受体的位置全部利用；

②能形成六元环的分子内氢键，优先于分子间氢键；

③在第②规则中没有用上的质子给体和受体将彼此形成分子间氢键。

同一种氢键的给体和受体可以按不同的方式连接成不同的花样，从而有不同的同质多晶给出。5,5-二乙基巴比土酸就是很好的例子，目前已知它有三种同质多晶型晶体，如图 6.11 所示。

(3)非常规氢键

①X—H…π 氢键。包括芳香氢键，如图 6.12 所示，有 N—H…Ph 或 O—H…Ph 等；以及炔烃类氢键，如图 6.13 所示。

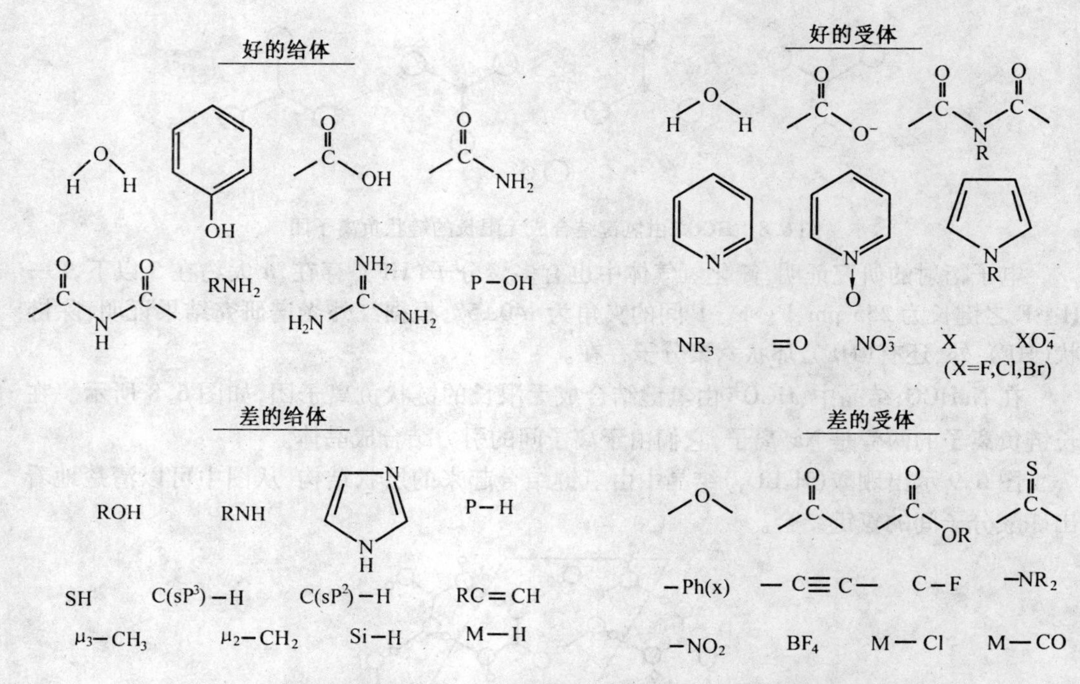

图 6.10　按照好的或差的氢键的给体和受体对有机功能团进行分类
（直接形成氢键的原子以黑体字表示）

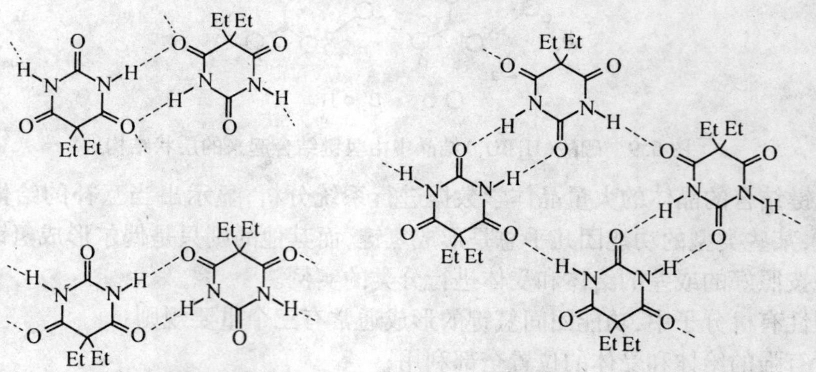

图 6.11　5,5-二乙基巴比土酸的三种同质多晶型晶体中氢键结合的试样

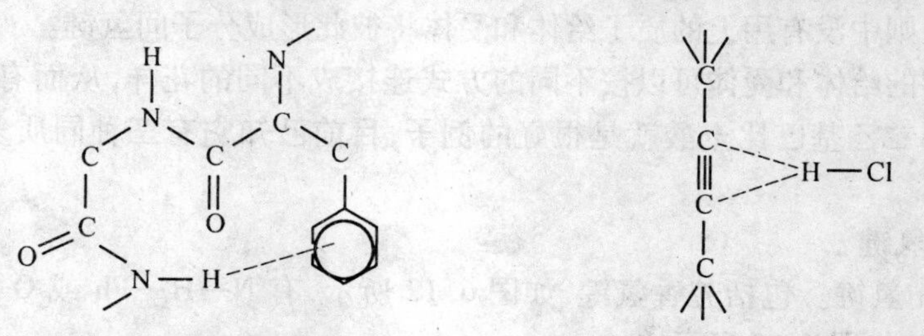

图 6.12　多肽链内部的 N-H…Ph 氢键　　图 6.13　丁炔 · HCl 中的 Cl-H…π 氢键

②X—H···M 氢键。当质子受体为富电子的金属原子时,常形成三中心四电子氢键,例如典型的后过渡金属 M,具有充满电子的 d 轨道,作为质子受体。分子形状近似直线形,桥连氢原子与电负性高的 X 共价键,加强了静电作用。

③X—H···H—Y 二氢键。实验证明在 $H_3N—BH_3$ 等化合物的晶体中,分子间存在着不寻常的强烈作用,因而提出 N—H···H—B 的观点。

图 6.14 示出 $H_3N—BH_3$ 的结构,此外,在过渡金属配位化合物中也可以存在类似的二氢键,X 射线和中子衍射研究已证实存在着 X—H···H—M 和 O—H···H—M 二氢键,其中氢化物配位基团 M—H 起着质子受体作用。

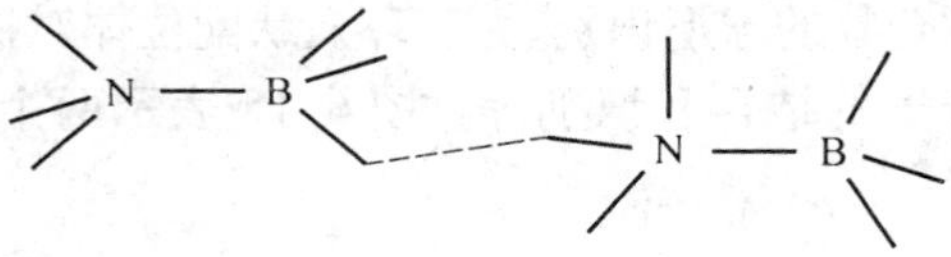

图 6.14 $H_3N—BH_3$ 结构中的二氢键

6.2.2 超分子化学

1. 超分子化学——分子之外的化学

1987 年法国的 J. M. Lehn 在其诺贝尔演讲中首次提出了超分子化学的概念。超分子化学是研究凭借分子间作用力组装的分子聚集体、聚集体的组装过程及其结构与性能的关联的学科。超分子化学的提出是分子知识高度积累、新型功能持续探索的必然结果。

超分子是由两种或两种以上分子以非共价键的分子间作用力结合在一起而形成的、较复杂的、有组织的缔合体,并能保持确定的完整性,具有特定的相行为和比较明确的微观结构和宏观特征。从分子到超分子和分子间作用力的关系,正如从原子到分子和共价键的关系一样。

超分子涉及的范围很广,例如,氨和乙腈等与冠醚形成较简单的超分子;DNA 双螺旋结构是由两条链形分子通过氢键结合成复杂的超分子;其他如酶和作用物、抗体和抗原、激素和受体、酶和蛋白抑制剂等结合形成的中间体;此外,如多层膜、液晶等有序多分子体系等都属超分子范畴。

化学是研究物质及其转化的科学,研究对象是以共价键为基础的分子,研究目的是认识和掌握有关分子物种的合成、结构、性质、转化、应用。超分子化学的研究对象是由分子间非共价键的相互作用,将分子结合和组织在一起,形成的比分子本身复杂得多的化学物种。超分子化学是高于分子层次的化学,或称之为分子之外的化学。

材料科学、生命科学和超分子科学的发展在很大程度上是相互依赖、相互促进的。在功能性超分子体系的研究中,建立材料科学和生命科学之间的桥梁,无论对于基础研究还是对于超分子在实际中的应用都是非常有意义的。

2. 分子识别

分子识别是指不同分子间的一种特殊的、专一的相互作用,这种相互作用既满足相互结合的分子之间的空间要求,也满足分子间各种作用力的匹配。在一种主体分子(或称受体分子)的特殊部位具有某些基团,正适合和另一种作用物分子(又称客体或底物分子)的基团相结合,客体分子和主体分子相遇时,相互选择对方一起成键。为了获得足够的选择性,主体腔径的大小和形状要与客体分子相吻合;主体表面和客体表面存在一系列非共价键的相互作用:有条件形成氢键的基团之间能形成氢键,荷正、负电基团之间按静电作用力互相吸引,芳香基团之间轨道互相叠加,疏水基团相互结合在一起。分子识别的本质就是使接受体和底物分子间有着形成次级键的最佳条件,互相选择对方结合在一起,使体系趋于稳定。

分子识别的研究通常是在溶液中进行,分子间相互作用的效应通过光谱鉴定,有的则用生物功能来探讨超分子结构。通过主体分子的设计,一些识别过程已得到深入研究,例如:金属正离子对穴状化合物的球形识别、大三环穴状配位体对铵离子及有关客体的四面体识别,以及关于中性分子的结合和识别等。图 6.15 表示两个通过氢键进行识别的实例。

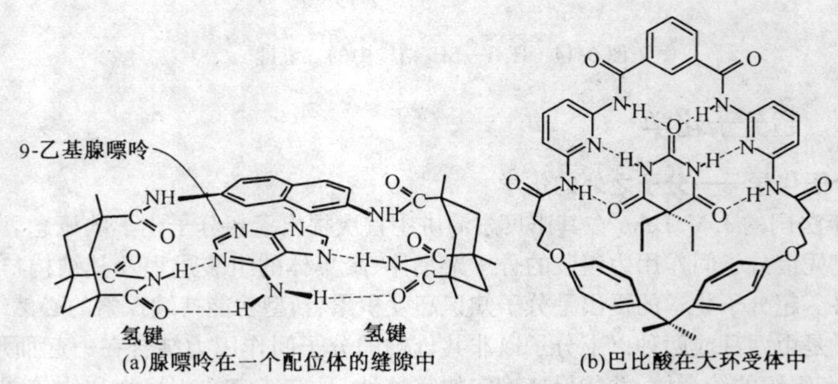

图 6.15 通过氢键产生中性分子的识别

3. 超分子自组装

超分子自组装是指一种或多种分子,依靠分子间相互作用,自发地结合起来,形成分立的或伸展的超分子。超分子自组装靠非共价键,即各种分子间作用力。超分子自组装涉及多个分子自发缔合成单一的、高复杂性的超分子聚集体。由分子组成的晶体,也可看做分子通过分子间作用力组装成一种超分子。

超分子的特性既决定于组分在空间的排列方式,也决定于分子间作用力的性质。分子晶体中分子排列结构和分子间作用力有关,也和堆积因子有关。

超分子化学为化学科学提供新的观念、方法和途径,设计和制造自组装构建元件,开拓分子自组装途径,使具有特定的结构和基团的分子自发地按一定的方式组装成所需的超分子。

分子识别和超分子自组装的结构化学内涵,体现在电子因素和几何因素两个方面,前者使分子间的各种作用力得到充分发挥,后者适应于分子的几何形状和大小能互相匹配,使在自组装时不发生大的阻碍。分子识别和超分子自组装是超分子化学的核心内容。

6.3 玻 璃

玻璃在高温下熔融,冷却过程中粘度逐渐增大、不析晶、室温下保持熔体结构的非晶固体。

玻璃是材料科学中古老的分支,但随着科学技术的发展,对玻璃的认识不断加深,应用也更加广泛。不仅传统的玻璃品种不断增加,而且出现了许多新品种,如半导体玻璃、金属玻璃等。

6.3.1 结构与性能

1. 结构特点

玻璃的内部结构无长程周期性,像液体一样,因此可以看做是过冷液体。玻璃态氧化硅是 SiO_2基玻璃中最简单的玻璃,对其结构和性质的研究对于了解在化学上比较复杂的硅酸盐玻璃曾发挥过极为重要的作用。一般公认的玻璃态 SiO_2的结构是由 1932 年 Zachariasen 提出的无规则网络学说,并在 1936 年被 Wanen 以 X 射线衍射工作所支持。该理论认为玻璃的结构中包含许多小的结构单位(如由中心的硅和四角的 4 个氧通过共价键结合而成的 SiO_4^{4-}四面体),这些小结构单位彼此之间可以键合成链状,或由其他金属离子沿顶角键合,联结成很不规则的三维网络。此结构缺少对称性或长程有序性,为保持电中性,每个角顶氧原子仅在两个四面体之间共用,因而该结构是颇为开敞的。

而晶子学说认为玻璃由无数“晶子”组成,带有点阵变形的有序排列区域,分散在无定形介质中,晶子区到无定形区无明显界限。在这些模型中,人们假定其中存在着极小的有序区或微晶体,它们被无序区连接到一起。从玻璃 X 射线粉末衍射峰非常宽的实验事实可知,这些微晶体的尺寸必须很小,不会大于 0.8 ~ 1.0 nm,因而这种大小能否被称为“晶体”是有待商讨的。理论上,这种大小的一粒孤立晶体肯定是不稳定的,因为它有相对极高的表面能。不过在玻璃态 SiO_2的结构中,如果我们承认它具有某种型式的网络结构,在有序区和无序区之间的界面处硅和氧原子不会有未满足的价,因而不会有高的表面能。

2. 性能

玻璃的重要成分是二氧化硅,加入其他氧化物可以降低其熔点。有趣的是,自然界的二氧化硅是以非玻璃质的晶体状态存在的,这种天然的二氧化硅晶体在砂石和石英砂中广泛存在。可是,当以石英砂为重要原料,加热熔化制成的玻璃从液态冷却时,却会变得越来越粘稠,转变为一种软而具有可塑性的固体,最后变成又硬又脆的非晶体。由于玻璃的结构与晶体有本质的区别,故玻璃具有许多不同于晶体的特性,主要表现在:

(1)没有固定的熔点

当对玻璃加热时,只有一个从玻璃态转变温度到软化温度连续变化的范围。

(2)各向同性

由于结构上的特点,玻璃表现出力学、光学、热学及电学等性质的各向同性。

(3)内能高

与晶体相比,与陶瓷等多晶材料或孪晶等晶体不同,玻璃中不存在晶粒间界。

(4)无固定形态

可按制作要求改变其形态,如可制成粉体、薄膜、纤维、块体、空心腔体、微粒、多孔体和混杂的复合材料等。

(5)性能可设计性

玻璃的膨胀系数、黏度、电导、电阻、介电损耗、离子扩散速度及化学稳定性等性能一般都遵守加法法则,可通过调整成分及提纯、掺杂、表面处理及微晶化等技术获得所要求的高强、耐高温、半导体、激光、光学等性能。

3. 结构与性质的关系

玻璃的性质有两个最大的特点,即透明和易碎,这是与其结构特征紧密相关的。石英玻璃是无色透明的,其结构因素可以从水和汽油的透明来理解。组成水和汽油的分子内部原子间为 σ 键相连,成键轨道与反键轨道能级差 $\Delta E = E_{\sigma *} - E_{\sigma}$ 较大,紫外光激发才能产生跃迁,所以是无色的。玻璃中 Si–O 键介于共价键和离子键之间,实验数据表明它也需能量很高的紫外光才能激发,故玻璃也是无色的。一般液体透明是因为质地均匀,内部无反射界面,光线通过不会反射折射,玻璃被看做是过冷液体同样也具有透明的性质。在多晶材料中,微小晶粒取向各异,当光线通过晶粒界面时,会受到各个晶面的反射和折射而不透明,所以如果把玻璃表面磨糙或碾成细粉则不再透明。

玻璃本身的强度很大,但却非常易碎,是由于其结构内部缺少能发生滑动的平面,缺少可变形性质。玻璃的最大拉伸率仅为0.1%,受到冲击或振动超过应变极限就会破裂。

6.3.2 分类及应用

重要的玻璃体有四大类:氧化物玻璃,即传统通称的玻璃,主要是石英玻璃和硅酸盐玻璃;以及金属玻璃、非晶态半导体和高分子化合物。

1. 氧化物玻璃

生成玻璃的主要氧化物有 SiO_2、B_2O_3、GeO_2和 P_2O_5,所有这些氧化物都来自于周期表的一定区域,它们是电负性居中的元素的氧化物。这些元素的电正性不足以生成离子型结构,但它们的电负性也不足以生成共价键的小分子结构。它们的键往往是离子型与共价型的混合,它们的结构是一种三维多聚结构。周期表中周围元素的氧化物在一定条件下也可以生成玻璃,例如 As_2O_3和 Sb_2O_3在极快速冷却时生成玻璃。其他如 Al_2O_3、Ga_2O_3、Bi_2O_3、SeO_2和 TeO_2在单独条件下不能生成玻璃,但在其他氧化物存在时可能生成玻璃。例如 CaO 和 Al_2O_3本身都不能生成玻璃,但 CaO–Al_2O_3体系中有一个范围的液体组成能生成玻璃。

人们通常根据氧化物中化学键的键强把氧化物分为玻璃形成体、中间体和改性剂。像 SiO_2、B_2O_3等具有较高键强的氧化物称为玻璃形成体;像 PbO_2或 Al_2O_3等具有中等键强的氧化物称为中间体氧化物,中间体氧化物本身不能形成玻璃,但可以结合入玻璃形成体的骨架结构中;最后一组具有较低键能的氧化物为玻璃改性剂,例如碱金属和碱土金属氧化物即属于该类。

玻璃态 SiO_2和硅酸盐玻璃:玻璃态氧化硅是 SiO_2基玻璃中最简单的玻璃,结构示意于图 6.16(a),可通过熔融晶状石英或方石英来制备。将玻璃体进行结晶时,既可以出现石英,也可以出现方石英,这取决于处理条件。

硅酸盐玻璃是最主要的氧化物玻璃,图 6.16(b)为钠玻璃的结构示意图。二元硅酸盐玻璃是指 SiO_2 与另一种氧化物在一起,它们的结构和性质在极大程度上取决于第二种氧化物的本性。网格改性氧化物,如碱金属或碱土金属氧化物,加得越来越多时便会逐渐地打破氧化硅的网络结构。该熔体与熔融 SiO_2 相比有较低的黏度便可证明此点,当向 SiO_2 加入外来氧离子时,Si—O—Si 桥状连接便被打断而生成非成桥的氧离子,如图 6.17 所示。

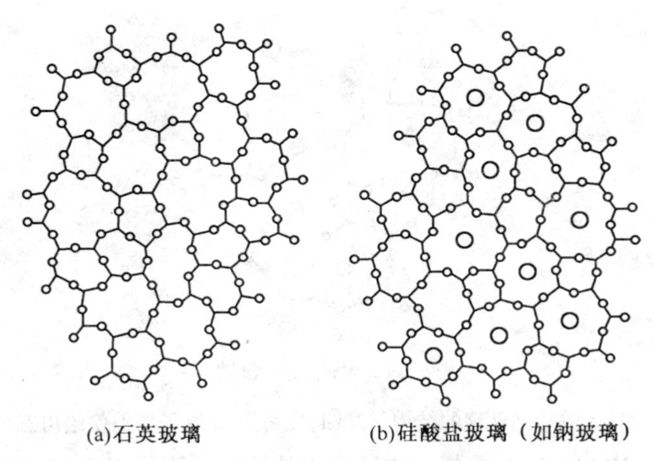

图 6.16 玻璃结构示意图

图中小圆圈代表 O 原子,三线段交点代表 Si 原子,图(b)中大圆圈代表 Na^+。

当第二氧化物对氧化硅的比值增大到 1:2 的时候(如 Na_2O:2 SiO_2 或 $Na_2Si_2O_5$ 中的情况),硅对氧的比值降低至 1:2.5。这就意味着平均在每一个 SiO_4 四面体中,四个氧角顶中必有一个是非成桥的氧原子。在具有此种化学式的晶状硅酸盐如 $Na_2Si_2O_5$ 中,硅酸盐阴离子往往是无限的二维片层;在玻璃体中也可能存在小片的片层阴离子,但更可能是存在开口的三维网络结构,而 Na^+ 等阳离子则占据在骨架里相对较大的孔穴中。

阳离子如 Na^+ 分布并不是完全无序的,因为从 X 射线衍射研究中看到一些迹象,即阳离子可以簇合在一起。这种现象的实际意义现在还没有弄清楚,它仅能告诉我们在玻璃体网格结构中可供使用的孔穴不是无序的;另一种可能性是在玻璃结构中有某种阳离子-阳离子相互作用,或许也包括氧负离子,而导致簇合作用。

当第二氧化物的量进一步增多时,氧化硅网格结构就更多地打开,熔体变得更易流动,在冷却时失透的倾向也增大。往往当第二氧化物与氧化硅的比值达到 1:1 时,其熔体很难冷却,甚至不可能保持为玻璃态。

玻璃态 B_2O_3 和硼酸盐玻璃:虽然硼酸盐玻璃由于其水溶性而没有什么工业价值,但 B_2O_3 却是硼硅酸盐玻璃如 Pyrex 玻璃的重要组成物。在 SiO_2 和硅酸盐玻璃中,硅存在为 SiO_4 四面体。与此不同,B_2O_3 玻璃体中含有 BO_3 三角形单元,在硼酸盐玻璃中依组成的不同而含有 BO_3 三角和 BO_4 四面体的混合物。玻璃态 B_2O_3 中的一个重要组成是硼氧基团,它是由交替的硼原子和氧原子组成的一个平面状六元环，这些基团通过成桥氧原子连接起来成为三维网格结构。不过由于硼的平面状配位，与硅在 SiO_2 中的四面体配位相比，玻璃态 B_2O_3 具有更为开放的结构，熔融 B_2O_3 也比熔融 SiO_2 较易流动。

在 B_2O_3 中硼的三角形配位是从 X 射线衍射和多种光谱法研究，特别是 B^{11} NMR 波谱研究中推导出来的。从 X 射线衍射测量，B_2O_3 玻璃的径向分布曲线在 0.137 nm 和 0.204 nm处有波峰，这相当于 BO_3 三角中的硼-氧和氧-氧距离。这与在结晶硼酸中的情况不同，后者含有 BO_4 四面体，硼氧距离较大，为 0.148 nm。

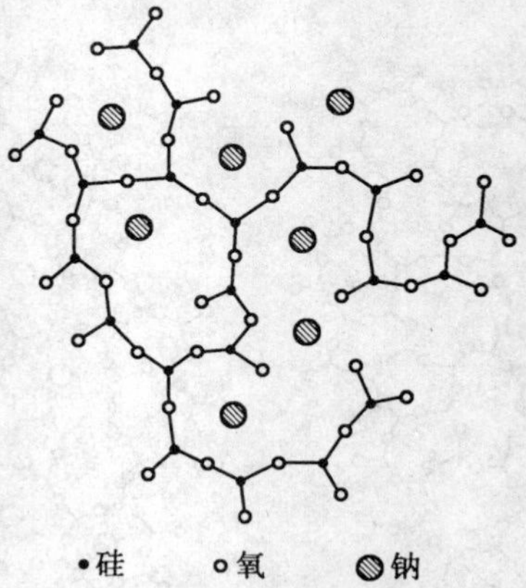

•硅 ○氧 ◎钠

图 6.17 一种硅酸盐钠玻璃的结构示意图，在每个 Si 原子周围仅绘出三个 O 原子

向玻璃态 B_2O_3 中加入碱金属氧化物所产生的结果颇不同于相应的碱金属硅酸盐，人们将观察到的这种效应称为氧化硼反常现象。举例来说，在 $Na_2O-B_2O_3$ 体系中，熔体随着氧化钠含量的增大而黏度增大，并在 Na_2O 摩尔分数达到约 16% 时黏度为极大。玻璃体的热膨胀系数随 Na_2O 含量的增大而变小，在 16% Na_2O 处通过一极小值。其他性质也在此组成附近出现极小或极大。与此不同，在碱金属硅酸盐中，随着碱金属含量的增大，熔体变得越来越容易流动，它们的热膨胀系数亦随之稳步增长，看不到性质上的极大和极小现象。此效应的机理迄今仍不清楚。

2. 金属玻璃

金属玻璃是非晶态固体的重要研究与应用领域之一，一种金属或合金能否形成玻璃首先与其内因，即材料的非晶态形成能力，密切相关；其次，由金属熔体形成金属玻璃的必要条件是足够快的冷却速率，以使熔体在达到凝固温度时，其内部原子还未来得及按晶格规律排列就被冻结在其所处的位置附近，从而形成玻璃体，这是形成金属玻璃的外因。不同成分的金属或合金熔体形成金属玻璃所要求的冷却速率不同。实验表明，就一般金属而言，合金比纯金属更容易形成玻璃体。在合金中，过渡金属与类金属合金较容易形成玻璃体，通常冷却速率在 10^{6}℃/s 左右就可以了，而纯金属形成玻璃体需要的冷却速率往往高达 10^{10}℃/s 以上，这是目前的技术水平难以达到的。

与传统的晶态金属相比，金属玻璃具有许多奇异的特点，例如：比普通金属具有更高的强度；比普通金属具有更强的耐化学侵蚀能力，如不锈钢在盐酸溶液和 10% 的 $FeCl_2 \cdot 6H_2O$ 溶液中会发生晶界腐蚀，并出现蚀坑，但对金属玻璃（如 $Fe_{70}Cr_{10}P_{13}C_7$）在这类溶液中几乎完全不被腐蚀；有些金属玻璃表现出极好的软磁特性，如含铁和钴等元素的金属玻璃有特别低的矫顽力，很容易磁化或退磁。

正因为金属玻璃具有许多优异的特性，所以能在许多领域中得到广泛应用。目前，从磁屏蔽到各种类型的磁头，从传递微瓦级信号的变换器到数千兆瓦能量的脉冲磁开关，从各种小型变压器到100 kVA 的配电变压器等方面都获得了成功。金属玻璃已经在开关型电源、漏电开关、磁头、磁分离等方面得到应用，并且，在磁屏蔽、声表波器件、电流互感器、张力传感器、钎焊不锈钢和耐热合金部件的焊料、热敏磁性材料、磁光盘材料等方面都已接近或达到了实际应用阶段。

3. 半导体玻璃

半导体玻璃又称为非晶态半导体，是非晶态功能材料的一个相当活跃的领域。其中有些材料，如非晶态硒和非晶态硅的研究已日趋成熟，并形成产业，所以说半导体玻璃是材料科学的一个重要分支。

非晶态半导体有许多分类方法，按原子间结合力的性质，可分为离子键材料和共价键材料。也可按配位数分类，各种共价键结合的非晶态半导体材料的配位数基本遵守8隅体规则(8-N规则，N为原子外层电子的数目)。这种方法体现了结构中短程有序的特点，似乎是一种比较合理的分类方法。

非晶态半导体的结构不同于同组成的晶体，因而其性质也往往与晶体有很大差异。通常，半导体玻璃的半导体特性不如晶体那样对杂质敏感。

应用最多的半导体玻璃是非晶态薄膜，由于非晶态薄膜的制备对衬底材料没有晶态膜那样严格，因此制备工艺相对简单，成本较低，适合大规模工业化生产。另外，利用非晶态半导体薄层交替叠合形成的人工非晶态半导体超晶格也是非晶态半导体研究的一个新领域。

半导体玻璃的应用已十分广泛，非晶态α-Si:H太阳能电池是人们最为关注的非晶材料的应用之一。该项研究开始于20世纪70年代，到80年代α-Si:H太阳能电池的转换效率已达到10%～20%。A-Si:H太阳能电池从1984年起已不再局限于计算器、手表、干电池充电器等小型电器供电，而开始向农田灌溉、住宅用电等电力装置发展。因而，α-Si:H太阳能电池已成为发展最快、市场潜力最大的非晶半导体器件之一。

光电复印机的心脏部件是一个圆柱形金属鼓，其上用真空蒸发法沉积的一层非晶态硒是一种半导体薄膜，也是一种光导体，通过曝光，其电子电导率大大加强。静电复印技术就是利用了非晶态硒的这种奇特的光电特性。

除此之外，半导体玻璃还广泛地应用于其他光敏器件、发光器件、场效应器件、热敏器件、电子开关与光盘等方面。

4. 特种玻璃

普通玻璃是根据玻璃的性能和用途要求，设计玻璃的成分，选择合适的原料制成混合料，经高温加热熔融、澄清、均化形成熟度较大的熔体，在常规条件下经压、吹、拉等工艺，成型、冷却、退火而制得。光学玻璃、平板玻璃、器皿玻璃及电真空玻璃等均使用这种方法制备。

特种玻璃有很多，如SiO_2含量 >85% 或<55%的硅酸盐玻璃、非硅酸盐玻璃(如硼酸

盐、磷酸盐、铝酸盐等)、非氧化物玻璃(如卤化物、氮化物、硫化物、金属玻璃)等。特种玻璃是光电子技术应用的基础材料之一,在激光、光纤通信、集成电路以及其他许多领域都要用到特种玻璃。

磷酸盐玻璃通常比硅酸盐玻璃具有更低的玻璃转变温度和更大的热膨胀系数,因而成为一些玻璃-金属的封接材料。磷酸盐玻璃也可以作为激光基质材料、固态离子导体、隔热玻璃、抗氢氟酸玻璃和核研究中定量测定伤害性辐射的剂量计玻璃等。但其化学稳定性比较差,为提高稳定性加入不同比例的其他成分,例如 $PbBr_2-PbF_2-P_2O_5$ 系铅卤磷酸盐玻璃结构中,Pb^{2+} 离子在玻璃中起到网络修饰阳离子和网络形成体的双重作用:当 P_2O_5 含量为 60 mol% 时,Pb^{2+} 离子主要作为网络修饰体;当 P_2O_5 含量为 50 mol% 时,一部分 Pb^{2+} 离子进入玻璃网络形成 $[PbO_4]$ 四面体或 P-O-Pb 键。Br-和 F-离子达到一定浓度时就会进入玻璃网络,形成 $[PO_{4-n}X_n]$ $(X=Br$ 或 $F, n=0\sim4)$ 四面体使磷酸盐键长变短。玻璃中 P_2O_5 含量不变时,P-O-P 键的比例也基本保持不变,当 P_2O_5 含量降低时,P-O-P 键和 P-O-键的含量都减少,P-O-Pb 键的含量则明显增加。这样的磷酸盐玻璃可制成高密度、快闪烁、抗辐射的优质闪烁材料。

掺杂 CuCl 微晶的量子点玻璃材料是比较典型的非均质非线性光学材料之一。分散于玻璃基质中的半导体微晶主要是三维限域的,玻璃基体实际上起了一个深的限域势阱的作用。由此导致的较大光学非线性使得这些材料在许多领域具有重要的应用前景,如光计算、光学信号处理及光开关等领域。例如,以 $Na_2O-B_2O_3-SiO_2$ 系统玻璃为基体,采用盐酸溶液为 CuCl 的先驱体溶剂,在 500 ~ 600℃ 的温度范围内烧成掺杂 CuCl 微晶的钠硼硅玻璃。

微晶玻璃是在制造玻璃时,在配料中添加金属氧化物作晶核,在熔制和冷却过程中,晶核长成微小晶粒,形成微晶玻璃。由于微晶粒的反射,这种微晶玻璃透光而不透明,并具有抗震抗击,耐冷热骤变而不易破碎的性能。

红外玻璃是在一定的红外波段有高透光率的玻璃,是红外光学技术的关键材料,用于导弹的制导和微光夜视。

激光玻璃是在硅酸盐、磷酸盐等玻璃中添加钕、铒等激活离子制得。和红宝石等晶体激光材料相比,具有光均匀性好、加工成型方便、输出功率高等优点。

吸热玻璃是在玻璃原料中添加铁、钴、镍、铜、锌等元素的氧化物,制得蓝、灰或茶色色调的建筑、汽车用玻璃。这种玻璃能透过可见光,吸收红外热辐射,可以改善采光色调、节约能源和装饰效果。

化学器皿玻璃,如 Pyrex 玻璃是由 SiO_2、B_2O_3 及少量 Al_2O_3 等熔制而成,它的膨胀系数小、耐热,可以制成烧杯、烧瓶等化学实验玻璃仪器。

光导玻璃纤维是由高折射率玻璃芯料和低折射率玻璃皮料组合成的复合纤维,是利用界面全反射原理远距离传输信息的可挠性玻璃制品。

6.4 水　泥

6.4.1　水泥定义及分类

凡细磨成粉末状，加入适量水后成为塑性浆体，既能在空气中硬化，又能在水中硬化，并能将砂石等散粒或纤维材料牢固地胶结在一起的水硬性胶凝材料，通称为水泥。水泥是多矿物、多组分、结构复杂的体系。

水泥的种类繁多，目前已达100余种。按其矿物组成分为硅酸盐水泥、铝酸盐水泥、硫铝酸盐水泥、氟铝酸盐水泥、铁铝酸盐水泥以及少熟料或无熟料水泥等。它们的水硬性物质不同，因而性能也各异，如铝硅酸盐类水泥凝结速度快，硫铝硅酸盐水泥硬化后体积会膨胀等。按其用途和性能又可分为通用水泥、专用水泥和特性水泥三大类。在每一种水泥中，又可根据其胶结强度的大小，而分为若干强度等级，以水泥标号表示，如32.5、32.5R、42.5等，数字越大，表示硬化后强度越高。低标号水泥常用于普通房屋建筑，高标号水泥主要用于大型桥梁、公路等工程建设。

硅酸盐水泥是最为重要的一类水泥，其中的熟料成分主要有硅酸三钙、硅酸二钙、铝酸三钙、铁铝酸四钙。硅酸三钙决定着硅酸盐水泥四个星期内的强度；硅酸二钙四星期后才发挥强度作用，约一年左右达到硅酸三钙四个星期的发挥强度；铝酸三钙强度发挥较快，但强度低，其对硅酸盐水泥在1至3天或稍长时间内的强度起到一定的作用；铁铝酸四钙的强度发挥也较快，但强度低，对硅酸盐水泥的强度贡献小。硅酸盐水泥能抵抗淡水或含盐水的侵蚀，颜色较浅，比重较小，水化热较低，耐蚀性和耐热性较好，但泌水性较大，抗冻性较差，早期强度较低，后期强度增进率较高。

6.4.2　水泥的制造方法和主要成分

以硅酸盐水泥为例进行说明，图6.18为硅酸盐水泥生产流程示意图。

由硅酸盐水泥熟料、5%～20%的混合材料及适量石膏磨细制成的水硬性胶凝材料。其组成原料在高温下发生复杂的物理、化学反应，经融化、冷却后，再在孰料中加入3%以下的石膏以控制凝结速度，即得到普通硅酸盐水泥。不同工艺阶段所发生的变化各不相同，主要化学反应如下

$$CaCO_3 \xrightarrow{750\sim1000℃} CaO + CO_2\uparrow$$

$$2CaCO_3 + SiO_2 \xrightarrow{1000\sim1300℃} 2CaO\cdot SiO_2$$

$$3CaCO_3 + Al_2O_3 \xrightarrow{1000\sim1300℃} 3CaO\cdot Al_2O_3$$

$$4CaCO_3 + Al_2O_3 + Fe_2O_3 \xrightarrow{1000\sim1300℃} 4CaO\cdot Al_2O_3\cdot Fe_2O_3$$

$$CaO\cdot SiO_2 + 2CaO \xrightarrow{1300\sim1400℃} 3CaO\cdot SiO_2$$

生料经上述烧结成块得到熟料，再经碾磨成细粉，加入少量石膏，用以调节水泥的水硬化时间，即得到水泥成品。水泥加水后的凝结、硬化是一个很复杂的物理化学反应过

程。首先水泥微粒表面成分发生水化、水解反应

$$3CaO \cdot SiO_2 + nH_2O \rightarrow 2CaO \cdot SiO_2 \cdot (n-1)H_2O + Ca(OH)_2$$

$$2CaO \cdot SiO_2 + mH_2O \rightarrow 2CaO \cdot SiO_2 \cdot mH_2O$$

$$3CaO \cdot Al_2O_3 + 6H_2O \rightarrow 3CaO \cdot Al_2O_3 \cdot 6H_2O$$

$$4CaO \cdot Al_2O_3 \cdot Fe_2O_3 + 7H_2O \rightarrow 3CaO \cdot Al_2O_3 \cdot 6H_2O + CaO \cdot Al_2O_3 \cdot Fe_2O_3 \cdot H_2O$$

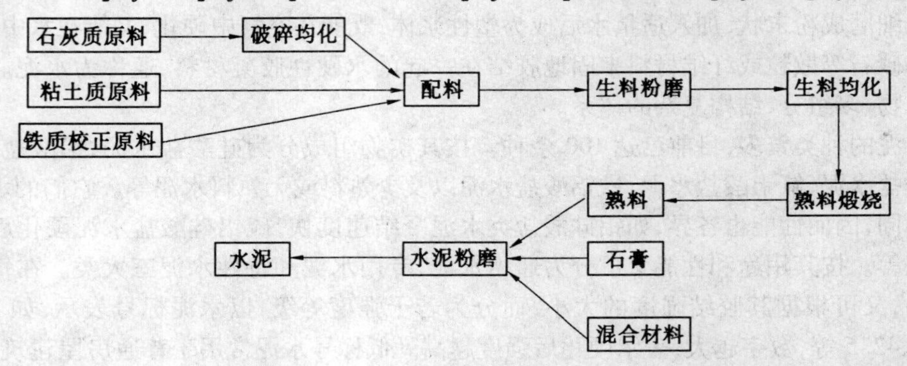

图 6.18 硅酸盐水泥生产流程示意图

硅酸盐水泥与水反应主要形成四个化合物：氢氧化钙、含水硅酸钙、含水铝酸钙及含水铁酸钙，其化学式和含量所占比例如表 6.6 所示，其显微照片如图 6.19 所示，它们共同决定水泥硬化过程特性变化。水泥凝结硬化过程大致分为三个阶段：溶解水化期、胶化期和结晶期。

表 6.6 水泥的主要矿物组成及含量

名 称	化学式	化学简式	最高含量/%	最低含量/%
硅酸三钙	Ca_3SiO_2	C_3S	65.9	38.5
硅酸二钙	Ca_2SiO_2	C_2S	37.2	7.2
铝酸三钙	$Ca_3Al_2O_3$	C_3A	15.6	2.1
亚铁铝酸四钙	$Ca_4Al_2O_3 \cdot Fe_2O_3$	C_4AF	17.5	5.7

水泥的水化初期是水泥微粒表面形成水化物膜，水化产物层不断增厚，其中包含较多胶体尺寸的晶体结构。随着水化反应的不断进行，各种水化产物逐渐填满原来由水所占据的空间，固体离子逐渐接近，水泥水化硬化。硬化水泥浆体是由无数钙钒石的针状晶体和多种形貌的水化硅酸钙，再夹杂着六方板状的氢氧化钙和单硫型水化硫铝酸钙等晶体交织在一起而形成的，它们密集连生交叉结合，又受到颗粒间的范德华力或化合键的影响。硬化水泥浆就成为由无数晶体编制而成的毛毡，具有强度。因此，水化产物的形貌、表面结构以及生长的情况等，就成为水泥硬化强度产生差异的关键因素。一般容易相互交叉的纤维状、针状、棱柱状或六方板状等水化物所构成的浆体强度较高；二立方体、近似于球状的多面体等则强度较低。当水化产物的原子或离子配位不规则，电荷分布有偏置时，结构不稳定，表面能大，相互之间就会产生很大的结合力。另外，当生成的水化产物粒子形貌和尺寸各异、大小不一时，较易镶嵌结合，形成较为紧密的堆积，表现出较高的强

度。水泥硬化后初期，生成的游离氢氧化钙微溶于水，通过吸收空气中的二氧化碳，反应生成难溶性碳酸钙坚硬外壳，可阻止内部氢氧化钙继续溶解。

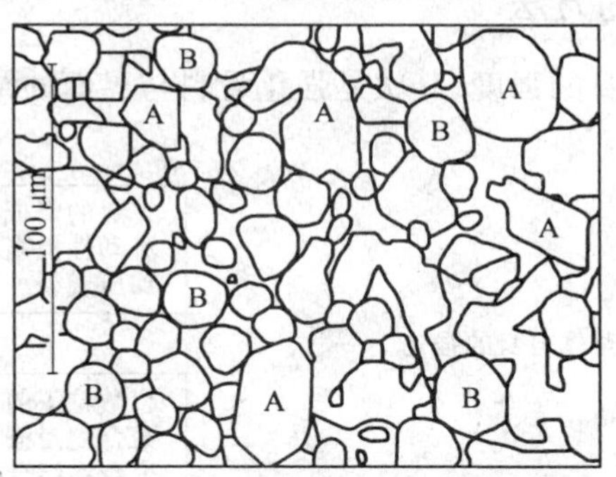

图 6.19　熟料的显微镜照片的略图

A：硅酸三钙　　$3CaO \cdot SiO_2$

B：硅酸二钙　　$2CaO \cdot SiO_2$

在显微镜下，C_3S 呈多角形、C_2S 呈圆形、填充在 C_3S 和 C_2S 之间的物质统称为中间相，包括 C_3A、C_4AF、组成不定的玻璃体和含碱化合物。

6.4.3　水泥的强度及指标

水泥的强度是指水泥试体净浆在单位面积上所能承受的外力，是水泥技术要求中最关键的主要技术指标，又是设计混凝土配合比的重要依据。

硅酸盐水泥和普通硅酸盐水泥的技术性能指标（GB175—1999）如表 6.7 所示。

表 6.7　硅酸盐水泥和普通硅酸盐水泥的技术性能

品种	强度等级（水泥标号）	抗压强度/MPa		抗折强度/MPa	
		3 天	28 天	3 天	28 天
硅酸盐水泥	42.5	17.0	42.5	3.5	6.5
	42.5R	22.0	42.5	4.0	6.5
	52.5	23.0	52.5	4.0	7.0
	52.5R	27.0	52.5	5.0	7.0
	62.5	28.0	62.5	5.0	8.0
	62.5R	32.0	62.5	5.5	8.0
普通硅酸盐水泥	32.5	11.0	32.5	2.5	5.5
	32.5R	16.0	32.5	3.5	5.5
	42.5	16.0	42.5	3.5	6.5
	42.5R	21.0	42.5	4.0	6.5
	52.5	22.0	52.5	4.0	7.0
	52.5R	26.5	52.5	5.0	7.0
细度	硅酸盐水泥比表面积大于 300 m^2/kg，普通硅酸盐水泥 80 μm 方孔筛筛余量不得大于 10.0%				
凝结时间	硅酸盐水泥初凝时间不早于 45 min，终凝时间不迟于 6.5 h；普通硅酸盐水泥初凝时间不早于 45 min，终凝时间不迟于 10.0 h				
体积安定性	用沸水煮法检验必须合格				

6.4.4 水泥强化的方法

其一是改善水泥浆自身的强度,其次是强化骨料与界面的结合力,最后是选择强度大的骨料,如图 6.20 所示。

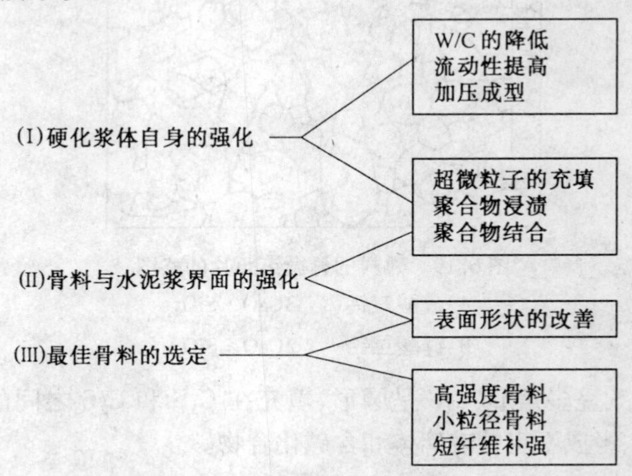

图 6.20 混凝土的高强度化

硬化浆体自身的强化是如何缩小空隙,如果可能没有空隙是最好的。因此,采取缩小 W/C 比,使水泥浆的流动性能充分表现出来。而加入添加剂的方法,把水泥的颗粒制造成球形或者采取缩小 W/C 比,流动性也不充分但能够成型的、加压成型,利用离心力的成型方法。其方法是通过对标准混凝土添加水泥重量 15% 的高性能减水剂,可以缩小 W/C 比为 25%,使抗压强度提高 20% 以上。

还有一种是采取积极的填补空隙的方法,这种方法在增加水泥浆硬化体自身强度的同时也强化了骨料与水泥浆的界面。这大致可以区分为两种类型,其一是利用火山灰反应,所谓火山灰是指虽然其本身没有水硬性,但是在常温下与混凝土中氢氧化钙慢慢反应后,生成不溶解于水的化合物的物质,所以把这种反应叫做火山灰反应。代表性的火山灰是自榴火山灰、硅酸白土、烟灰等,硅烟等也与此接近。另外,被叫做潜性物质的高炉渣与碱土类金属的氢氧化物反应后也可制造硬化体,所以也可看做是类似物质。水泥混凝土的界面过渡区是多孔质、氢氧化钙多,加入硅盐(SiO_2 占 90%),氢氧化钙变成含水化硅酸钙,多孔质的空隙被充填。

另一种填充空隙的方法是把硬化了的水泥浸渍聚合物、向硬化前的水泥浆中混入水溶性聚合物等方法。图 6.20 中提出高强度化的最后一项最佳骨料的选定问题、希望其粒度分布是最密填充的状态。

6.5 陶 瓷

陶瓷是指通过烧结包含有玻璃相和结晶相的特征的无机材料,一般由陶土或瓷土等硅酸盐经过成型烧结,部分熔融成玻璃态,通过玻璃态物质将微小的石英和其他氧化物晶体包裹结合而成。陶瓷包括了陶器和瓷器,陶器是多孔透气的、强度较低的产品,瓷器是加了釉层、质地致密而不透气的、强度较高的产品。

6.5.1 陶瓷的性能

1. 力学性能

耐磨性:用氧化铝、氧化锆、碳化硅、氮化硅、碳化硼和立方氮化硼等烧结制作的陶瓷,有很强的耐磨性,可用作研磨材料、切削刀具、机械密封件、工业设备衬里等。

高强度难变形性:氧化铝、碳化硅、氮化硅等陶瓷可以制作精密结构部件,如主轴和轴承等。

超高硬度:由氮化硼、碳化硅等超硬材料烧制的陶瓷,可作切削工具,岩石钻头,磨料等。

2. 热学性能

耐热性:氧化铝、氧化锆、碳化硅等熔点高、耐腐蚀,可制作陶瓷发动机部件或其他耐高温陶瓷材料。

隔热性:大多数陶瓷具有优良的隔热性,可作绝热材料和高温炉壁等。

导热性:氧化铝和碳化硅陶瓷导热性好,可作超大规模集成电路基板等。

3. 光学性能

透光性:氧化铝、氧化镁、氧化钇、氧化铟等陶瓷可制作电光源发光管,透明电极等。

偏光透光性:锆钛酸铅镧陶瓷(PLZT)具有偏光透光性,可制作光开关、护目镜等。

4. 电学和磁学性能

绝缘性:许多陶瓷具有优良的绝缘性,可用来制作电气元件。

导电性:氧化锆和碳化硅陶瓷等可用以制作磁流体发电电极,电阻发热体等。

离子导电性:β-氧化铝陶瓷和氧化锆陶瓷可用作固体电解质和敏感元件。

压电性:锆钛酸铅陶瓷(PZT)等可用作点火元件、压电换能器和滤波器等。

介电性:钛酸钡陶瓷可作电容器。

磁性:$(Ba,Sr)O_6Fe_2O_3$和$(Fe,Zn,Mn,Co)_2O_3$等铁氧体陶瓷为常用的永磁材料和软磁材料。

5. 生物和化学性能

生物体相容性:氧化铝陶瓷和磷灰石陶瓷可用于制造人造骨骼、关节和牙齿等。

耐化学腐蚀性:氧化铝、氧化锆、碳化硅、氮化硅、氮化硼等陶瓷具有优良的耐酸碱等化学物质侵蚀性能,可制作耐腐蚀的化学反应器。

6.5.2 陶瓷的应用

陶瓷是最重要的无机非金属材料,先进陶瓷材料则专指用精制高纯人工合成的无机化合物为原料,采用精密控制工艺成型烧结而制成的高性能陶瓷,以区别于用天然无机物烧结而成的传统陶瓷(如碗盆瓶杯等)。先进陶瓷材料大致可分为结构陶瓷与功能陶瓷两个部分。与金属或高分子材料相比,先进陶瓷材料更具众多独特的性能,如结构陶瓷优异的高温力学性能,功能陶瓷特有的光、声、电、磁、热或功能耦合效应是其他材料难以具备的。事实上，现代无机非金属材料已经在很多领域，特别是诸多高技术领域获得关键性的应用。

大型集成电路中的各类陶瓷基片和衬底材料，光纤通信中的石英光纤等是整个信息产业中最为关键的材料。另外，光通信中有源器件中的激光工作物质、无源器件中光纤连接器用的氧化锗陶瓷材料等都是现代光通信领域内必不可少的关键材料。

国防军工领域中，陶瓷材料发挥了关键作用。战略导弹、军事卫星和导弹防御系统是满足现代和未来国家安全需要的“杀手锏”。战略导弹上的防热端头帽、各类卫星星体和箭体用防热温控涂层材料、火箭喷管碳、陶瓷梯度复合材料和导弹防御系统中的微波介质材料等，均是先进陶瓷材料。

废气的处理是环保的重要方面，将废气转化为无害的气体需要多孔或蜂窝状的陶瓷作为转化器的载体材料或催化/载体一体化材料。其他各种高温吸附、分离和催化材料等也是先进陶瓷材料。疾病早期诊断采用的先进的医疗设备（如高分辨B超仪、高速CT和正电子断层扫描成像仪PET等）中最关键的探测材料，如超声波发射与探测材料、高能射线探测材料是陶瓷或晶体材料。人工关节、齿科材料等是一类具有生物活性的结构陶瓷材料。各类高档耐磨耐腐蚀密封材料、陶瓷轴承、钢筋轧制用复合陶瓷材料不仅提高了相关传统行业的效率，节约了成本，减轻了劳动强度，还对环境保护大有裨益。高性能的发热体材料是半导体行业使用的加热设备的关键材料。

提高性能需要通过材料的结构设计、研究和发现新型材料来实现。同时，要获得高性能低成本材料，还必须对制备过程中的基础理论问题进行深入研究。因此，结构设计与制备科学（尤其是制备过程中结构形成过程的控制）成为当前先进陶瓷材料各主要研究方向上的共同热点。

对于以离子键和共价键为主、多晶的陶瓷材料，虽然从物理化学的角度已经形成了较为丰富的科学认识，但从物理基础理论的角度看，尚需进一步充实和丰富。首先，在材料内部的分子层次上，原子、离子间的相互作用和化学键合对材料性能产生决定性的作用，这个根本问题还没有像金属材料那样得到透彻的认识；其次，在多晶的陶瓷材料介观和微米层次上，结构设计不仅会导致新材料的发明，同时对现有材料的性能的提升和改善也十分关键。从更宏观的角度看，不同类型的材料经过结构的设计，完全有可能发掘出其他方面的功能特性，从而为现有的材料寻找到新的用途。由此可见，充分理解和掌握无机材料在不同层次上的结构特征，对结构实现进行科学的设计，对于寻找新材料，提高和发挥现有材料性能都是十分重要的。

2003年国内有报道层片状$LaPO_4$陶瓷的应用，$LaPO_4$可被用于添加到Al_2O_3等氧化物陶瓷基体相中形成弱的界面来制备可加工陶瓷。复合材料断裂过程中这种弱界面成为裂纹偏转、界面滑移优先产生的地方，最终达到消耗能量、钝化裂纹、避免材料的宏观裂断，提高了材料的韧性和可加工性能。利用无压烧结、热压烧结、放电等离子烧结可制备高密度（$>97.4\%$理论密度）$LaPO_4$陶瓷，利用无压烧结方法可制备用于硬质合金钢钻孔钻头的40% $Al_2O_3/LaPO_4$复合材料。

思考题

1. 材料科学中的三大基础材料是什么?
2. 与传统的晶态金属相比,金属玻璃具有哪些特点?
3. 说出硅酸盐水泥熟料的主要成分,以及它们各起的作用?
4. 硅酸盐玻璃和硅酸盐陶瓷在结构上有哪些区别?
5. 说出主要传统陶瓷制造材料的种类。

第7章　金属材料

7.1　金属材料概论

金属是人类最早认识和开发利用的材料之一，在已发现的109种元素中，金属元素有86种，大约占80%。金属通常可分为黑色金属与有色金属两大类，黑色金属包括铁、锰、铬及其合金，主要是铁碳合金，常作为结构材料使用；有色金属指除黑色金属之外的所有金属，常作为功能材料来使用。有色金属可分为五类：

1. 轻有色金属

一般指密度小于4.5 g·cm^{-3}的有色金属，包括铝、镁、钾、钠、钙、锶、钡等。这类金属的共同特点是：密度小，化学性质活泼，在自然界中多以氯化物、碳酸盐、硅酸盐等形式存在。

2. 有色金属

一般指密度大于4.5 g·cm^{-3}的有色金属，其中有铜、镍、铅、锌、钴、锡、锑、汞、镉等。

3. 贵金属

一般指价格昂贵的金属，包括金、银和铂族元素。由于其在地壳中的含量少，开采和提取比较困难，故价格比一般金属贵，因而得名贵金属。贵金属的特点是密度大（10.4~22.4 g·cm^{-3}）、熔点高（1 189~3 273 K）、化学性质稳定。

4. 准金属

一般指硼、硅、锗、硒、砷、碲、钋，其物理化学性质介于金属与非金属之间，也称作放射性金属。

5. 稀有金属

通常指在自然界中含量很少、分布稀散、发现较晚、难以制备及应用较晚的金属。包括：锂、铷、铯、稀土元素及人造超铀元素等。普通金属与稀有金属之间没有明显的界限，大部分稀有金属在地壳中并不稀少。

7.2　金属单质结构

7.2.1　金属键

金属原子很容易失去其外层价电子形成带正电荷的阳离子，金属正是依靠阳离子和自由电子之间的相互吸引而结合起来的。金属键没有方向性，改变阳离子间的相对位置不会破坏电子与阳离子间的结合力，因而金属具有良好的塑性；金属之间具有溶解能力，即金属阳离子被另一种金属阳离子取代时不会破坏结合键。此外，金属的导电性、导热性以及金属晶体中原子的密集排列等也都是由金属键的特点所决定的。

7.2.2 金属的晶体结构

金属键由数目众多的s轨道组成，s轨道没有方向性，可以和任何方向的相邻原子的s轨道重叠，同时相邻原子的数目在空间因素允许的条件下并无严格限制。金属键也没有饱和性，金属离子按最紧密的方式堆积，使各个s轨道得到最大程度的重叠，从而形成最为稳定的金属结构。

金属阳离子可以视为圆球，一个圆球周围最靠近的圆球数目称作配位数。大多数金属单质采取的密堆积型式有三种，如图7.1所示。

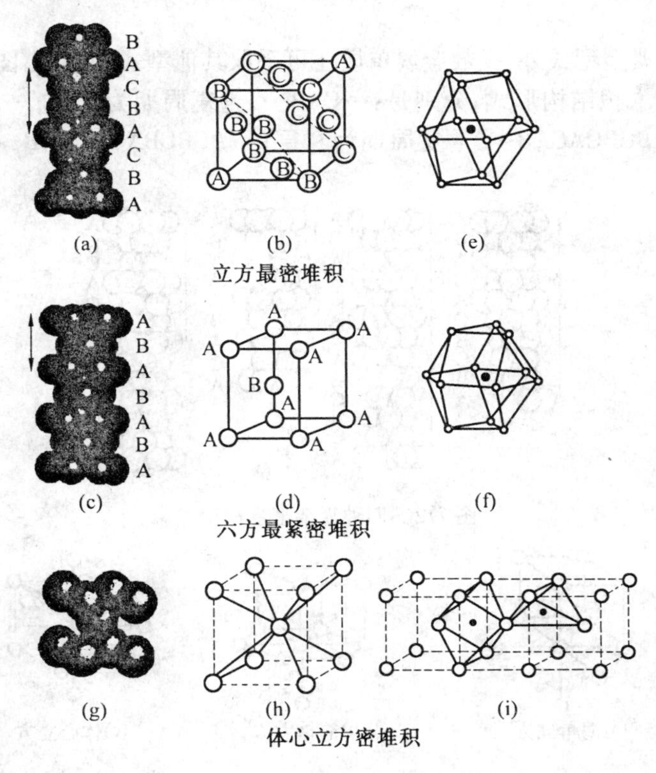

图7.1 密堆积的三种典型型式

1. 立方最紧密堆积

第一层圆球的最紧密堆积方式只有一种，即每一个球都和相邻六个球相切。为了保持最紧密的堆积，第二层球放在第一层球的空隙上，第三层球放在第一层球末被占用的另一半空隙上，称为ABC堆积。以后的堆积则按ABCABC…重复下去，重复周期为三层，图7.1(a)为这种堆积的侧面图。从ABC堆积中可以划出立方面心晶胞，如图7.1(b)所示，故称这种堆积为立方最紧密堆积，通常用A1表示，英文缩写为ccp。

2. 六方最紧密堆积

如果第三层的每个圆球都正对着第一层球，称为AB堆积，以后的堆积则按ABAB…重复下去，重复周期为两层，图7.1(c)为这种堆积的侧面图。从AB堆积中可以划出六方晶胞，故称这种堆积为六方最紧密堆积，通常用符号 A3 表示，英文缩写为 hcp。立方最紧密堆积和六方最紧密堆积中，每个圆球都和相邻的 12 个球相接触，故配位数均为 12，空间利用率均为 74.05%，图 7.1(e)、(f)分别为两种最紧密堆积的配位。

3. 体心立方密堆积

除了 A1、A3 两种最密堆积以外，在金属晶体中还常出现体心立方密堆积，配位数为 8~14，如图 7.1(g)、(h)、(i)所示，与这种堆积方式相对应的晶胞为立方体心。这种次密堆积的空间利用率为 68.02%，用符号 A2 表示，英文缩写为 bcp。

金属的晶体结构属于 Al 型的有 Ca、Sr、Al、Cu、Ag、Au 等；属于 A2 型的有 Li、Na、K、Rb、Cs、Ba 等；属于 A3 型的有 Be、Mg、Ca、Sc、Y、La、Ce、Zn、Cd 等。有的金属有两种不同的构型。

除以上三种典型型式外，少数金属单质还可采取其他型式的结构，图 7.2 示出了一些较复杂的最紧密堆积结构形式，分别是：…CAB…，重复周期为 4 层；…ABCACB…，重复周期为 6 层；…ABCBCACAB…，重复周期为 9 层；…ACBCBACACBAB…，重复周期为 12 层。

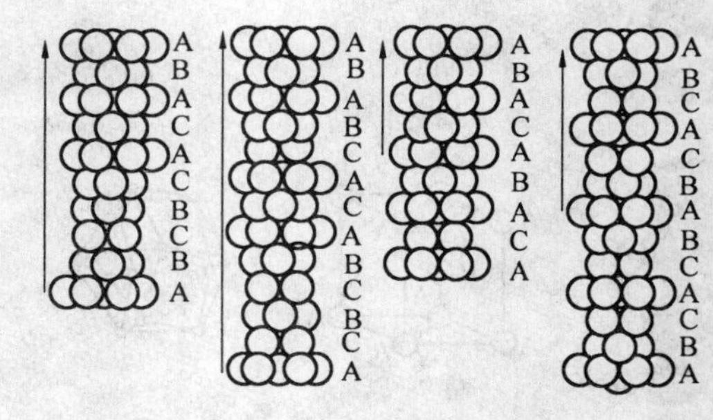

图 7.2　四种复杂密堆积型式

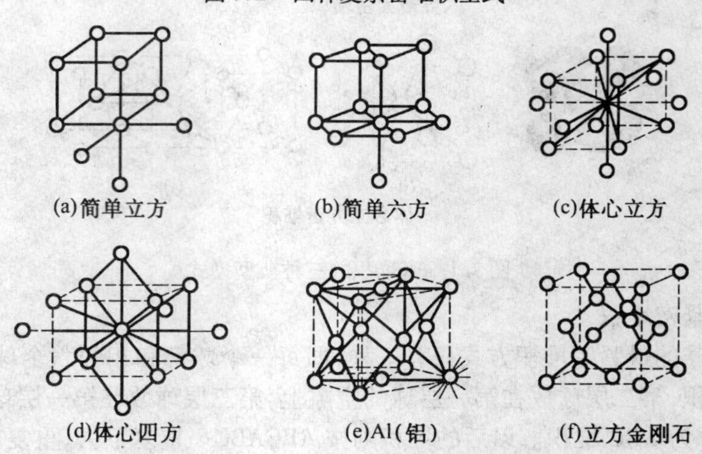

图 7.3　几种非最密堆积的型式

非最紧密堆积还有简单立方、简单六方、体心四方、金刚石型堆积等多种形式，表 7.1 将它们与三种典型型式进行了对比，图 7.3 为它们的结构型式。

表7.1 几种非最密堆积与三种典型堆积型式对比

堆积名称	结构型式记号	空间利用率(堆积系数)	配位数	实例
金刚石型堆积	A4	34.01	4	Sn
简单立方堆积	–	52.36	6	α–Po
简单六方堆积	–	60.04	8	–
体心立方堆积	A2	68.02	8~14	K
体心四方堆积	A6	69.81	10	Pa
立方最密堆积	Al	74.05	12	Cu
六方最密堆积	A3	74.05	12	Mg

7.3 金属的性质

7.3.1 金属的物理性质

自由电子的存在和紧密堆积的结构使金属具有许多共同的性质,如良好的导电性、导热性、延展性以及金属光泽等。

1. 金属光泽

由于金属原子以最紧密堆积状态排列,内部存在自由电子,所以当光线投射到其表面时,自由电子吸收所有频率的光,并迅速放出,使绝大多数金属呈现钢灰色至银白色的光泽。此外,金呈黄色、铜呈赤红色、铋为淡红色、铂为淡黄色、铅是灰蓝色,是因为它们较易吸收某一些频率的光所致。金属光泽只有在整块金属时才能表现出来,在粉末状时,一般金属都呈暗灰色或黑色,这是因为在粉末状时,晶格排列得不规则,把可见光吸收后辐射不出去的原因。

2. 金属的导电性和导热性

根据金属键的概念,所有金属中都有自由电子。在外加电场作用时,自由电子定向运动,形成电流,显示出金属的导电性,且温度升高,导电性降低。金属的导热性也与自由电子的存在密切相关,当金属中有温度差时,运动的自由电子不断与晶格结点上振动的金属离子相碰撞而交换能量,使金属具有较高的导热性。大多数金属具有良好的导电性和导热性。常见金属导电、导热能力由大到小的顺序如下

Ag,Cu,Au,Al,Zn,Pt,Sn,Fe,Pb,Hg

3. 金属的延展性

金属有延性,可以抽成细丝;金属又有展性,可以压成薄片。金属的延展性可从金属的结构得到解释。当金属受到外力作用时,金属内原子层之间容易作相对位移,而金属离子和自由电子仍保持着金属键的结合力,使金属发生形变而不易断裂,具有良好的变形性。金属延展性的强弱顺序如下:

延性 Pt、Au、Ag、Al、Cu、Fe、Ni、Zn、Sn、Pb

展性　Au、Ag、Al、Cu、Sn、Pt、Pb、Zn、Fe、Ni

由于金属的良好延展性，作为材料使用的金属可以进行切削、锻压、弯曲、铸造等加工。少数金属，如锑、铋、锰等，性质较脆，没有延展性。

4. 金属的密度

锂、钠、钾密度很小，其他金属密度较大。20℃金属按密度($g \cdot cm^{-3}$)由大到小的顺序排列如下：

金属	锇	铂	金	汞	铅	银	铜	镍	铁	锡	锌	铝	镁	钙	钠	钾	锂
密度	22.57	21.45	19.32	13.6	11.35	10.5	8.96	8.9	7.87	7.3	7.13	2.7	1.74	1.55	0.97	0.86	0.53

5. 金属的硬度

金属的硬度一般都较大，但不同金属间有很大差别。有的很硬如铬、钨等；有的很软如钠、钾等。现以金刚石的硬度作为10，将一些金属按相对硬度由大到小的排列顺序如下：

金属	铬	钨	镍	铂	铁	铜	铝	银	锌	金	镁	锡	钙	铅	钾	钠
硬度	9	7	5	4.3	4–5	3	2.9	2.7	2.5	2.5	2.1	1.8	1.5	1.5	0.5	0.4

6. 金属的熔点

不同金属的熔点差别很大，最难熔的是钨，最易熔的是汞、铯和镓。汞在常温下是液体，铯和镓在手上就能熔化，一些常见金属的熔点如下：

金属	钨	铼	铂	钛	铁	镍	铍	铜	金	银
熔点/℃	3410	3080	1772	1668	1535	1453	1278	1083	1064	962
金属	钙	铝	镁	锌	铅	锡	钠	钾	镓	铯	汞
熔点/℃	839	660	649	420	327	232	98	64	30	28	–39

7. 金属的内聚力

内聚力指物质内部质点间的相互作用力。对金属来说，指金属键的强度，即自由电子间的引力。金属键越强，内聚力越高，在性能上表现为具有较高的硬度、熔点、沸点，并且能彼此间或与非金属材料间形成具有多种特性的合金，如铬、锰和铁形成的合金钢一般具有抗拉强度高、硬度大、耐腐蚀、耐高温等特性，可用在制造超音速飞机和导弹上。

7.3.2 金属的化学性质

金属最主要的化学性质是易失去最外层的电子变成金属阳离子，表现出较强的还原性。各种金属原子失去电子的难易不同，因此金属还原性的强弱也不同。一些常用金属的化学性质归纳见表7.2。

表7.2 金属的主要化学性质

金属活动顺序	Mg Al Mn Zn Fe Ni Sn Pb	H	Cu Hg	Ag Pt Au
失去电子能力	在溶液中失去电子的能力依次减小,还原性减弱			
在空气中与氧的反应	常温时氧化		加热时氧化	不被氧化
和水的反应	加热时取代水中氢		不能从水中取代出氢	
和酸的反应	能取代稀酸(盐酸、硫酸)中氢		能与硝酸及浓硫酸反应	难与硝酸及浓硫酸反应,可与王水反应
和碱的反应	仅铝、锌等两性金属与碱反应			
和盐的反应	前面的金属可以从盐中取代后面的金属离子			

1. 金属的氧化反应

金属与氧气等非金属反应的难易程度,和金属活动顺序大致相同。位于金属活动顺序表前面的金属很容易失去电子,常温下能被氧化或自燃;位于金属活动顺序表后面的金属则很难失去电子。金属的氧化反应与其表面生成的氧化膜的性质有很大关系,如铝、铬形成的氧化物结构紧密,能紧密覆盖在金属表面,防止金属继续氧化。这种氧化物的保护作用称为钝化,常将铁等金属表面镀铬、渗铝,起到美观且防腐的效果。

2. 金属与水、酸的反应

常温下纯水中氢离子的浓度为10^{-7} mol·L^{-1},$\varphi_{H^+/H_2}=-0.41$ V,因此电极电势$\varphi^{\theta}<-0.41$V的金属都可能与水反应。性质活泼的金属,如钠、钾在常温下就与水激烈地反应;钙的作用比较缓和;铁则需在炽热的状态下与水蒸气发生反应;有些金属如镁等与水反应生成的氢氧化物不溶于水,覆盖在金属表面,在常温下反应难于继续进行,只能与沸水起反应。

一般φ^{θ}为负值的金属都可以与非氧化性酸反应放出氢气,但有的金属由于表面形成了很致密的氧化膜而钝化;φ^{θ}为正值的金属一般不容易被酸中的氢离子氧化,只能被氧化性的酸氧化,或在氧化剂存在下与非氧化性酸作用。有的金属如铝、铬、铁等在浓HNO_3、浓H_2SO_4中由于钝化而不发生作用。

3. 金属与碱的反应

金属除了锌、铝显两性,铍、镓、铟、锡等能与强碱反应外,一般不与碱起作用。

在金属参加的化学反应中,都是金属原子失去电子,被氧化;非金属原子、氢离子或较不活泼的金属阳离子得电子,被还原。

7.4 合金的结构

合金指两种或两种以上金属元素(或金属元素与非金属元素)组成的具有金属性质的物质。例如,工业上广泛应用的碳素钢和铸铁主要是由铁和碳组成的合金;黄铜是由铜和锌组成的合金;硬铝是由铝、铜、镁组成的合金。与纯金属相比,合金不仅价格低廉,具有较高的力学性能和某些特殊的物理、化学性能,还可通过调节其组成的比例,获得一系列性能不同的合金,因此研究合金具有重要的实际意义。组成合金最基本的、独立的单元称为组元,组元可以是元素或稳定的化合物。由两个组元组成的合金称为二元合金,由三个组元组成的合金称为三元合金,由三个以上组元组成的合金称为多元合金。

合金中晶体结构和化学成分相同,与其他部分有明显分界的均匀区域称为相。只由一种相组成的合金称为单相合金,由两种或两种以上相组成的合金称为多相合金。通过金相,在金属、合金内部观察到的相的大小、方向、形状、分布及相间结合状态称为组织。合金的性能取决于组织,要了解合金的组织和性能,必须研究合金的结构。合金的结构一般可分为金属固溶体和金属化合物两大类。

7.4.1 金属固溶体

合金在固态下由不同组元相互溶解而形成的相称为固溶体,即在某一组元的晶格中包含其他组元的原子,前一组元称为溶剂,其他组元称为溶质。根据溶质原子在溶剂晶格中占据的位置不同,可将固溶体分为置换固溶体、间隙固溶体和缺位固溶体三种。

1. 置换固溶体

由溶质原子代替一部分溶剂原子而占据溶剂晶格中某些结点位置形成的固溶体,称为置换固溶体,如图 7.4(b)所示。晶格类型相同,原子直径差越小,在元素周期表中的位置越靠近,则溶质原子在溶剂晶格中的最高含量(溶解度)越大,甚至可以形成无限固溶体。反之,溶质在溶剂中的溶解度是有限的,这种固溶体称为有限固溶体。

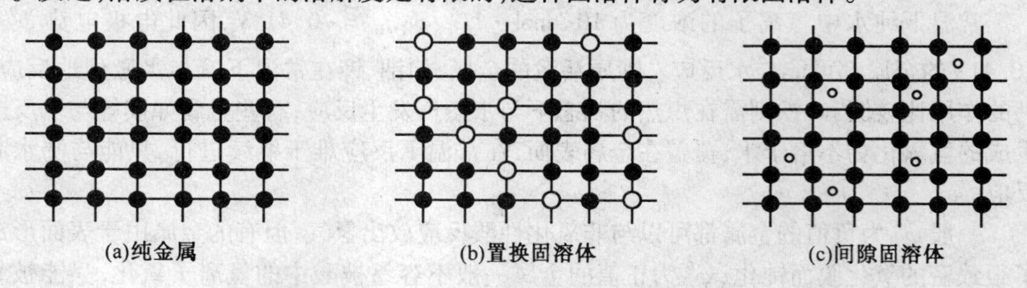

图 7.4 纯金属与金属固溶体结构比较

2. 间隙固溶体

直径很小的非金属元素的原子溶入溶剂晶格结点的空隙处,就形成了间隙固溶体,如图 7.4(c)所示。研究表明,只有当溶质元素与溶剂元素的原子直径的比值小于 0.59 时,间隙固溶体才有可能形成。此外,间隙固溶体的形成还与溶剂金属的性质、溶剂晶格间隙的大小和形状有关。

3. 缺位固溶体

缺位固溶体是指由被溶元素溶于金属化合物中生成的固溶体,如 Sb 溶于 NiSb 中的固溶体,溶入元素 Sb 占据着晶格的正常位置,但另一元素(Ni)应占的某些位置是空着的。

7.4.2 金属化合物

两组元组成的合金中,在形成有限固溶体的情况下,如果溶质含量超过其溶解度时,将会出现新相,若新相的晶体结构不同于任一组元,则新相是组元间形成的化合物,称为金属化合物或金属间化合物。金属化合物中存在金属键,因而具有一定的金属性质。常见的金属化合物可分为以下三类。

1. 正常价化合物

由元素周期表中位置相距甚远、化学性质相差很大的两种元素形成的化合物。其特征是严格遵守化合价规律,可用化学式表示,如 Mg_2Si、Mg_2Sn 等。正常价化合物具有高的硬度和脆性,能弥散分布于固溶基体中,对金属起到强化作用。

2. 电子化合物

由周期表中第Ⅰ族或过渡元素与第Ⅱ ~ Ⅴ族元素形成的化合物。其特征是不遵守化合价规律,服从电子浓度(价电子数与原子数的比值)规律,电子浓度不同,所形成化合物的晶体结构也不同。电子化合物以金属键结合,一般熔点较高、硬度大、脆性大,是有色金属的重要强化相。

3. 间隙化合物

间隙化合物是由过渡元素与硼、碳、氮、氢等原子直径较小的非金属元素形成的化合物。若非金属原子与金属原子半径之比小于0.59,则形成具有简单晶体结构的间隙固溶体;若原子半径之比大于0.59,则形成具有复杂结构的间隙化合物。

使用不同的原料、改变原料的比例、控制合金的结晶条件,可以制得具有各种特性的合金。现代的机器制造、飞机制造、化学工业、原子能工业的成绩,尤其是导弹、火箭、宇宙飞船的制造成功,都与各种优良性能的合金密切相关。

7.5 金属材料

7.5.1 钢铁

钢铁材料指铁碳合金,又称黑色金属材料,包括碳钢、合金钢及铸铁。钢铁材料是工程中最重要的金属材料,其工程性能好、成本低、应用广泛。

1. 钢的分类

(1)按化学成分分类

将钢材分为碳素钢和合金钢两大类。碳素钢按含碳量不同,可分为低碳钢($w_C \leqslant$ 0.25%)、中碳钢(w_C=0.25% ~0.60%)和高碳钢(w_C>0.60%)三类;合金钢按合金元素的含量可分为低合金钢(合金元素总量<5%)、中合金钢(合金元素总量为5% ~10%)和高合金钢(合金元素总量>10%)三类。合金钢按合金元素的种类可分为锰钢、铬钢、硼钢、铬镍钢、硅锰钢等。

(2)按冶金质量分类

按钢中所含有害杂质硫、磷的量,将钢材分为普通钢($w_S \leqslant$0.055%,$w_P \leqslant$0.045%)、优质钢(w_S、$w_P \leqslant$0.040%)和高级优质钢($w_S \leqslant$0.030%,$w_P \leqslant$0.035%)三类。根据冶炼时脱氧程度,又可分为沸腾钢(脱氧不完全)、镇静钢(脱氧较完全)和半镇静钢三类。

（3）按用途分类

可分为结构钢、工具钢、特殊钢三大类。结构钢又分为工程构件用钢和机器零件用钢，工程构件用钢包括建筑工程用钢、桥梁工程用钢、船舶工程用钢、车辆工程用钢；机器零件用钢包括调质钢、弹簧钢、耐磨钢等，这类钢一般属于低、中碳钢和低、中合金钢。工具钢分为刃具钢、量具钢、模具钢，主要用于制造各种刃具、模具和量具，这类钢一般属于高碳、高合金钢。特殊性能钢分为不锈钢、耐热钢等，这类钢主要用于各种特殊要求的场合，如化学工业用的不锈耐酸钢、核电站用的耐热钢等。

（4）按金相组织分类

按钢退火态的金相组织可分为亚共析钢、共析钢、过共析钢三种。按钢正火态的金相组织可分为珠光体钢、贝氏体钢、马氏体钢、奥氏体钢四种。

对钢材进行命名时，往往把成分、质量和用途几种分类方法结合起来，如碳素结构钢、优质碳素结构钢、碳素工具钢、高级优质碳素工具钢、合金结构钢、合金工具钢等。

2．钢的牌号

为了方便管理和使用，每一种钢都需要有简明的编号。我国钢材的编号采用国际化学元素符号和汉语拼音字母并用的原则，具体的编号方法如下所述。

（1）普通碳素结构钢与低合金高强度结构钢

普通碳素结构钢的牌号以"Q+数字+字母+字母"表示。其中"Q"字是钢材的屈服强度"屈"字的汉语拼音字首，紧跟后面的分别是屈服强度值、质量等级符号和脱氧方法。例如，Q235AF 即表示屈服强度值为 235 MPa 的 A 级沸腾钢。又如 2008 北京奥运会建成的标志性建筑"鸟巢"，以钢结构最大跨度达到 343 m 而创造世界钢结构之最。最终采用我国自主研究生产的 Q460 钢材，"460"代表钢材受力强度达到 460 MPa 时才会发生塑性变形，Q460 钢不仅在钢材厚度和使用范围方面是前所未有的，而且具有良好的抗震性、抗低温性等特点。

牌号中规定了 A、B、C、D 四种质量等级，A 级质量最差，D 级质量最好。按脱氧方法，沸腾钢在钢号后加"F"，半镇静钢在钢号后加"b"，镇静钢则不加任何字母。低合金高强度结构钢的牌号与普通碳素结构钢的表示方法相同，屈服强度一般在 300 MPa 以上，质量等级分为 A、B、C、D、E 五种，如 Q345C、Q345D。

（2）优质碳素结构钢与合金结构钢

采用"两位数字+元素+数字+…"的方法表示，钢号的前两位数字表示平均含碳量的万分之几，沸腾钢、半镇静钢以及专门用途的优质碳素结构钢，应在钢号后特别标出。合金元素以化学元素符号表示，合金元素后面的数字则表示该元素的含量，一般以百分之几表示。凡合金元素的平均含量小于 1.5% 时，钢号中一般只标明元素符号而不标明其含量；如果平均含量≥1.5%，≥2.5%，≥3.5%，…时，则相应地在元素符号后面标以 2，3，4，…。如为高级优质钢，则在其钢号后加"高"或"A"。钢中的 V、Ti、Al、B、RE 等合金元素，虽然它们的含量很低，但在钢中能起相当重要的作用，故仍应在钢号中标出。例如，45 钢表示平均含碳量为 0.45% 的优质碳素结构钢；20CrMnTi 表示平均含碳量为 0.20%，主要合金元素 Cr、Mn 含量均低于 1.5%，并含有微量 Ti 的合金结构钢；60Si2Mn 表示平均含碳量为0.60%，主要合金元素 Mn 含量低于 1.5%，Si 含量为 1.5% ~2.5% 的合金结构钢。

(3)碳素工具钢

采用“T+数字+字母”表示。钢号前面的“碳”或“T”表示碳素工具钢,其后的数字表示含碳量的千分之几。例如,平均含碳量为 0.8% 的碳素工具钢,其钢号为“碳 8”或“T8”;含锰量较高者,在钢号后标以“锰”或“Mn”,如“碳 8 锰”或“T8Mn”。如为高级优质碳素工具钢,则在其钢号后加“高”或“A”,如“碳 10 高”或“T10A”。

(4)合金工具钢与特殊性能钢

采用“一位数字(或没有数字)+元素+数字+……”表示。其编号方法与合金结构钢大体相同,区别在于含碳量的表示方法,当含碳量≥1.0%时,则不予标出。如平均含碳量小于1.0%,则在钢号前以千分之几表示平均含碳量,如 9CrSi 钢,平均含碳量为 0.90%,主要合金元素为铬、硅,含量都小于 1.5%。而对于含铬量低的钢,其含铬量以千分之几表示,并在数字前加“0”,以示区别。如平均含铬量为 0.6% 的低铬工具钢的钢号为“Cr06”。在高速钢的钢号中,一般不标出含碳量,只标出合金元素含量平均值的百分之几。特殊性能钢的牌号和合金工具钢的表示相同。

(5)专用钢

指用于专门用途的钢种,以其用途名称的汉语拼音第一个字母表示钢的类型,以数字表示其含碳量,元素符号表示钢中含有的合金元素,其后的数字标明合金元素的大致含量。

例如,滚珠轴承钢在编号前标以“G”字,其后为“铬(Cr)+数字”,数字表示铬含量为平均值的千分之几,如“滚铬 15”(GCrl5)。这里应注意铬元素后面的数字是表示含铬量为1.5%,其他元素仍按百分之几表示。又如易切钢前标以“Y”字,Y40Mn 表示含碳量约 0.4%,含锰量小于 1.5% 的易切钢。

3. 钢的结构

纯铁有 α、β、γ、δ 四种变体,四种变体的结构与转化温度的关系如图 7.5 所示。其中 α、β、δ 变体具有立方体心(A2 型)结构,γ 变体具有立方面心(Al 型)结构。770℃是α-Fe 的居里点(即铁磁物质升温时,开始失去铁磁性的温度),α-Fe 具铁磁性而其他变体均无铁磁性。Fe-C 体系的相图如图 7.5 所示,含碳量小于 0.02% 的称为纯铁,大于 2.0% 的

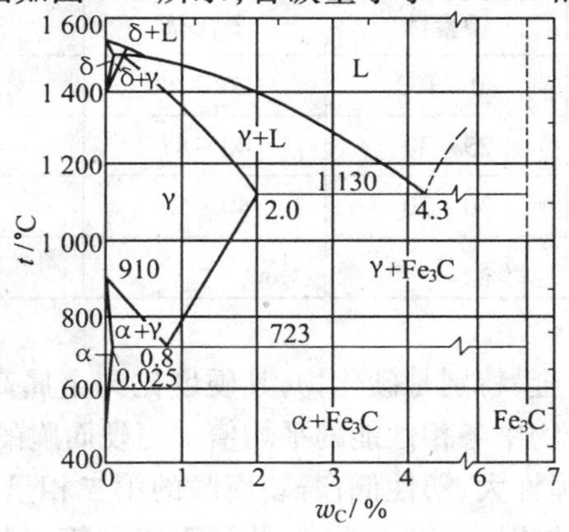

图 7.5　Fe-C 体系相图(w_C为 C 的质量分数)

称为生铁,在0.02% ~2.0%之间的称为钢。钢铁的性能随着它的化学成分和热处理工艺而改变是由于内部结构变化所引起的,组成钢铁的物相除石墨外主要有下面四种。

(1)奥氏体

奥氏体是碳在γ-Fe中的间隙固溶体,在723℃时奥氏体中溶入碳约0.8%,相当于Fe原子和碳原子数目之比约为27:1,C原子无序地分布在Fe原子所组成的八面体空隙中。

(2)铁素体

铁素体是碳在α-Fe中的固溶体。由于α-Fe结构中的孔隙很小,所以铁素体溶碳能力极低,在723℃最高含碳量只有0.02%,铁素体的性质和纯铁相似。

(3)渗碳体

渗碳体是铁和碳组成比为3:1的化合物,$w_C=6.67\%$,化学式为Fe_3C。渗碳体结构属正交晶系,每个晶胞中含12个Fe原子和4个C原子,C原子处在Fe原子组成的八面体空隙中。

(4)马氏体

钢骤冷至150℃以下时变为质地很脆、很硬的马氏体,马氏体可看做是α-Fe中$w_C=1.6\%$的过饱和固溶体。骤冷的钢或马氏体一般可经回火过程转化为由铁素体和渗碳体组成的机械性能很好的钢料,回火温度为200~300 ℃。控制马氏体的回火过程可以控制铁素体和渗碳体的颗粒大小和组织等,从而控制钢的机械性能。这是钢热处理过程的理论基础。

4. 钢的性能

钢铁的性能依赖于钢铁的化学成分和内部的结构,表7.3示出四种晶相的机械性能。纯铁质地软,富延展性,可拉制成丝,受外力作用晶面间易滑动。当铁中渗入碳原子,由于铁和碳原子间有牢固的结合力,在碳原子周围形成不易滑动的较固定的硬化点,使钢比纯铁坚硬而塑性不如纯铁。一般钢中含碳量越高,硬度越高;含渗碳体和马氏体等物相比例越高,则越硬而脆。

表7.3 四种晶相铁的机械性能

性能	铁素体	奥氏体	渗碳体	马氏体
布氏硬度	80~100	120~180	800	650~760
强度极限/($kg \cdot cm^{-2}$)	25~30	40~85	3.5	175~210
延伸率/%	30~50	40~60	~0	2~8
面缩率/%	75	-	~0	-

一般形成化合物的合金,特别是碳化物,其硬度比纯金属高得多,混合物相的机械性能一般近似地表现为混合物中各相性能的平均值。当硬而脆的第二相分布在第一相的晶界上呈网状结构,合金的脆性大、塑性低;若硬而脆的第二相呈颗粒状均匀地分布在较软的第一相基体上,则合金的塑性和韧性提高;若硬而脆的第二相呈针状、片状分布在第一相的基体上,则其性能介于上述两者之间。由此可见,可以通过改变化学组成、热处理工

艺、改变和调节钢材的金相组成和分布，改变钢材的硬度和韧性，而获得所需要的性能。

经过塑性变形后的金属，由于晶面之间产生滑动、晶粒破碎或伸长等原因，致使金属产生内应力，从而发生硬化以阻止再产生滑动，这使金属的强度、硬度增加，塑性、韧性降低。硬化的金属结构处于不稳定的状态，有自发地向稳定状态转化的倾向。加热提高温度，原子运动加速可促进这种转化以消除内应力。加热时应力较集中的部位，能量最高，优先形成新的晶核，进行再结晶。经再结晶的金属硬度和强度降低，塑性和韧性提高，使金属恢复到变形前的性能。再结晶在实际生产工艺上有重要意义，例如，不能在室温下连续地将一块钢锭经多次轧制而制成薄钢板，而必须经过若干次轧制和加温再结晶的重复工序，才能制出合格的钢板。钢锭经过锻炼轧制，将粗晶粒的结构，破碎成小晶粒，同时使原来晶界间的微隙弥合，成为致密的结构，从而大大提高了其机械性能。

7.5.2 铝及铝合金

1. 纯铝

铝是地球上储量最丰富的金属之一，约占地壳质量的8%左右。铝的密度为2.7 $g \cdot cm^{-3}$，为钢的1/3，具有优良的导电性、导热性和抗腐蚀性能。钝铝按其纯度可分为工业纯铝、工业高纯铝及高纯铝。工业纯铝主要用来制作铝箔、电缆、日用器皿等；高纯铝及工业高纯铝主要用于科学研究、制作电容器、铝箔等。

2. 铝合金

纯铝的强度和硬度都很低，不适宜作结构材料使用。在铝中加入适量硅、铜、镁、锰等合金元素，可形成具有较高强度的铝合金。若再经过冷变形加工或热处理强化，还可以进一步提高强度，用来制造承受较大载荷的重要结构部件。根据铝合金的成分及生产工艺特点，可将其分为变形铝合金、铸造铝合金两大类。

(1)变形铝合金

变形铝合金分为不可热处理强化和可热处理强化两类；按性能特点又分为防锈铝、硬铝、超硬铝和锻铝，其中，后三类铝合金可进行热处理强化。

①防锈铝合金。防锈铝合金主要含Mn、Mg，属Al-Mn系及Al-Mg系合金。该类合金的特点是抗蚀性、焊接性及塑性好，易于加工成形，有良好的低温性能；但其强度较低，只能通过冷变形加工产生硬化，且切削加工性能较差。该类合金主要用于焊接零件、容器及经深冲和弯曲的零件制品。我国常用的Al-Mn系合金有3A21等，Al-Mg系合金有5A02、5A03、5A06等。

②硬铝合金。该类合金属Al-Cu-Mg系，铜和镁在硬铝中可形成θ相(CuAl)、s相(CuMgAl)等强化相，强化效果随主强化相(S相)的增多而增大，但塑性降低。硬铝淬火时效后强度明显提高，可达420MPa，比强度与高强度钢相近，可制作飞机螺旋桨、飞机结构件、飞机蒙皮等。我国常用的Al-Cu-Mg系合金有2A12等。

③超硬铝合金。超硬铝合金属Al-Cu-Mg-Zn系合金，是室温强度最高的铝合金，常用的超硬铝合金有7A04、7A06等。超硬铝合金经固溶处理和人工时效后有很高的强度和硬度，σ_b可达680 MPa，但耐蚀性差、高温软化快，故常用包铝法来提高其耐蚀性。超硬铝主要用作受力大的重要结构件和承受高载荷的零件，如飞机大梁、起落架、加强框等。

④锻铝合金。锻铝合金主要是 Al-Cu-Mg-Si 系合金,具有较好的铸造性能和耐蚀性,力学性能与硬铝相近,主要用作航空及仪表业中形状复杂、要求比强度较高的锻件或模锻件,如各种叶轮、框架、支杆等。

(2)铸造铝合金

用来制作铸件的铝合金称为铸造铝合金,力学性能不如变形铝合金,但铸造性能好,适宜各种铸造成形,生产形状复杂的铸件。为使合金具有良好的铸造性能和足够的强度,加入合金元素的量较变形铝合金多,总量为8% ~25%。合金元素主要有 Si、Cu、Mg、Mn、Ni、Cr、Zn 等,故铸造铝合金的种类很多,主要有 Al-Si 系、Al-Cu 系、Al-Mg 系、Al-Zn 系四类,其中 Al-Si 系应用最广泛。

开发能够代替部分变形铝合金的高强韧铸造铝合金可以缩短制造周期、减低成本。国外最著名的高强韧铸造铝合金是法国的 A-U5GT,具有很好的力学性能。我国制造的 ZL205A,抗拉强度为 510Mpa,延伸率可达 13%。近年来,铸造铝合金复合材料发展较为迅速,例如,铸造 Al-Si 基 SiC 颗粒增强复合材料,提高了金属的性能,尤其是刚性和耐磨性,并已应用到航空、航天、汽车等领域。

7.5.3 镁及镁合金

1. 纯镁

镁的储量仅次于铝和铁,纯镁为银白色,密度仅为 1.74 $g \cdot cm^{-3}$。镁的化学活性很高,在空气中极易被氧化、腐蚀,其熔点约为 650℃,熔化时极易氧化燃烧。纯镁强度低,主要用作制造镁合金的原料、化工及冶金生产的还原剂及烟火工业等。

2. 镁合金

镁合金是实际应用中最轻的金属结构材料,但其应用还很有限。目前镁合金可分为以下几类:

(1)耐热镁合金

耐热性差是阻碍镁合金广泛应用的主要原因之一,稀土是用来提高镁合金耐热性能的重要元素。Mg-Al-Si(AS)系合金是德国大众汽车公司开发的压铸镁合金,175℃时,AS41 合金的蠕变强度明显高于 AZ9l 和 AM60 合金。2001 年,日本采用快速凝固法制成的具有 100 ~200 nm 晶粒尺寸的高强镁合金 Mg-2%、Y-1%Zn,其强度为超级铝合金的 3 倍,且具有超塑性、高耐热性和高耐蚀性。

(2)耐蚀镁合金

镁合金的耐蚀性问题可通过两个方面来解决:①严格限制镁合金中的 Fe、Cu、Ni 等杂质元素的含量。例如,高纯 AZ9lHP 镁合金在盐雾试验中的耐蚀性大约是 A791C 的 100 倍,超过了压铸铝合金 A380;②对镁合金进行表面处理。根据不同的耐蚀性要求,选择阳极氧化处理、有机物涂覆、化学镀、热喷涂等方法处理。例如,经化学镀的镁合金,其耐蚀性超过了不锈钢。

(3)阻燃镁合金

熔剂保护法和 SF_6、SO_2、CO_2、Ar 等气体保护法是行之有效的阻燃方法。上海交通大学通过同时加入几种元素,开发了一种阻燃性能和力学性能均良好的轿车用阻燃镁合金,成功地进行了轿车变速箱壳盖的工业试验，并生产出手机壳体、MP3 壳体等电子产品外壳。

（4）高强高韧镁合金

现有镁合金的常温强度和塑韧性均有待进一步提高。在 Mg-Zn 和 Mg-Y 合金中加入 Ca、Zr 可显著细化晶粒，提高其抗拉强度和屈服强度；加入 Ag 和 Th 能够提高 Mg-RE-Zr 合金的力学性能；快速凝固粉末冶金、高挤压比等方法，可使镁合金的晶粒处理得很细，从而获得高强度、高塑性甚至超塑性。

（5）变形镁合金

变形的镁合金材料可获得更高的强度、延展性及多样化的力学性能，满足不同场合结构件的使用要求。美国成功研制了各种系列的变形镁合金产品，采用快速凝固（RS）+粉末冶金（PM）+热挤压工艺开发的 Mg-Al-Zn 系 EA55RS 变形镁合金，成为迄今报道的性能最佳的镁合金，其性能不但大大超过常规镁合金，比强度甚至超过 7075 铝合金，且具有超塑性，腐蚀速率与 2024-T6 铝合金相当，还可同时加入 SiC_p 等增强相，成为先进镁合金材料的典范。

7.5.4 钛及钛合金

1. 纯钛

钛是一种银白色的过渡金属，资源丰富，其密度为 4.588 $g \cdot cm^{-3}$，熔点为 1 668℃。钛的突出优点是比强度高、耐热性好、抗蚀性能优异。钛的化学性质非常活泼、冶炼难度很大。

2. 钛合金

钛是 20 世纪 50 年代发展起来的一种重要的结构金属，钛合金因具有比强度高、耐蚀性好、耐热性高等特点而被广泛用于各个领域。国内外钛合金材料的研究主要表现在如下方面。

（1）高温钛合金

世界上第一个研制成功的高温钛合金是 Ti-6A1-4V，使用温度为 300～350℃。随后相继研制出使用温度为 400℃、450～500℃的钛合金，新型高温钛合金目前已成功应用在军用和民用飞机的发动机上。近几年国外把采用快速凝固/粉末冶金技术、纤维或颗粒增强复合材料研制钛合金作为高温钛合金的发展方向，使钛合金的使用温度可提高到 650℃以上。

（2）钛铝化合物为基的钛合金

与一般钛合金相比，其最大优点是高温性能好（最高使用温度分别为 816℃和 982℃）、抗氧化能力强、抗蠕变性能好和重量轻（密度仅为镍基高温合金的 1/2），是未来航空发动机及飞机结构件最具竞争力的材料。

（3）高强高韧 β 型钛合金

β 型钛合金具有良好的冷热加工性能，易锻造、可轧制、可焊接、抗氧化性能等，可制成厚度为 0.064 mm 的箔材。超塑性延伸率高达 2000%，可取代 Ti-6A1-4V 合金制造各种航空航天构件。

(4)阻燃钛合金

目前各国展开了阻燃钛合金的研究并取得一定突破。美国研制出对持续燃烧不敏感的阻燃钛合金,已用于 Fl19 的发动机;俄罗斯研制出具有良好热变形工艺性能的阻燃钛合金,可用其制成复杂零件。

(5)医用钛合金

钛无毒、质轻、强度高且具有优良的生物相容性,是非常理想的医用金属材料,可用作植入人体的植入物等。美国早在 20 世纪 80 年代中期开始研制具有生物相容性的钛合金,并将其用于矫形术。日本、英国等也在该方面做了大量的研究工作,开发出一系列具有优良生物相容性的 a+β 钛合金。

7.6 新型合金材料

7.6.1 储氢合金

1. 储氢合金概述

氢气是一种来源丰富且热值很高的燃料,燃烧热是汽油发热值的 3 倍,但氢气的储存和运输却很困难,储氢技术是氢能利用走向实用化、规模化的关键。储氢合金的储氢能力很强,不需要大量钢瓶和极低的温度条件,且使用方便,是一种理想的储氢方法。

2. 常见储氢合金

正在研究和发展中的储氢合金通常是把吸热型的金属(如铁、铜、铬、钼等)与放热型的金属(如钛、镧、铈、钽等)组合起来,制成适当的金属间化合物,使之起到储氢的功能。吸热型金属是指在一定的氢压下,随着温度的升高,氢的溶解度增加;反之为放热型金属。储氢合金主要有三大系列:以 $LaNi_5$为代表的稀土系储氢合金系列;以 TiFe 为代表的钛系储氢合金;以 Mg_2Ni 为代表的镁系储氢材料。

(1)镁系合金

镁系储氢合金的代表是 Mg_2Ni,吸氢后生成 Mg_2NiH_4,储氢量为 3.6%(理论电化学容量近 1 000 $mAh \cdot g^{-1}$)。因资源丰富及价格低廉,各国科学家均高度重视,纷纷致力于新型镁基合金的开发。但其缺点是放氢需要在相对高温下进行,且放氢动力学性能较差。研究发现通过机械合金化法使晶态 Mg_2Ni 合金非晶化,利用非晶合金表面的高催化性,可以显著改善镁基合金吸放氢的热力学和动力学性能。

元素取代是改善 Mg_2Ni 系储氢合金性能最根本的途径。合适的元素取代不仅能明显改善 Mg_2Ni 系储氢合金的吸、放氢性能,而且也能显著提高其电化学性能。在对 Mg_2Ni 系合金进行元素取代时,主要方法是 3d 元素部分取代 Ni、主族金属元素部分取代 Mg。

(2)稀土系合金

稀土系储氢合金是目前性能最佳、应用最为广泛的储氢材料。$LaNi_5$是典型的储氢合金,1969 年被荷兰菲利浦公司发现。$LaNi_5$是六方晶体结构的金属间化合物,在间隙中可以固溶大量的氢,在室温下一个单胞可与6个氢原子结合形成$LaNi_5H_6$,晶格体积增加了23.5%,故氢化容易,反应速度快,吸、放氢性能优良。$LaNi_5$的主要缺点是循环退化严重、易于粉化、密度大、在强碱条件下耐腐蚀性差。用含Ge较少的富镧混合稀土Ml制出的$MlNi_5$储氢合金,吸氢量可达1.5%~1.6%(质量分数),室温下放氢量约95%~97%,且平台压力低,20℃时吸氢平衡时间小于6 min,放氢平衡时间小于20 min,且容易熔炼、抗中毒性好,再生容易。

(3)钛锆系合金

一般指具有Laves相结构的AB_2型金属间化合物,具有储氢容量高、循环寿命长等优点,是目前高容量新型储氢电极合金研究、开发的热点。锆基AB_2型Laves相合金主要有Zr-V系、Zr-Cr系和Zr-Mn系,其中$ZrMn_2$是一种吸氢量较大的合金(理论容量为482 $mAh \cdot g^{-1}$)。

钛锆系储氢合金的典型代表是TiFe,其价格低廉,在室温下能可逆地吸收和释放氢,最大吸氢量可达118%(质量分数)。但TiFe在室温与氢反应缓慢分解而失去活性;容易被氧化,使储氢容量将明显降低。为了改善TiFe的储氢性能,特别是活化性能,在实际应用中一般要对合金进行处理。研究表明,用V、Cr、Mn、Co、Ni、Cu、Zr等置换部分Ti可以改善其性能。

3. 储氢合金的应用

(1) 高容量的氢储存

高纯及超纯氢是电子、医药、食品等工业中必不可少的重要原料,目前采用电解水附加低温吸附净化处理,投资大、耗能多,如果利用储氢合金储存氢,简单易行,节能环保。

(2) 氢燃料发动机

设计制作氢燃料发动机用于汽车和飞机,可提高热效率,减少环境污染,重量虽不如用汽抽轻,但比用其他能源电池的重量轻。

(3)氢同位素分离和核反应堆中应用

在原子工业中,制造重水;在核动力装置中,使用储氢材料吸收、能去除泄漏的氕、氘、氚,确保安全运行。

(4)空调、热泵及热储存

储氢合金吸-放氢过程中伴随着巨大的热效应,发生热能-化学能的相互转换,这种反应的可逆性好,反应速度快,是一种特别有效的蓄热和热泵介质。利用储氢材料的热装置可以充分回收利用太阳能和各种中低温余热、废热、环境热,用于供热、发电或空调。

此外,储氢合金还在催化剂、传感器、电池等方面有广泛的应用,人们除了不断改善现有合金的性能外,还在不断探寻其他具有高容量储氢能力的储氢材料,如单壁纳米碳管,特殊结构的纳米碳纤维等材料的储氢能力和机理的研究等。

7.6.2 形状记忆合金

1. 形状记忆合金的概述

形状记忆合金的特征可概述为，材料在某一温度下受外力而变形，当外力去除后，仍保持其变形后的形状，但当温度上升到某数值时，材料会自动恢复到变形前原有的形状，似乎对以前的形状保持记忆。合金材料恢复形状所需的刺激源通常为热源，故又称热致形状记忆合金。例如，1969 年阿波罗-11 号登月舱所使用的无线通讯天线即为形状记忆合金制造。首先将 Ni-Ti 合金丝加热到 65℃，使其转变为奥氏体物相，然后将合金丝冷却到 65℃以下，合金丝转变为马氏体物相。在室温下将马氏体合金丝切成许多小段，弯成天线形状，再将各小段合金丝焊接固定成工作状态，如图 7.6(a)所示，将天线压成小团状，如图 7.6(b)所示，太空舱登月后，利用太阳能加热到 77℃，合金转变成奥氏体，团状压缩天线便自动张开，恢复到压缩前的工作状态，如图 7.6(c)所示。

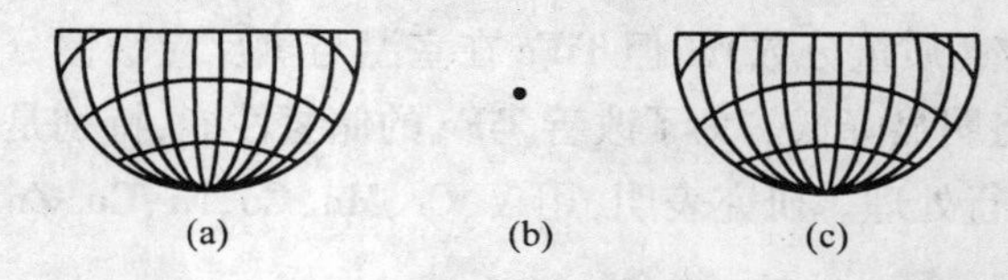

图 7.6 月球上使用的形状记忆合金天线
(a)原始形状；(b)折成球形入装登月舱；(c)太阳能加热后

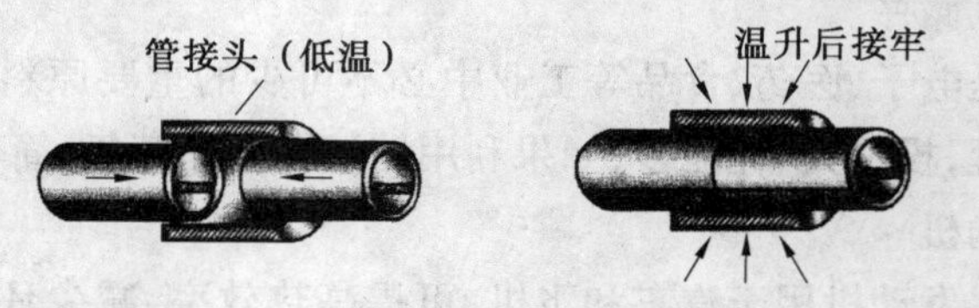

图 7.7 形状记忆合金管接头

2. 形状记忆合金材料

至今为止，已发现的形状记忆合金体系有十几种，可以分为 Ti-Ni 系、铜系、铁系合金三大类，包括 Au-Cd、Ag-Cd、Cu-Zn、Cu-Zn-Al、Cu-Zn-Sn、Cu-Zn-Si、Cu-Sn 等。它们具有两个共同特点：①弯曲量大，塑性高；②大于记忆温度能恢复初始形状。最早发现的记忆合金是 50% Ti + 50% Ni，目前性能最佳的形状记忆合金仍然是钛镍合金。一些比较典型的形状记忆合金材料及其特性列于表 7.4。

表 7.4 具有形状记忆效应的合金

合 金	组 成	相变性质	T_{Ms}/℃	热滞后/℃	体积变化/%	有序无序	记忆功能
Ag-Cd	(44~49)%Cd	热弹性	-190~-50	约 15	-0.16	有	S
Au-Cd	(46.5~50)%Cd	热弹性	-30~100	约 15	-0.41	有	S
Cu-Zn	(38.5~41.5)%Zn	热弹性	-180~-10	约 10	-0.5	有	S
Cu-Zn-X	X=Si,Sn,Al,Ga	热弹性	-180~100	约 10	-	有	S、T

续表 7.4

合金	组成	相变性质	T_{Ms}/℃	热滞后/℃	体积变化/%	有序无序	记忆功能
Cu-Al-Ni	(14~14.5)%Al-(3~4.5)%Ni	热弹性	-140~100	约35	-0.30	有	S、T
Cu-Sn	约15Sn	热弹性	-120~-30	-	-	有	S
Cu-Au-Sn	(23~28)%Au-(45~47)%Zn		-190~-50	约6	-0.15	有	S
Fe-Ni-Co-Ti	33%Ni-10%Co-4%Ti	热弹性	约-140	约20	0.4~2.0	部分有	S
Fe-Pd	30%Pd	热弹性	约-100	-	-	无	S
Fe-Pt	25%Pt	热弹性	约-130	约3	0.5~0.8	有	S
In-Ti	(18~23)%Ti	热弹性	60~100	约4	-0.2	无	S、T
Mn-Cu	(5~35)%Cu	热弹性	-250~185	约25	-	无	S
Ni-Al	(36~38)%Al	热弹性	-180~100	约10	-0.42	有	S
Ti-Ni	(49~51)%Ni	热弹性	-50~100	约30	-0.34	有	S、T、A

3. 形状记忆合金的应用

目前进入实际使用阶段的主要有Ti-Ni合金和Cu-Zn-Al合金，前者价格较贵，但是性能优良，并与人体有生物相容性；后者具有价廉物美的特点，普遍受到人们的青睐。目前主要应用在以下几方面。

(1) 军事和航天方面

最典型的是美国国家航空和宇航航行局用形状记忆合金做成大型月面天线，有效地解决了体态庞大的天线的运输问题。

(2) 工程方面

目前使用最多的是制作管接口，把形状记忆合金加工成内径稍小于待接管外径的套管，在使用前将此套管在低温下加以机械扩管，使其内径稍大于待接管的外径，将该套管套在两根待接管的接头上，然后在常温下自然升温或加热，由于形状记忆效应将两根管牢固而紧密地连接在一起，如图7.7所示。目前已在F-14战斗机油压系统、沿海或海底输送管的接口固接上取得了成功的应用。把形状记忆合金制成的弹簧与普通弹簧安装在一起制成自控元件，可以应用在暖气阀门、描笔式记录器的驱动、温度的检测等方面。

(3) 医疗方面

Ti-Ni形状记忆合金对生物体有较好的相容性，可以埋入人体作为移植材料，医学上应用较多。在生物体内部作固定折断骨架的销、进行内固定接骨的接骨板，由于体内温度使Ti-Ni合金发生相变，形状改变，不但能将两段骨固定住，而且能在相变过程中产生压力，迫使断骨很快愈合。另外，假肢的连接、矫正脊柱弯曲的矫正板，都是利用形状记忆合金治疗的实例。用记忆合金制成的肌纤维与弹性体薄膜心室相配合，可以模仿心室收缩运动，制造人工心脏。

目前，形状记忆效应已被各国广泛关注，形状记忆薄膜和细丝可能成为未来超微型机械手和机器人的理想材料。由于形状记忆合金质轻、强度高和耐蚀性强等特点，备受各个领域青睐，作为一类新兴的功能材料记忆合金的很多新用途正在不断地被开发出来。

7.6.3 超耐热合金

1. 超耐热合金的概述

一般的金属材料只能在 500～600 ℃下长期工作，通常将在 700～1 200 ℃高温下仍能长时间保持所需力学性能，具抗氧化、抗腐蚀能力，能满足工作条件的金属材料称为超耐热合金。超耐热合金又称高温合金，对于需要高温条件的工业部门和应用技术，有着重要的意义。

超耐热合金主要是指第Ⅴ～Ⅶ副族元素和第Ⅷ族元素形成的合金。这是由于其原子中未成对的价电子数很多，在金属晶体中形成牢固化学键，且其原子半径较小，晶格结点上粒子间的距离短，相互作用力大的原因。

2. 典型的超耐热合金

超耐热合金典型组织是奥氏体基体，在基体上弥散分布着碳化物、金属间化合物等强化相。高温合金的主要合金元素有铬、钴、铝、钛、镍、钼、钨等，起稳定奥氏体基体组织、形成强化相、增加合金的抗氧化和抗腐蚀能力的作用。常用的高温合金有铁基、镍基和钴基三种。

(1) 铁基超耐热合金

中等温度（600～800 ℃）条件下使用的重要材料，具有较好的中温力学性能和良好的热加工塑性，合金成分简单、成本低。主要用于制造航空发动机、燃气轮机的涡轮盘和柴油机的废气增压涡轮等。由于铁基合金的组织不够稳定、抗氧化性较差、高温强度不足，因而其不能在更高温度条件下应用。

(2) 镍基超耐热合金

以镍为基体（含量大于 50%），在 650～1 000 ℃范围内具有较高的强度和良好的抗氧化、抗燃气腐蚀能力的高温合金，是高温合金中应用最广、高温强度最高的一类合金。其主要原因如下：①镍基合金中可以溶解较多合金元素，且能保持较好的组织稳定性；②可以形成共格有序的 A_3B 型金属间化合物，以其为强化相，获得比铁基高温合金和钴基高温合金更高的高温强度；③具有良好的抗氧化和抗燃气腐蚀能力，镍基合金含有十多种元素，其中 Cr 主要起抗氧化和抗腐蚀作用，其他元素主要起强化作用。

(3) 钴基超耐热合金

含钴量 40%～65% 的奥氏体高温合金，在 730～1 100 ℃时，具有一定的高温强度、良好的抗热腐蚀和抗氧化能力，用于制作工业燃气轮机、舰船燃气轮机的导向叶片等。钴是一种重要战略资源，但世界上大多数国家缺钴，以致钴基合金的发展受到限制。

7.6.4 超塑性合金

1. 超塑性合金的概述

具有特殊组织的材料，在适当的变形条件下，变形所需应力小、变形均匀、延伸率大且不会断裂、颈缩，此现象称为超塑性。合金发生超塑性时的断后伸长率通常大于 100%，有的甚至可以超过1 000%,最初发现的超塑性合金是锌与22%铝的合金。从本质上讲,超塑性是高温蠕变的一种,发生超塑性需要一定的温度条件,金属不会自动具有超塑性。利用金属的超塑性可以制造高精度的形状极其复杂的零件,又因其晶粒组织细致,容易和其他合金压接在一起,组成复合材料,故在材料加工中具有很大的优势。

2. 典型的超塑性合金

根据金属学特征可将超塑性分为细晶超塑性和相变超塑性两大类。

(1)细晶超塑性

细晶超塑性是研究最早最多的一类超塑性,目前提到的超塑性合金主要是指这一类超塑性的合金,其晶粒一般为微小等轴晶粒,是塑性合金的组织结构基础。

(2)相变超塑性

相变超塑性是在一个温度变动频繁的范围内,依靠结构的反复变化,不断使材料组织从一种状态转变到另一种状态,故又称其为动态超塑性。相变超塑性的主要工业用途是在焊接和热处理方面,可以利用金属在反复加热和冷却过程中,原子具有很强的扩散能力,使两块具有相变或同素异构转变的金属贴合,在很小的负荷下,经过一定的循环次数以后,完全黏合在一起,这就是超塑性焊接。

现有超塑性合金的种类较多,其中重要的工业用合金如下:

①锌基合金。锌基合金是最早的超塑性合金,具有很大的无颈缩延伸率。但其蠕变强度低,冲压加工性能差,不宜作结构材料,用于一般不需切削的简单零件。

②铝基合金。铝基合金虽具有超塑性,但综合力学性能较差,室温脆性大,限制了其在工业上的应用。含有微量细化晶粒元素,如Zr等的超塑性铝合金,具有较好的综合力学性能,可加工成复杂形状的部件。

③镍合金。利用超塑性对镍基高温合金进行精密锻造,压力小、节约资源、制品均匀性好。

④超塑性钢。将超塑性用于钢方面,至今尚未达到商品化程度。$w_C = 1.25\%$的碳钢在650~700℃内加工,具有400%的断后伸长率。

⑤钛基合金。利用超塑性对钛合金进行等温模锻或挤压,其变形抗力大为降低,可制出形状复杂的精密零件。

3. 超塑性合金的应用

超塑性合金的研究与开发为金属结构材料加工技术的提高和功能材料的发展,开拓了新的前景,受到各国普遍重视,下面介绍典型的应用实例。

(1)高变形能力的应用

在温度和变形速度合适时,利用超塑性合金的极大伸长率,可完成通常压力加工方法难以完成或用多道工序才能完成的加工任务。如Zn-22Al合金可加工成“金属气球”,即可像气球一样易于变形到任何程度。这对于形状复杂的深冲加工、内缘翻边等工艺的完成有十分重要的意义。

(2)固相黏结能力的应用

细晶超塑性合金的晶粒尺寸远小于普通粗糙金属表面微小凸起的尺寸(约10 μm),所以当它与另一金属压合时,超塑性合金的晶粒可以顺利地填充满微小凸起的空间,使两种材料间的黏结能力大大提高。利用这一点可轧合多层材料、包覆材料和制造各种复合材料,获得多种优良性能的材料。

(3)减振能力的应用

合金在超塑性温度下具有使振动迅速衰减的性质,因此可将超塑性合金直接制成零件以满足不同温度下的减振需要。

利用动态超塑性可将铸铁等难加工的材料进行弯曲变形达120°,对于铸铁等焊接后易开裂的材料,在焊后于超塑性温度保温,可消除内应力、防止开裂。超塑性还可以用于高温苛刻条件下使用的机械及结构件的设计、生产及材料的研制,也可应用于金属陶瓷和陶瓷材料。总之,超塑性合金的开发与利用前景广阔。

7.6.5 减振合金

传统的金属材料强度高、振动衰减性差,容易产生振动和噪声。为了兼顾高强度和振动衰减性好这两方面的要求,材料科学家们研制了减振合金。其能将在运动过程中将产生的内摩擦较快地转化为热能消耗掉,从而能有效地降低噪声的产生,如锰铜合金的减振是低碳钢的10倍,被称作"哑巴金属"。

生产中应用的减振合金有数十种,根据作用机制不同可分为复合型、铁磁性型、位错型等。除减振和强度兼优的锰铜合金外,还有被用做机床床身的镍钛合金;用于机器底座的灰口铸铁;用于制造立体声放大器底板的铝锌合金;作为蒸汽涡轮机叶片材料的铬钢;用作火箭、卫星上精密仪器减振台架的镁锆合金等。

目前减振合金的使用范围迅速扩展,成为武器制造、机械加工、家电、电力、汽车等行业有效减振和降低噪声的新型材料。

思考题

1. 名词解释

   黑色金属;有色金属;奥氏体;马氏体;金属固溶物;金属化合物

2. 简述铝合金的种类及应用。
3. 简述镁合金的种类及应用。
4. 简述钛合金的种类及应用
5. 简述储氢合金的特点及应用。
6. 简述形状记忆含金的特点及应用。
7. 简述储氢合金特点及应用。
8. 简述超耐热性合金的特点及应用。
9. 简述超塑性合金的特点及应用。

第8章　高分子材料

高分子材料的原料丰富、制造方便、加工成型容易、性能变化大，在日常生活、工农业生产和尖端科学等领域都具有重要的实际应用价值。高分子材料按其组成可分为无机高分子材料和有机高分子材料两大类，由于有机高分子材料应用较多，故本章所述的高分子材料均指有机高分子材料。

8.1　高分子材料概述

8.1.1　高分子材料的概念

高分子材料指以高分子化合物为基本成分，加入适当的添加剂，经过加工制成的一类材料的总称。高分子化合物一般指相对分子量大于10000的化合物，其分子由千百万个原子彼此以共价键（少数为离子键）相连接，通过小分子的聚合反应而制得，简称高分子，又称大分子化合物、高聚物或聚合物。高分子材料也称为聚合物材料。

常把生成高分子化合物的小分子原料称为单体。例如，尼龙66的单体是己二酸 $HOOC-(CH_2)_4-COOH$ 和己二胺 $H_2N-(CH_2)-_6NH_2$。单体或单体混合物生成聚合物的反应称为聚合，例如，在常温常压下为气态的氯乙烯单体，经聚合反应生成固态高聚物聚氯乙烯，其反应式如下：

$$nCH_2=CHCl \rightarrow \sim CH_2-CHCl-CH_2-CHCl-CH_2-CHCl \sim$$

这种很长的聚合物分子，通常称为分子链。将存在于聚合物分子中重复出现的原子团，称为结构单元。如聚氯乙烯的结构单元为 $-CH_2-CHCl-$，尼龙66的结构单元为 $-NH(CH_2)_6NHCO(CH_2)_4CO-$，结构单元在高分子链中又称为链节。在高聚物结构中，形成高聚物结构单元的数目称为聚合度。如聚四氟乙烯 $CF_2-CF_{2\,n}$ 的聚合度为n。对高聚物而言，各个高分子链的聚合度是不同的，即高分子链的长短不一致，相对分子质量不同，因此高分子的聚合度和相对分子质量都是一个平均值。一般常用数均相对分子质量来表示高分子相对分子质量。

8.1.2　高分子材料的命名

高分子材料约达几百万种，命名比较复杂，归纳起来一般有以下几种情况。

(1)聚字加单体名称命名

在构成高分子材料的单体名称前，冠以“聚”组成，大多数烯烃类单体高分子材料均采用此方法命名，如聚乙烯、聚丙烯等。

(2)以特征化学单元名称命名

以其品种共有的特征化学单元名称命名，如聚酰胺、聚酯、聚氨酯等杂链高分子材料分别含有特征化学单元酰胺基、酯基、氨基。这类材料中的某一具体品种还可有更具体的名称以示区别，如聚酰胺中有尼龙6、尼龙66等；聚酯中有聚对苯二甲酸乙二醇酯，聚对苯二甲酸丁二醇酯等。

(3)以原料名称命名

以生产该聚合物的原料名称命名，如以苯酚和甲醛为原料生产的树脂称酚醛树脂，以尿素和甲醛为原料生产的树脂称脲醛树脂。共聚物的名称多从其共聚单体的名称中各取一字，再加上共聚物属性类别组成，如ABS树脂，A、B、S分别取自其共聚单体丙烯腈、丁二烯、苯乙烯的英文字头；丁苯橡胶的丁、苯取自其共聚单体丁二烯、苯乙烯的字头；乙丙橡胶的乙、丙取自其共聚单体乙烯、丙烯的字头等。

(4)用商品、专利商标或习惯名称

有时还以商品、专利商标或习惯命名。由商品名称可以了解到基材品质、配方、添加剂、工艺及材料性能等信息；习惯名称是沿用已久的习惯叫法，如聚酯纤维习惯称涤纶，聚丙烯腈纤维习惯称腈纶等。高分子材料的标准英文名称缩写因简洁方便在国内外被广泛采用，表8.1列举了常见的高分子材料英文缩写名称。

表8.1 常见高分子材料英文缩写名称

高分子材料	缩写	高分子材料	缩写	高分子材料	缩写
聚乙烯	PE	聚对苯二甲酸乙二醇酯	PETP	ABS树脂	ABS
聚丙烯	PP	聚对苯二甲酸丁二醇酯	PBTP	天然橡胶	NR
聚丁二烯	PB	聚甲基丙烯酸甲酯	PMMA	顺丁橡胶	BR
聚苯乙烯	PS	聚丙烯酸甲酯	PMA	丁苯橡胶	SBR
聚氯乙烯	PVC	聚酰胺	PA	氯丁橡胶	CR
聚异丁烯	PIB	聚甲醛	POM	丁基橡胶	IIR
聚氨酯	PU	聚丙烯腈	PAN	乙丙橡胶	EPR
聚碳酸酯	PC	环氧树脂	EP	乙酸纤维素	CA

8.1.3 高分子材料的分类

高分子材料的种类繁多，各有其特色，下面简单介绍四种分类方法。

(1)根据来源

根据高分子化合物的来源可分为天然高分子材料、半天然高分子材料和合成高分子材料三大类。天然橡胶、纤维素、淀粉和蛋白质等为天然高分子材料；醋酸纤维和改性淀粉等为半天然高分子材料；聚乙烯、顺丁橡胶和聚酯纤维等为合成高分子材料。

(2)使用性能

根据高分子材料的使用性能可分为塑料、橡胶、纤维、胶黏剂和涂料五大类。聚乙烯、聚丙烯、聚氯乙烯等为塑料；天然橡胶、顺丁橡胶、丁苯橡胶等为橡胶；纤维素、蚕丝、聚酰胺纤维等为纤维；天然树脂漆、酚醛树脂漆、醇酸树脂漆、丙烯酸树脂漆等为涂料；氯丁橡胶胶黏剂、聚乙烯醇缩醛胶等为胶黏剂。

(3)热性质

根据高分子材料的热性质可分为热塑性高分子材料和热固性高分子材料两大类。聚乙烯、聚丙烯、聚氯乙烯等为热塑性高分子材料;氨基树脂、酚醛树脂、环氧树脂等为热固性高分子材料。

(4)主链结构

根据高分子化合物的主链结构可分为碳链高分子材料、杂链高分子材料和元素高分子材料三大类。聚乙烯、聚氯乙烯、聚苯乙烯等为碳链高分子材料;氨基树脂、酚醛树脂、环氧树脂等为杂链高分子材料;有机硅树脂、聚膦腈等为元素高分子材料。

8.2 高分子化合物的结构

高分子的结构通常分为高分子的链结构和高分子的聚集态结构两部分。高分子的链结构是指单个高分子链的结构和形态,包括近程结构和远程结构。近程结构属于化学结构,也称一级结构,包括高分子链中原子的种类和排列、取代基和端基的种类、结构单元的排列顺序、支链类型和长度等。远程结构是指分子的尺寸、形态,链的柔顺性以及分子在环境中的构象,也称二级结构。聚集态结构是指高分子材料整体的内部结构,包括晶态结构、非晶态结构、取向态结构、液晶态结构等高分子链间堆积结构,即三级结构。以三级堆积结构为单位进一步堆砌形成的结构,即四级结构。

高分子的链结构是反映高分子各种特性的最主要的结构层次;聚集态结构则是决定聚合物制品使用性能的主要因素。

8.2.1 高分子化合物的化学结构

1. 高分子链结构单元的化学组成

高分子链的化学组成不同,聚合物的化学和物理性质也不同,按其主链结构单元可分为以下几大类。

(1)碳链高分子

分子主链全部由碳原子以共价键相联结的碳链高分子,大多数由加聚反应制得,如聚乙烯、聚丙烯、聚苯乙烯等。大多数碳链高分子具有可塑性好、容易加工成型等优点,但耐热性较差,且易燃烧,易老化。

(2)杂链高分子

分子主链除了碳原子外,还有其他原子如氧、氨、硫等存在,如聚酯、聚酰胺、聚甲醛等,其多由缩聚反应或开环聚合而制得,具有较高的耐热性和机械强度。因主链带有极性,所以容易水解。

(3)元素有机高分子

主链中不含碳原子,而由 Si、B、P、Al、Ti、As 等元素和 O 组成,侧链则是有机基团,故元素有机高分子兼有无机高分子和有机高分子的特征,其优点为具有较高的热稳定性、耐寒性、弹性和塑性,缺点是强度较低。例如各种有机硅高分子。

(4)无机高分子

主链上不含碳原子,也不含有机基团,而完全由其他元素组成。如二硫化硅、聚二氯一氮化磷,这类元素的成链能力较弱,所以聚合物分子量不高,并容易水解。

2. 高分子链结构单元的键接方式

(1)均聚物结构单元顺序

在缩聚和开环聚合中,结构单元的键接方式是明确的。加聚过程中,单体可以按头-头、尾-尾、头-尾三种形式键接,其中以头-尾键接为主。在双烯类高聚物中,高分子链结构单元的键接方式较为复杂,除头-头(尾-尾)和头-尾键接外,还根据双键开启位置有不同的键接方式,同时可能伴随有顺反异构等。例如,丁二烯 $CH_2=CH-CH=CH_2$ 在聚合可以导致1,2-加成、顺式1,4-加成、反式1,4-加成结构等。单元的键接方式对高聚物材料的性能有显著的影响,例如1,4-加成是线形高聚物;1,2-加成则有支链,作橡胶用时会影响材料的弹性。

(2)共聚物的序列结构

按其结构单元在分子链内排列方式的不同,可分为无规共聚物、交替共聚物、嵌段共聚物和接枝共聚物,即:

无规共聚物 -A-B-B-A-B-A-A-B-

交替共聚物 -A-B-A-B-A-B

嵌段共聚物 -A-A-A-A-B-B-B-B-B-A-A-A-A-A-

接枝共聚物 -A-A-A-A-A-A-A-A-A（第4个和第8个A上各接有支链 B-B-B）

无规共聚物的分子键中,两种单体的无规则排列,改变了结构单元及分子间的相互作用,使其性能与均聚物有很大的差异。例如,聚乙烯、聚丙烯为塑料,而乙烯-丙烯无规共聚物,当丙烯含量较高时则为橡胶。接枝与嵌段共聚物的性能既不同于类似成分的均聚物,又不同于无规共聚物,因此可利用接枝或嵌段的方法对聚合物进行改性,或合成特殊要求的新型聚合物。例如,聚丙烯腈接枝10%聚乙烯的纤维,既可保持原来聚丙烯腈纤维的物理性能,又使纤维的着色性能增加了三倍。

3. 高分子链的几何形态

高分子的性能与其分子链的几何形态也有密切关系,高分子链的几何形状通常分成如下几种。

(1)线形高分子

一般无支链,自由状态是无规线团,在外力拉伸下可得锯齿形的高分子链。这类高聚物由于大分子链之间没有任何化学键连接,因此其柔软、有弹性,在加热和外力作用下,分子链之间可产生相互位移,并在适当的溶剂中溶解,可热塑成各种形状的制品,故常称为热塑性高分子。包括聚乙烯、定向聚丙烯、无支链顺式1,4-丁二烯等。

(2)支链高分子

在主链上带有侧链的高分子为支链高分子。支链高分子也能溶于适当的溶剂中,并且加热能熔融。短支链使高分子链之间的距离增大,有利于活动,流动性好;而支链过长则阻碍高分子流动,影响结晶,降低弹性。总的来说,支链高分子堆砌松散、密度低结晶度低,因而硬度、强度、耐腐蚀性等也随之降低,但透气性增加。

(3)交联高分子

高分子链之间的交联作用是通过支链以化学键连接形成的。交联后成为网状结构的大分子,称为交联高分子,最常见的例子是硫化橡胶。交联高分子为既不溶解也不能熔融的网状结构,故其耐热性好、强度高、抗溶剂力强且形态稳定,例如硫化橡胶、酚醛树脂、脲醛树脂等。但是在合成橡胶中过度的交联也会影响产品的质量。

4. 高分子链的构型

链的构型是指分子中由化学键所固定的原子在空间的相对位置和排列,这种排列非常稳定,要改变构型必须经过化学键的断裂和重组。构型异构体包括旋光异构体和几何构体两类。

8.2.2 高分子化合物的二级结构

1. 高聚物的分子量及分子量分布

高聚物的分子量有两个特点:①分子量大;②分子量的多分散性。绝大多数高分子聚合物由于聚合过程比较复杂,生成物的分子量都有一定分布,都是分子量不等的同系物的混合物。正因为高聚物分子量的多分散性,所以其分子量或聚合度只是一个平均值,只有统计意义。

高聚物的分子量显著地影响其物理-机械性能,实践证明,每种聚合物只有达到一定的分子量才开始具有力学强度,此分子量称为临界分子量 M_c(或临界聚合度 DP_c)。不同聚合物的 M_c 不同,极性高聚物的 DP_c 约为40,非极性高聚物的 DP_c 则为80,超过 DP_c 后机械强度随聚合度增加而迅速增大,但当聚合度为600~700时,分子量再增加对聚合物的机械强度的影响就不明显了。另一方面,随着分子量的增大,聚合物熔体的黏度也增高,给加工成型带来困难,所以对聚合物的分子量要全面考虑,控制在适当的范围内。

2. 高分子链的柔顺性

高分子长链能不同程度卷曲的特性称为柔性。长链高分子的柔性是决定高分子形态的主要因素,对高分子的物理力学性能有根本的影响。主链结构对高分子链的刚柔性起决定性作用,主链上的C-O、C-N、Si-O、C-C单键都是有利于增加柔性的基本结构,尼龙、聚酯、聚氨酯等都是柔性链;主链上的芳环、大共轭结构将使分子链僵硬,柔性降低,如聚亚苯基等。环境的温度和外力作用快慢等则是影响高分子柔性的外因。温度愈高,热运动愈大,分子内旋转愈自由,故分子链愈柔顺;外力作用快,大分子来不及运动,也能表现出刚性或脆性。例如,柔软的橡胶轮胎在低温下或高速运行中显得僵硬。

8.2.3 高分子化合物的三级结构

高聚物借分子间力的作用聚集成固体,又按其分子链的排列有序和无序而形成晶态和非晶态。根据分子在空间排列的规整性可将高聚物分为晶态、部分晶态和非晶态三类,如图8.1所示。通常线型聚合物在一定条件下可以形成晶态或部分晶态,而体型聚合物为非晶态。通常结晶度越高,高分子间作用力越强,高分子化合物的强度、硬度、刚度和熔点越高,耐热性和化学稳定性也越好,而与链有关的性能如弹性、伸长率、冲击强度则越低。聚合物的结晶度一般为30%~90%,特殊情况下可达98%。

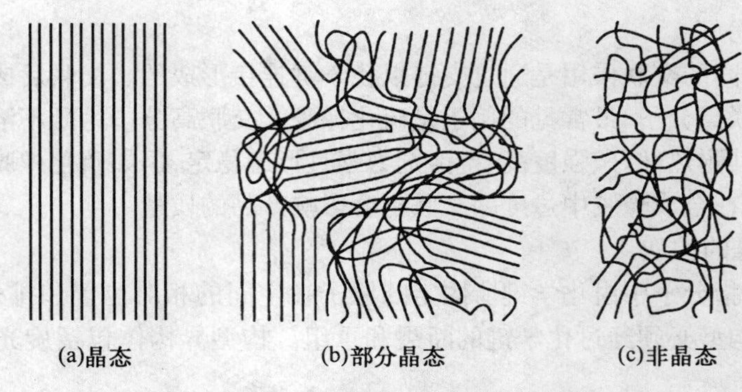

图 8.1　聚合物的三种聚集结构示意图

在某种高分子材料中，可能同时存在晶态结构、非晶态结构、液晶态结构和取向态结构中的至少两种结构，以这些结构构成的新结构为四级结构，又称高级结构或织态结构。四级结构和其他三个高分子结构层次共同决定了高分子材料的最终性能。

8.3　高分子材料的性能

高分子材料与低分子化合物相比，在性能上具有一系列新的特征。

8.3.1　力学性能

力学性能指在外力作用下，高聚物应力与应变之间所呈现的关系，包括弹性、塑性、强度、蠕变、松弛和硬度等。当高聚物用作结构材料时，这些性能尤其显得重要，与金属材料相比，高分子材料的力学性能具有如下特点。

①低强度。高聚物的抗拉强度平均约为 100 MN · m^{-2}，比金属材料低得多。通常热塑性材料 $\sigma_b = 50 \sim 100$ MN · m^{-2}，热固性材料 $\sigma_b = 30 \sim 60$ MN · m^{-2}，玻璃纤维增强尼龙的增强材料 $\sigma_b \approx 200$ MN · m^{-2}，橡胶的强度更低，但由于高聚物密度小，故其比强度较高，在生产应用中有着重要意义。

②高弹性和低弹性模量。这是高聚物材料特有的性能，橡胶为典型高弹性材料，弹性变形率为 100% ~1 000%，弹性模量为 10 ~100 MN · m^{-2}，约为金属弹性模量的千分之一；塑料因其使用状态为玻璃态，故无高弹性，但其弹性模量也远比金属低，约为金属弹性模量的十分之一。

③黏弹性。高聚物在外力作用下同时发生高弹性变形和黏性流动，其变形与时间有关，这一性质称为黏弹性。高聚物的黏弹性表现为蠕变、应力松弛、内耗三种现象。蠕变是在应力保持恒定的情况下，应变随时间的延长而增加的现象；应力松弛是在应变保持恒定的情况下，应力随时间延长而逐渐衰减的现象。内耗是在交变应力作用下出现的黏弹性现象。

④高耐磨性。高聚物的硬度比金属低，但耐磨性却优于金属，尤其是塑料更为突出。塑料的摩擦系数小，有些塑料本身就具有自润滑性能。而橡胶则相反，其摩擦系数大，适合具有较大摩擦系数的耐磨零件。

8.3.2 电学性能

高聚物是具有优良介电性能的绝缘材料，高聚物绝缘体的分子是通过原子共价键结合而成，没有自由电子和自由离子，分子间的距离较大，电子云重叠很差，故导电能力极低、介电常数小、介电耗损低。

自20世纪20年代起，人们开始研究一些高聚物如硬橡胶、橡皮、赛璐珞等的压电性能，压电高聚物具有许多无机压电材料所不备的特点，如力学性能好、易于加工、价格便宜。其缺点是压电常数小、熔融温度和软化点也较低。迄今研究最多的压电高聚物是聚偏氟乙烯，由其薄膜做成的电声换能器已商品化；其还可作触诊传感器，应用于炮弹引信、地应力测试等。

高聚物的热电性是指温度变化时，高聚物薄膜的极化发生变化的性质。高聚物热电性和压电性密切相关，但机理还尚不够清楚。高聚物热电薄膜的热电系数比无机热电材料要小，由于其力学性能好、加工方便、导热系数很小，在热电方面的应用颇引人注目。聚偏氟乙烯薄膜可做成热电检测器，特别适用于宽频谱响应和大面积场合，可用于军事夜间监测、防盗、防灾、监视人流及静电复印等。

高聚物被接触和摩擦会引起显著的静电现象，一般情况下，静电对高聚物的加工和使用不利，影响人身或设备安全，甚至会引起火灾或爆炸等事故。实际中主要的解决方法是提高高聚物表面传导以使电荷尽快泄漏。目前工业上广泛采用抗静电剂，就是提高高聚物表面电导。例如，用烷基二苯醚磺酸钾作涤纶片基的抗静电涂层时，可使其表面电阻率降低7~8个数量级。

8.3.3 光学性能

高聚物重要而实用的光学性能有吸收、透明度、折射、双折射、反射等，是入射光的电磁场与高聚物相互作用的结果。高聚物光学材料具有透明、不易破碎、加工成型简便和廉价等优点，可制作镜片、导光管和导光纤维等；可利用光学性能的测定研究高聚物的结构，如聚合物种类、分子取向、结晶等；用有双折射现象的高聚物作光弹性材料，可进行应力分析；可利用界面散射现象制备彩色高聚物薄膜等。

利用光在高聚物中能发生全内反射的原理可制成导光管，在医疗上可用来观察内脏。如用聚甲基丙烯酸甲酯作内芯，外层包一层含氟高聚物即可制成传输普通光线的导光管；用高纯的钠玻璃为内芯、氟橡胶为外层，可制成能通过紫外线的导光管。

8.3.4 热学性能

高聚物最基本的热学性能是热膨胀、比热容、热导率，其数值随状态（如玻璃态、结晶态等）和温度而变，并与制品的加工和应用有密切关系。高聚物热学性能受温度的影响比金属、无机材料大。其特点如下：

①低耐热性。由于高分子链受热时易发生链段运动或整个分子链移动，导致材料软化或熔化，使性能变坏，故耐热性差。对于不同的高分子材料，其耐热性评定的判据不同，例如，对于塑料是指在高温下能保持高硬度和较高强度的能力；对于橡胶是指在高温下保

持高强度的能力。

②低导热性。高分子材料内部无自由电子,且分子链相互缠绕在一起,受热时不易运动,故导热性差,约为金属材料导热性的1%~1‰。热导率越小的高聚物,其绝热隔音性能越好,高聚物发泡材料可作为优良的绝热隔音材料,在相同孔隙率下,闭孔发泡材料比开孔材料的绝热隔音效果好。常用的制品有脲醛树脂、酚醛树脂、聚苯乙烯、橡胶和聚氨酯类发泡材料,后两者为弹性体,兼有良好的消振作用。

③高膨胀性。高分子材料的线膨胀系数大,为金属材料的3~10倍。这是由于受热时,分子间结合力减小,分子链柔性增大,故产生明显的体积和尺寸的变化。高聚物热膨胀系数较大的制品,其尺寸稳定性也较差。因此,在制造高分子复合材料时,两种材料之间的热膨胀性能不应相差太大。

8.3.5 化学稳定性

高分子材料在酸碱等溶液中有优良的耐腐蚀性能,这是由于高分子材料中无自由电子,因此高分子材料不受电化学腐蚀而遭受破坏;同时高分子材料的分子链相互缠绕在一起,许多分子链基团被包在里面,即使接触到能与分子某一基团起反应的试剂,也只有露在外面的基团才比较容易与试剂反应,所以高分子材料的化学稳定性很高。但要注意,有些高分子材料与某些特定溶剂相遇时,会发生“溶胀”现象,使尺寸增大,性能恶化。因此在使用高分子材料的过程中必须要注意所接触的介质或溶剂。

8.4 常用高分子材料

8.4.1 塑 料

1. 塑料的概述

塑料是高分子材料中最主要的品种之一,产量约占合成高分子材料总量的70%~75%,其质量轻(密度约为0.9~2.2 $kg \cdot m^{-3}$,仅为钢铁的1/4~1/8)、比强度高、电绝缘性好(约10^{10}~10^{20} $\Omega \cdot cm$)、耐化学腐蚀、耐辐射、容易成型;但其力学性能差、表面硬度低、大多数易燃、导热性差,使用温度范围窄。塑料的品种很多,增长速度很快,用途广泛。塑料有不同的分类方法,表8.2列出了一些常用塑料的力学性能和主要用途。

表8.2 常用塑料的力学性能和主要用途

名 称	拉伸强度 /MPa	压缩强度 /MPa	弯曲强度 /MPa	冲击强度 /$kJ \cdot m^{-2}$	使用温度 /℃	主要用途
聚乙烯	8~36	20~25	20~45	~2	-70~100	一般机械构件,电缆包缚,耐蚀、耐磨涂层等
聚酰胺 聚丙烯	40~49	40~60	30~50	5~10	-35~121	一般机械零件,高频绝缘,电缆、电线包缚等
聚氯乙烯	30~60	60~90	70~110	4~11	-15~55	化工耐蚀构件,一般绝缘,薄膜,电缆套等

续表 8.2

名 称	拉伸强度/MPa	压缩强度/MPa	弯曲强度/MPa	冲击强度/kJ·m^{-2}	使用温度/℃	主要用途
聚苯乙烯	>60~		70~80	12~16	-30~75	高频绝缘,耐蚀、装饰一般构件等
ABS	21~63	18~70	25~97	6~53	-40~90	一般构件,减摩、耐磨传动件,一般化工装置,管道,容器等
聚酰胺	45~90	70~120	50~110	4~15	~100	一般构件,减摩、耐磨传动件,高压油润滑密封圈,金盾防蚀,耐磨涂层等
聚甲醛	60~75	~125	~100	~6	-40~100	一般构件,减摩、耐磨传动件,绝缘,耐蚀件及化工容器等
聚碳酸酯	55~70	~85	~100	65~75	-100~130	耐磨,受力、受冲击机械和仪表零件,透明、绝缘件等
聚四氯乙烯	21~28	~7	11~14	~98	-180~260	耐蚀性,耐磨件,密封件,高温绝缘件等
聚砜	~70	~100	~105	~5	-100~150	高强度耐热件,绝缘件,高频印刷电路板等
有机玻璃	42~50	80~126	75~135	1~6	-60~100	透明件,装饰件,绝缘件等
酚醛塑料	21~56	105~245	56~84	0.05~0.82	~110	一般构件,水润滑轴承,绝缘件,耐蚀衬里,作复合材料等
环氧塑料	56~70	84~140	105~125	~5	-80~155	塑料模,精密模,仪表构件,电气元件的灌注,金属涂覆,包封,修补,作复合材料等

(1) 按加工条件下的流变性能分为:

①热塑性塑料。热塑性塑料指在特定温度范围内具有可反复加热软化、冷却硬化特性的塑料品种,如聚乙烯、聚丙烯、聚苯乙烯、聚氯乙烯等。热塑性塑料具有线型高分子链结构。

②热固性塑料。热固性塑料指具有不溶、不熔的特性,经加工成型后,形状不再改变,若加热则分解的品种,如聚氨酯、环氧树脂、酚醛树脂等。

(2)若按使用性能分类:

①通用塑料。通常指产量大、成本低、通用性强的塑料,如聚氯乙烯、聚乙烯等。

②工程塑料。工程塑料具有较高的力学性能,耐热、耐腐蚀,可以代替金属材料用作工程材料或结构材料的一类塑料,如聚酰胺(尼龙)、聚甲醛、聚碳酸酯等。

③特种塑料。特种塑料是具有某些特殊性能的塑料,如耐高温、耐腐蚀等,此类塑料产量少,价格较贵,只用于特殊需要场合。

随着塑料应用范围不断扩大,工程塑料和通用塑料之间的界限很难划分。如聚乙烯可用于化工机械(工程塑料),也可用在食品工业(通用塑料)。

2. 塑料的应用

(1)热固性塑料

①酚醛塑料(PF)。酚醛塑料由酚醛树脂外加添加剂构成,是世界上最早实现工业化生产的塑料,在我国热固性塑料中占第一位。由于在酚醛树脂中存在着烃基和烃甲基等极性基团,因此它与金属或其他材料的黏附力好,可用作黏结剂、涂料、层压材料及玻璃钢的原料和配料。又因酚醛树脂中苯环多、交联密度大,故有一定的机械强度、耐热性较好,且成型工艺简单、价格低廉,因此广泛用于机械、汽车、航空、电器等工业部门。酚醛树脂缺点是颜色较深、性脆、易被碱侵蚀等。改性酚醛树脂是当今研究热点之一。

②环氧塑料(EP)。环氧塑料是在环氧树脂中加入固化剂填料或其他添加剂后制成的热固性塑料。环氧树脂是很好的胶黏剂,有"万能胶"之称,在室温下容易调和固化,对金属和非金属都有很强的胶黏能力。EP具有较高的强度、韧性,在较宽的频率和温度范围内具有良好的电性能,通常具有优良的耐酸、碱及有机溶剂的性能,还能耐大多数霉菌、耐热、耐寒。

③氨基塑料。氨基塑料是以氨基树脂(含有$-NH_2$基团的热固性树脂)为基本成分的热固性塑料,其中产量最大的是脲醛树脂和三聚氰胺甲醛树脂。脲醛树脂是尿素与甲醛经加成缩聚而得到的体型热固性树脂,分子中含有氮原子,故不易燃烧。烃甲基可以和纤维素分子形成醚键,所以和木材、棉织品、纸等黏结性能好。用其处理织物,可降低收缩率,提高耐折性。三聚氰胺甲醛树脂的用途与脲醛树脂相似,可制成压缩粉、层压材料、涂料等,且耐水性较好。用其处理织物,能防水、防皱、防缩,效果较脲脉醛树脂好。

(2) 热塑性塑料

①聚氯乙烯(PVC)。聚氯乙烯是以碳链为主链的线型结构的大分子,由氯乙烯通过自由基加聚反应合成,属于热塑性的高聚物。优点是耐化学腐蚀、不燃烧、成本低、易于加工。缺点是耐热性差,冲击强度低,有一定的毒性。根据添加剂的不同,聚氯乙烯制品可分为软聚氯乙烯塑料和硬聚氯乙烯塑料。软聚氯乙烯塑料可以制成各种包装、保温、防水用的薄膜、软管、人造革、软带绝缘电缆、日用品等;硬聚氯乙烯塑料可作硬管、板,可以焊接加工制成各种生产设备代替金属,还可制成软、硬泡沫塑料。

②聚乙烯(PE)。世界塑料品种中产量最大的品种,具有50多年的工业化生产历史,其价格便宜、性能优良、发展速度快、应用面最广。按其生产方法可分为高压聚乙烯(低密度聚乙烯)和低压聚乙烯(高密度聚乙烯)。高压聚乙烯的质地柔软、较透明,具有良好的机械强度、化学稳定性,且耐寒、耐辐射、无毒,在工农业和国防上被广泛用作包装薄膜、农用薄膜、电缆等;低压聚乙烯的质地柔韧,机械强度较高压聚乙烯大,可供制造电气、仪表、机器的各种壳体和零部件等,也可以抽丝做成渔线、渔网。

③聚丙烯(PP)。丙烯单体来自于石油和石油炼制产物或天然气的裂解产物,在催化剂作用下,以配位聚合反应聚合而成。聚丙烯是无色透明的塑料,机械性能好,具有较高的抗张强度,弹性好而表面强度大,质轻,相对密度仅为0.90~0.91,是目前已知常用塑料中相对密度最小的一种。其主要缺点是低温易脆化、易受热、光作用变质,易燃等。聚丙烯可用作电气元件、机械零件、电线包皮等工业制品,也可以用其做餐盒、药品、食品的包装等。

④聚苯乙烯(PS)。聚苯乙烯的世界产量仅次于聚乙烯、聚氯乙烯、聚丙烯,在通用塑料中居第四位,聚苯乙烯由单体苯乙烯通过自由基聚合反应而得到,为非极性线型高聚物。聚苯乙烯呈现刚性、性脆。其机械性能一般,抗张强度、抗冲击强度、弯曲强度随相对分子质量增大而增大;不溶于醇,溶于芳烃、卤代烷、酯、醚等大多数溶剂;透明度大于80%,吸水率小,电性能非常好,是很好的高频绝缘材料。聚苯乙烯最大的缺点是质脆、内应力大、不耐冲击、软化点低。可以通过改性增加链的柔顺性以提高聚苯乙烯的耐冲击性和耐热性,聚苯乙烯主要应用于制作光学玻璃及仪器、包装材料、电气零件等。

(3)常用工程塑料

①聚酰胺(PA)。聚酰胺是最早发现的热塑性塑料,是指主链上含有酰胺基团(-NHCO-)的高分子化合物,其商品名称是尼龙或锦纶,是目前机械工业中应用比较广泛的一种工程材料。尼龙-6是己内酰胺的聚合物,是工程塑料中发展最早的品种,在产量上居工程塑料之首。尼龙的品种很多,其中尼龙-1010是我国独创的,是用蓖麻油为原料制成的。聚酰胺用于纤维工业,突出的特点是断裂强度高、抗冲击负荷、耐疲劳、与橡胶黏附力好,被大量地用作结构材料,也可用作输油管、高压油管和储油容器等。

②聚甲醛(POM)。聚甲醛是由甲醛聚合而成的线性高密度、高结晶的高分子化合物,是继尼龙之后发展的优良工程塑料,具有良好的物理、机械和化学性能,尤其是优异的摩擦性能。按分子链化学结构不同,可分为共聚聚甲醛和均聚聚甲醛两类。聚甲醛的主要缺点是热稳定性差,所以必须严格控制成型加工温度。它遇火会燃烧,长期在大气中曝晒还会老化。因此室外使用,必须加稳定剂。聚甲醛用于制造工业零件代替有色金属和合金等,在汽车、机床、化工、仪表、农机、电子等行业得到广泛的使用。

③聚碳酸酯(PC)。聚碳酸酯是20世纪50年代末60年代初发展起来的一种材料。其种类很多,目前大规模生产的是双酚A型聚碳酸酯。聚碳酸酯属于非结晶型聚合物,其结构中有较柔软的碳酸酯链和刚性的苯环,因而它具有许多优良的性能,近年来发展很快,产量仅次于尼龙。聚碳酸酯的化学稳定性好、透明度高、成型收缩率小、机械性能优异,尤其是具有优良的抗冲击强度。聚碳酸酯的缺点是疲劳强度低、易造成应力开裂。

聚碳酸酯在各行各业得到广泛的使用,可以代替黄铜,制做各种电子仪器的通用插头,成本可降低60%,质量仅为黄铜的1/10;广泛用作耐高击穿电压和绝缘性的零部件等。聚碳酸酯还广泛用于医疗、机械、仪表、纺织、电器、建筑等方面。

④ABS塑料。ABS塑料是由丙烯腈(A)、丁二烯(B)和苯乙烯(S)三种单体以苯乙烯为主体共聚而成的树脂。ABS塑料兼有三种组分的综合特点,A使其耐化学腐蚀、耐热,并有一定的表面硬度;B使其具有高弹性和韧性;S使其具有热塑性塑料的加工成形特征并改善其电性能,因此,ABS树脂具有耐热、表面硬度高、尺寸稳定、良好的耐化学性及电性能、易于成型和机械加工等特点。ABS树脂的缺点是耐热性不够高,如不耐燃、不透明、耐候性差。综合而言,ABS塑料是一种原料易得、综合性能好、价格低廉、用途广泛的材料,在家用电器、洁具、电器制造、汽车等工业领域得到广泛应用。

⑤聚四氟乙烯(PTFEH或F-4)。聚四氟乙烯塑料是单体四氟乙烯的均聚物,是一种线型结晶态高聚物。聚四氟乙烯为含氟树脂中综合性能最突出的一种,其应用最广、产量最大,约占氟塑料总产量的85%。由于分子链中有氟原子和稳定的碳氟键,使这种氟塑

料具有耐热、耐寒、低摩擦系数、良好的自润滑性、优异的耐化学腐蚀性，有“塑料王”之称。其具有优良的电性能，是目前所有固体绝缘材料中介电损耗最小的。但聚四氟乙烯强度、硬度低，加热后黏度大，只能用冷压烧结方法成型。目前聚四氟乙烯常被用来作热性高、介电性能好的电工器材和无线电零件，耐腐蚀的密封件、化工设备和元器件，机械工业中耐磨件的材料，以及航天、航空和核工业中的超低温材料等。

8.4.2 橡　胶

1. 橡胶的概述

橡胶与塑料的区别是在很宽的温度范围内（-50 ~ 150℃）处于高弹态，具有显著的高弹性。其最大特点是具有良好的柔顺性、易变性、复原性，因而广泛用于弹性材料、密封材料、减磨材料、防振材料和传动材料，在工业、农业、交通、国防、民用等领域有着重要的实际应用价值。

（1）橡胶的组成

纯橡胶的性能随温度的变化有较大的差别，高温时发黏、低温时变脆，易于溶剂溶解。因此，其必须添加其他组分且经过特殊处理后制成橡胶材料才能使用。其组成包括：

①生胶。生胶是橡胶制品的主要组分，对其他配合剂来说起着黏结剂的作用。使用不同的生胶，可以制成不同性能的橡胶制品，其来源可以是天然的，也可以是合成的。

②橡胶配合剂。橡胶配合剂主要有硫化剂、硫化促进剂、防老化剂、软化剂、填充剂、发泡剂及染色剂。加入配合剂是为了提高橡胶制品的使用性能或改善其加工工艺性能。

（2）橡胶的种类

实际应用的橡胶种类多达20余种，有多种分类方法，但基本上可以分为天然橡胶和合成橡胶两大类。

①天然橡胶。天然橡胶是橡树上流出的胶乳，经过凝固、干燥、加压等工序制成生胶，橡胶的质量分数在90%以上。天然橡胶是以异戊二烯为主要成分的不饱和状态的天然高分子化合物。天然橡胶有较好的弹性，弹性模量约为3 ~ 6 MN · m^{-2}；较好的机械性能，硫化后拉伸强度为17 ~ 29 MN · m^{-2}；有良好的耐碱性，但不耐浓强酸，还具有良好的电绝缘性，广泛用于制造轮胎等橡胶工业。其缺点是耐油性差，耐臭氧老化性差，不耐高温。

②合成橡胶。合成橡胶是一类合成弹性体，按其用途分为通用合成橡胶、特种合成橡胶两类。通用合成橡胶，其性能与天然橡胶相近，主要用于制造各种轮胎、日常生活用品和医疗卫生用品等；特种合成橡胶，具有耐寒、耐热、耐油、耐腐蚀等某些特殊性能，用于制造在特定条件下使用的橡胶制品。通用合成橡胶和特种合成橡胶之间并没有严格的界线，有些合成橡胶兼具上述两方面的特点。

2. 橡胶的应用

世界合成橡胶产量己大大超过天然橡胶，合成橡胶的种类有很多，其中产量最大的是丁苯橡胶，约占合成橡胶的50%，其次是顺丁橡胶，约占15%，两者都是通用橡胶。另外，还有产量较小、具有特殊性能的合成橡胶，如耐老化的乙丙橡胶、耐油的丁腈橡胶、不燃的氯丁橡胶、透气性小的丁基橡胶等。表8.3列出一些橡胶的种类、性能和用途。

表 8.3 橡胶的种类、性能和用途

名称	抗拉强度/$MN \cdot m^{-2}$	延伸率/%	使用温度/℃	特性	用途
天然橡胶	25~30	650~900	-50-120	高强绝缘防震	通用制品轮胎
丁苯橡胶	15~20	500~800	-50-140	耐磨	通用制品胶版胶布,轮胎
顺丁橡胶	18~25	450~800	120	耐磨耐寒与天然橡胶非常相似	轮胎,运输带,天然橡胶代用品
异戊橡胶	–	–	-50~100		
氯丁橡胶	25~27	800~900	-35~130	耐酸碱阻燃	管道电缆,轮胎
丁腈橡胶	15~30	300~800	-35~175	耐油水气密	油管耐油垫圈
乙丙橡胶	10~25	400~800	150	耐水气密	汽车零件,绝缘体
聚氨酯胶	20~35	300~800	80	高强耐磨	胶辊耐磨件
硅橡胶	4~10	50~500	-70~275	耐热绝缘	耐高温零件
氟橡胶	20~22	100~500	-50~300	耐油碱真空	化工设备衬里,密封件
聚硫橡胶	9~15	100~700	80~130	耐油耐碱	水龙头衬垫管子

①丁苯橡胶(SBR)。SBR是含3/4丁二烯、1/4苯乙烯的共聚物,是典型的通用合成橡胶。其优点为质量均一、硫化速率快、生产工艺易控、耐候性好、价格低廉等。缺点是生胶强度低、黏附性差、收缩大、成型困难等。主要用于制作空心轮胎、软管、轧辊、胶布、模型等。

②顺丁橡胶(BR)。BR是由丁二烯聚合而成,又称聚丁二烯橡胶。优点是回弹性非常高、受震动时内部发热少、耐磨耗性优良、掺和性能良好、价格低廉等。缺点是强度很低、抗撕裂性差、储藏较难等。顺丁橡胶大多是与天然橡胶或者丁苯橡胶掺和使用,主要用于制造胶带、减震部件、绝缘零件、轮胎等。

③异戊橡胶。因其主要成分为聚异戊二烯与天然橡胶一致,故其化学结构和物理力学性能都与天然橡胶非常相似,因此被称为“合成天然橡胶”,能作为天然橡胶的代用品。其耐弯曲开裂性、电性能、内发热性、吸水性、耐老化性等均优于天然橡胶。但强度、刚性、硬度则要比天然橡胶差一些,价格高于天然橡胶。异戊橡胶可作浅色制品,凡能使用天然橡胶的领域均适用。

④硅橡胶。由有机硅氧烷与其他有机硅单体共聚而成,具有高的耐热和耐寒性,在-100~350℃保持良好的弹性,抗老化、绝缘性好。其缺点是强度低,耐磨、耐酸碱性差,价格高。主要用于制造飞机和宇航中的密封件、薄膜和耐高温的电线、电缆等。

⑤氯丁橡胶。氯丁橡胶(CR)是由单体氯丁二烯经乳液聚合而得,具有高弹性、高绝缘性、高强度、耐油、耐溶剂等优点。物性上处于通用橡胶和特种橡胶之间,有“万能橡胶”之称。主要缺点是耐寒性差、相对密度较大($1.25\ g \cdot cm^{-3}$)、生胶稳定性差等。氯丁橡胶主要用于制作输送带、风管、电缆、输油管等。

8.4.3 纤 维

1. 纤维的概述

纤维是指在室温下分子的轴向强度很大，受力后变形较小，在一定温度范围内力学性能变化不大的高聚物材料。纤维材料分为天然纤维与化学纤维两大类，而化学纤维又可分为人造纤维和合成纤维两种。

①天然纤维。常见的天然纤维有棉、羊毛、蚕丝和麻等。棉花和麻的主要成分是纤维素，棉纤维是外观具有扭曲的空心纤维，其保暖性、吸湿性和染色性好，纤维间抱合力强。羊毛由两种吸水能力不同的成分所组成，是蛋白质纤维；蚕丝的主要成分也是蛋白质，同属天然蛋白质纤维。

②化学纤维。人造纤维是以天然高分子材料作原料，经化学处理与机械加工而制得的纤维。再生纤维是人造纤维中最主要的产品。以绵短绒、木材等为原料用烧碱和二氧化碳处理，纺丝制得的纤维称再生纤维素纤维，如黏胶纤维，干燥时强度胜过羊毛或蚕。以玉米、大豆、花生以及牛乳酪素等蛋白质为原料制得的纤维，称再生蛋白质纤维。人造纤维是人造丝和人造棉的通称。合成纤维是以合成高分子材料为原料经纺丝制成的纤维，用于制备纤维的聚合物必须能够熔融或溶解，有较高的强度，较好的耐热性、染色性、抗腐蚀性等。

2. 纤维的应用

世界合成纤维品种繁多，其产量已超过了人造纤维的产量。合成纤维强度高、耐磨、保暖，不会发生霉烂，大量用于工业生产以及各种服装等，其中聚酯纤维、尼龙、聚丙烯腈纤维被称为三大合成纤维，产量最大。主要合成纤维的性能和用途见表 8.4。

表 8.4 主要合成纤维的性能和用途

商品名称	锦纶	涤纶	腈纶	氯纶	丙纶	乙纶	芳纶
化学名称	聚酰胺	聚酯	聚丙烯腈	聚氯乙烯	聚丙烯	聚乙烯	聚香族聚酰胺
密度/$g \cdot cm^{-3}$	1.14	1.38	1.17	1.30	1.39	0.97	1.45
吸湿率(24h)/%	3.5~5	0.4~0.5	1.2~2.0	4.5~5.0	0	0	3.5
软化温度/℃	170	240	190~230	220~230	60~90	140~150	160
特性	耐磨、强度高、模量低	强度高、弹性好、吸水低、耐冲击、黏着力强	柔软、蓬松、耐晒、强度低	价格低、比棉纤维优异	化学稳定性好、不燃、耐磨	超轻、高比强度、耐磨	强度高、模量大、耐热、化学稳定性好
用途	轮胎、帘子布、渔网、缆绳、帆布等	电绝缘材料、运输带、帐篷、帘子线	窗布、帐篷、船帆、碳纤维、原材料	化工滤布、工作服、安全帐篷	军用被服、水龙带、合成纸、地毯	用于复合材料、飞机安全椅、绳索	飞行服、宇宙服、防弹衣

①聚酯纤维(PET)。聚酯纤维又称涤纶或的确良,是生产量最大的合成纤维。涤纶的化学组成是聚对苯二甲酸乙二醇酯。其特点是强度高,耐日光稳定性仅次于腈纶,耐磨性稍逊于锦纶,热变定性特别好,即便被水润湿也不走样,经洗耐穿,可与其他纤维混纺,是很好的衣料纤维。缺点是因为疏水性,不吸汗,与皮肤不亲和,而且需高温染色。目前,大约90%的涤纶用作衣料,75%用作纺织品,15%用作编织品,6%左右用于工业生产,如制造轮胎帘子线、传送带、渔网、帆布、缆绳等。

②聚酰胺纤维。聚酰胺纤维又称尼龙、锦纶或耐纶。尼龙(nylon)开始是杜邦公司的商品名,现在已成为通用名称。具有强韧高、弹性高、质量轻、染色性好等优点,因拉伸弹性好较难起皱、抗疲劳性好,是比蜘蛛丝还细,比钢丝还强的纤维。缺点是保暖性、耐热性和耐光性偏弱,杨氏模量小,做衣料易变形、褪色。但目前仍为代表性合成纤维,约1/2的锦纶用作衣料,约1/6做轮胎帘子线,约1/3用于其他工业生产。

③聚丙烯腈纤维。聚丙烯腈纤维又称腈纶、奥纶或开司米,包括丙烯腈均聚物及其共聚物纤维,前者缩写为PAN,杜邦公司1950年工业化的“奥纶”是其代表性产品;后者是与氯乙烯或偏二氯乙烯的共聚产品,几乎都是短纤维。其主要优点是蓬松柔软、轻盈、保暖性好,性能极似羊毛,故有“人造羊毛”之称。缺点是吸水率低(1%~2%),所以不适合作贴身内衣,强度不如涤纶和尼龙,耐磨性差,甚至不及羊毛和棉花。目前,大约70%的腈纶用作衣料,25%用作编织物,5%用于工业生产。

④维尼纶纤维PVA.。商品名为维尼纶,产自日本。特点是具有与棉花相似的特性,几乎都是短纤维,吸湿率达5%,和锦纶相等,与棉花(7%)相近,热定型、耐候性好。70%用于工业,其中布和绳索居多,也可代替棉花作衣料用。

⑤聚丙烯纤维(丙纶)。聚丙烯纤维产自意大利,是最轻的纤维(相对密度0.91),强度好,吸湿率6%,属于耐热性低的纤维。约30%的丙纶用于室内装饰,30%用作被褥棉,10%用于医疗,15%用于工业绳索,其余用于其他工业。

8.4.4 涂 料

1.涂料的概述

涂料是一种液态或粉末状态的物质,能均匀地涂覆在物体表面形成坚韧的保护膜,对物体起保护、装饰和标志等作用或赋予其一些特殊功能(如示温、发光、导电和感光等)的材料。涂料品种繁多,广泛用于人类日常生活、石油化工、宇航等多方面,开发高质量、低成本、易施工、环保涂料是目前涂料工业发展的方向。

(1)涂料的组成

①成膜物质(黏料)。成膜物质是涂料的基本成分,原则上各种天然及合成聚合物均可作成膜物质。包括在一定条件下通过聚合或缩聚反应形成的膜层和由溶解于液体介质中的线型聚合物构成,通过挥发形成的膜层。

②颜料。颜料起装饰和抗腐蚀的保护作用。包括铬黄、铁红等无机颜料,铝粉、铜粉等金属颜料,炭黑、大红粉等有机颜料和夜光粉、荧光粉等特种颜料。

③溶剂。溶剂指用来溶解成膜物质的易于挥发性物质,常用的有甲苯、二甲苯、丁醇、丁酮、醋酸乙酯等。

④填充剂。填充剂也称增量剂或体质颜料,能改进涂料的流动性、提高膜层的力学性能和耐久性。主要有重晶石、碳酸钙、滑石、石棉、云母等粉料。

⑤催干剂。催干剂促使聚合或交联的催化剂,有环烷酸、辛酸、松香酸、亚油酸的铝、锰、钴盐等。

⑥其他。包括增塑剂、增稠剂或稀释剂、颜料分散剂、杀菌剂、阻聚剂、防结皮剂等。

(2)涂料的种类

①按性质分类。

油性涂料:即油基树脂漆,包括植物油加天然树脂或改性酚醛树脂为基的清漆、色漆及天然树脂类漆等。

合成树脂漆:包括酚醛树脂漆、醇酸树脂漆、聚氨酯树脂漆等,其形成的漆膜硬度高、耐磨性好、涂饰性能好,但使用有机溶剂量大,对环境和人体健康不利。

乳胶漆:也称乳胶涂料,属于水性涂料,以合成聚合物乳液为基料,将颜料、填料、助剂分散于其中形成的水分散系统。安全、无毒、施工方便、涂膜干燥快、成本低,但硬度和耐磨性差,主要品种有聚醋酸乙烯酯乳漆、丙烯酸酯乳漆系列。

粉末涂料:采用喷涂或静电涂工艺涂敷,包括热塑性粉末涂料,如聚乙烯、尼龙等;热固性粉末涂料,有环氧型和聚酯型,由反应性成膜物质等组成的混合物。

②按功能分类。

保护性涂料:防止化学或生物性侵蚀;装饰和色彩性涂料:用于美化环境或分辨功用;特殊功能性涂料:用于绝缘、防火、抗辐射、导电、耐油、隔音等。

2. 涂料的应用

①合成树脂漆。合成树脂漆包括酚醛树脂漆、环氧树脂漆、醇酸树脂漆、聚氨酯树脂漆和丙烯酸树脂漆等,属油性涂料。其主要优点是耐蚀性和耐水性好、价格低、表面附着力强、干燥快,涂膜硬度高、耐磨等,主要用于家具、建筑、船舶、绝缘、汽车、电机、皮革等。

②乳胶涂料。乳胶涂料属水性涂料,是以合成聚合物乳液为基料,将颜色、填料、助剂分散于其中而形成的水分散系统。其主要优点是不污染环境、安全无毒、不燃烧、保色性好、涂膜干燥快等,主要用于建筑涂料。但涂膜的硬度和耐磨性能比树脂漆差。

③功能涂料。功能涂料是对材料改性或赋予其特殊功能的最简单方法,可根据不同要求,使涂料具有各种功能。

防火涂料,该涂料不但有一般涂料的功能,且具有防火功能。涂料本身不燃或难燃,能阻止底材燃烧或对其燃烧的蔓延起阻滞作用,以减少火灾的发生降低损失。

防霉涂料,这是一种能抑制涂膜中霉菌生长的建筑涂料,主要用于食品加工厂、酿造厂、制药厂等车间与库房的墙面。

防蚊蝇涂料又称杀虫涂料,除具有一般涂料的功能外,涂料中还含有杀虫药液,属接触性杀虫。

伪装涂料,在各种设施或武器上涂一层该类涂料,或吸收雷达波,或防红外侦察、声纳探测等。迷彩涂料可以减少或消除目标背景的颜色,变色涂料可以实现光色互变等。

导电涂料,涂料中含有导电微粒,可以导电也可以使涂层加热,用于电气、电子设备塑料外壳的电磁屏蔽、房间取暖和汽车玻璃防雾等。

航空航天特种涂料，包括用于减少振动、降低噪声的阻尼涂料；用于宇航飞行器表面，防止高热流传入飞行器内部的防烧蚀涂料；可以保持航天器在各种仪器、设备和宇航员正常工作环境下的温控涂料。

8.4.5 胶黏剂

1. 胶黏剂的概述

胶黏剂又称“胶粘剂”或“胶”，是指通过黏附作用使被黏物结合在一起，且结合处有足够强度的物质。

(1) 胶黏剂的组成

胶黏剂是一种多组分的材料，一般由黏结物质、固化剂、增韧剂、填料、稀释剂、改性剂等组成。

黏结物质也称为黏料，是胶黏剂中的基本组分，起黏结作用，一般多用各种树脂、橡胶类及天然高分子化合物作为黏结物质。

固化剂是促使黏结物质通过化学反应加快固化的组分，可以增加胶层的内聚强度，是胶黏剂的主要成分。

增韧剂是提高胶黏剂硬化后黏结层的韧性、抗冲击强度的组分，常用的有邻苯二甲酸二丁酯、邻苯二甲酸二辛酯等。

稀释剂又称溶剂，主要是起降低胶黏剂黏度便于操作的作用，常用的有机溶剂有丙酮、苯、甲苯等。

填料一般在胶黏剂中不发生化学反应，其能使胶黏剂的稠度增加，热膨胀系数、收缩性降低，抗冲击韧性和机械强度提高，常用的品种有滑石粉、石棉粉、铝粉等。

改性剂是为了改善胶黏剂的某一方面性能，以满足特殊要求而加入的组分，例如为增加胶结强度可加入偶联剂，还可以分别加入防老化剂、防腐剂、防霉剂、阻燃剂、稳定剂等。

(2) 胶黏剂的分类

胶黏剂的品种繁多，目前其分类方法较多，但无统一的分类标准。

按黏料或主要组成分类，有无机胶黏剂和有机胶黏剂，无机胶黏剂包括硅酸盐、磷酸盐、硼酸盐和陶瓷胶黏剂等，而有机胶黏剂可分为天然与合成两大类。天然胶黏剂包括动物性、植物性和矿物性三种，天然胶黏剂来源丰富，价格低廉，毒性低，但耐水、耐潮和耐微生物作用较差。在家具、书籍、包装、木材加工和工艺品制造等方面有着广泛的应用，其用量占胶黏剂约 30% ~40% 。

合成胶黏剂包括合成树脂型、合成橡胶型和树脂橡胶复合型。合成树脂型又包括热塑性和热固性两类，热塑性树脂胶黏剂有纤维素酯类、聚醋酸乙烯酯等；热固性树脂胶黏剂有酚醛树脂、脲醛树脂、环氧树脂和聚氨酯等。合成橡胶型有氯丁橡胶、丁苯橡胶等。树脂橡胶复合型有酚醛-氯丁橡胶、酚醛-聚氨酯橡胶等。合成胶黏剂一般有良好的电绝缘性、隔热性、抗震性、耐腐蚀性、耐微生物作用和较好的黏合强度，而且能针对不同用途要求来配制不同的胶黏剂，其品种多是胶黏剂的主力，其用量约占 60% ~70% 。

按物理形态分类，有胶液（包括溶液型、乳液型和无溶剂的单体）、胶糊（包括糊状、膏状和腻子状）、胶粉、胶棒、胶膜和胶带等。按固化方式分类，有水基蒸发型（包括水溶液型，如聚乙烯醇胶水和水乳型，如聚醋酸乙烯酯乳液，即白胶）、溶剂挥发型（如氯丁橡胶胶黏剂）、热熔型、化学反应型和压敏胶。按胶接强度特性分类，有结构型胶黏剂、次结构型胶黏剂和非结构型胶黏剂。按用途分类，有通用胶黏剂、高强度胶黏剂、软质材料用胶黏剂、热熔型胶黏剂、压敏胶及胶黏带和特种胶黏剂（如导电胶、点焊胶、耐高温胶黏剂、耐低温胶黏剂、医用胶黏剂、光学胶、难黏材料用胶黏剂和导磁胶等）。

2. 胶黏剂的应用

胶黏剂在人类生活各个方面和国民经济各个部门都有着广泛的应用，从儿童玩具、工艺美术品的制作到飞机、火箭的生产，处处都要用到胶黏剂。例如，一架波音 747 喷气式客机需用胶膜约 2 500 m^2、一架 B-58 超音速轰炸机用约 400 kg 胶黏剂代替了 15 万只铆钉等。下面介绍几类典型胶黏剂的应用。

①环氧树脂胶黏剂。其基料主要为环氧树脂，应用最广泛的是双酚 A 型。由于环氧树脂胶黏剂的黏结强度高、通用性强，有“万能胶”、“大力胶”之称，已在航空航天、汽车、机械、建筑、化工、电子及日常生活各领域得到广泛的应用。环氧树脂胶黏剂的胶黏过程是一个复杂的物理和化学过程，胶接性能不仅取决于胶黏剂的结构、性能、被黏物表面的结构及胶黏特性，而且和接头设计、胶黏剂的制备工艺和储存以及胶接工艺密切相关，同时还受周围环境的制约。用相同配方胶接不同性质的物体，采用不同的胶接条件，或在不同的使用环境中，其性能会有极大的差别，应用时应充分给予重视。

②氯丁橡胶类胶黏剂。以氯丁橡胶为主体材料配制的各种胶黏剂统归为氯丁橡胶系列胶黏剂，被广泛用于布鞋、皮鞋的黏胶。该类材料具有良好的黏接性能，主要分为溶剂型氯丁橡胶胶黏剂和水基型氯丁橡胶胶黏剂。溶剂型氯丁橡胶胶黏剂品种繁多，归纳有普通型和接枝型两类。一般情况，普通型氯丁橡胶胶黏剂主要用于硫化橡胶、皮革和棉帆布等材料的黏接；接枝型氯丁橡胶胶黏剂主要用于聚氯乙烯人造革、皮革、硫化橡胶和热塑性弹性体等材料的黏接。

③酚醛改性胶黏剂。主要有酚醛-聚乙烯醇缩醛胶黏剂、酚醛-有机硅树脂胶黏剂和酚醛-橡胶胶黏剂。酚醛树脂具有优良的耐热性，但较脆，添加增韧剂既可改善脆性，又可保持其耐热性。改性酚醛树脂胶黏剂可用作结构胶黏剂，黏结金属与非金属，制造蜂窝结构、刹车片、砂轮、复合材料等，在汽车、拖拉机、摩托车、航空航天等领域获得广泛的应用。

④α-氰基丙烯酸酯胶。α-氰基丙烯酸酯胶是单组分、低黏度、透明、常温快干的固化胶黏剂，又称“瞬干胶”。其主要成分是 α-氰基丙烯酸酯，国产胶种有 501、502、504、661 等。α-氰基丙烯酸酯胶对绝大多数材料都有良好的黏结能力，是重要的室温固化胶种之一；不足之处是反应速度过快、耐水性较差、脆性大、保存期短，多用于临时性黏结。

⑤聚氨酯类胶黏剂。聚氨酯类胶黏剂是 20 世纪 60 年代开发出来的胶黏剂，按使用的原材料、工艺不同可分为聚酯型胶黏剂和聚醚型胶黏剂。用于制鞋业的胶黏剂是柔韧性、黏合性能较好的聚酯型聚氨酯胶黏剂。聚酯型聚氨酯胶黏剂又可分为溶剂型、热熔型和水乳型三大类。聚酯型聚氨酯胶黏剂因其结晶型强、强度高、弹性好而广泛用于皮革、橡胶、金属的黏接，其胶膜柔软、耐水、耐老化、耐热性能良好。

8.5 功能高分子材料

8.5.1 功能高分子材料概述

功能高分子材料是指对物质、能量和信息具有传输、转换和储存功能的特殊高分子，一般是带有特殊功能基团的高分子，又称为精细高分子。按照其功能或用途所属的学科领域，可以将其分为物理功能高分子材料、化学功能高分子材料和生物功能高分子材料三大类。

物理功能高分子材料是指对光、电、磁、热、声、力等物理作用敏感并能够对其进行传导、转换或储存的高分子材料。它包括光活性高分子、导电高分子、发光高分子和液晶高分子等。

化学功能高分子材料是指具有某种待殊化学功能和用途的高分子材料，是一类最经典、用途最广的功能高分子材料。包括离子交换树脂、吸附树脂、高分子分离膜、高分子试剂和高分子催化剂等。

生物功能高分子是指具有特殊生物功能的高分子，包括高分子药物、医用高分子材料等。

本节将对物理功能高分子材料、化学功能高分子材料和生物功能高分子材料分别作简单介绍。

8.5.2 物理功能高分子材料

1. 导电高分子材料

导电高分子材料指电导率在半导体和导体之间具有电特性(如电阻、导电、介电、超导、电光转换、电热转换等)的高分子材料，可作为导电膜或填料用于电磁屏蔽、防静电、计算机触点等电子器件，在微电子技术、激光技术、信息技术中也发挥着越来越重要的作用。利用其电化学性能可制作电容器、电池传感器、选择性透过性膜等。导电高分子是具有共扼长链结构的一类聚合物。研究最多的是聚乙炔、聚苯胺、聚噻吩等。

导电高分子材料可分为：

①复合型导电高分子材料。这是指在基体材料中加入导电填料制成的复合材料，按基体可以分为导电塑料、导电橡胶、导电胶黏剂等；按导电填料可以分为碳系(碳黑、石墨)、金属系等。表8.6为几种典型复合型导电高分子材料。

表8.6 几种典型复合型导电高分子材料

材料种类	电导率/$S\cdot m^{-1}$	基体材料	导电填料
半导体材料	$10^{-8}\sim10^{-5}$	塑料、橡胶	金属氧化物粒子、抗静电剂
防静电材料	$10^{-5}\sim10^{-2}$	塑料、弹性体	碳黑、抗静电剂
弱导电材料	$10^{-2}\sim0$	塑料、硅橡胶	碳黑
导电性电材料	$\sim10^{1}$	塑料、树脂、硅橡胶	金属纤维、银、铜、炭黑、石墨等

②结构型导电高分子材料。这是指本身或经过掺杂后具有导电功能的高分子材料。该材料本身具有“固有”的导电性，由其结构提供导电载流子（电子、离子或空穴），一旦经掺杂后，电导率可大幅度提高，甚至可达到金属的导电水平。根据导电载流子的不同，结构型导电高分子材料又被分为离子型和电子型两类。离子型导电高分子通常又称为高分子固体电解质，导电时的载流子主要是离子；电子型导电高分子指的是以共扼高分子为基体的导电高分子材料，导电时的载流子是电子（或空穴），这类材料是目前世界上导电高分子中研究开发的重点。

③其他导电高分子材料。主要指电子转移型和离子转移型的高分子电解质等。

2. 高分子磁性材料

高分子磁性材料主要用作密封条、密封垫圈和电机电子仪器仪表等元器件中，是一类重要的磁性材料。

(1)复合型高分子磁体

以高聚物为基体材料，均匀地混入铁氧体或其他类型的磁粉制成的复合型高分子磁性材料，也称黏结磁体。按基体不同可分为塑料型、橡胶型两种；按混入的磁粉类型可分为铁氧体、稀土类等。目前应用的高分子磁性材料都是复合型高分子磁体。

(2)结构型高分子磁体

目前已发现多种具有磁性的高分子材料，主要是二炔烃类衍生物的聚合物、含氨基的取代苯衍生物、多环芳烃类树脂等。但是已发现的结构型高分子磁性材料的磁性弱，实验的重复性差，距实际的应用还有相当长的距离。

3. 高分子发光材料

高分子发光材料是指在光照射下，吸收的光能以荧光形式，或磷光形式发出的高分子材料，包括高分子荧光材料和高分子磷光材料，可用于显示器件、荧光探针等的制备。荧光材料在入射光波长范围内有较大的摩尔吸收系数，同时吸收的光能要小于分子内断裂最弱的化学键所需要的能量，使其吸收光能的大部分以辐射的方式给出，而不引起光化学反应。分子吸收的能量可以通过多种途径耗散，荧光过程仅是其中之一。高分子发光材料可通过将小分子发光化合物引入到高分子的骨架（如聚芴）或侧基中来制备或通过本身不发光的小分子高分子化后共扼长度增大而发光，如聚对苯乙烯（PPV）。

如今高分子发光材料最重要的应用是聚合物电致发光显示（PLED），而 PPV 是第一个实现电致发光的聚合物，合成方法和途径较多，可通过改变取代基的结构改善其溶解性、提高荧光效率并调制其发光颜色，设计的余地较其他材料体系大，是目前研究最多的一类发光材料。

4. 液晶高分子

液晶是一种取向有序的流体，并能反映各种外界刺激，如光、声、机械压力等的变化。发现和研究得最早的液晶高分子是溶致性液晶，而目前多数液晶高分子属于热致性液晶。PPTA 是以 N-甲基吡咯烷酮为溶剂，$CaCl_2$ 为助溶剂，由对苯二胺和对苯二甲酰氯进行低温溶液缩聚而成，其典型的溶致性液晶高分子已广泛用作航空和宇航材料。

热致性主链型液晶高分子的主要代表是芳族聚酯，以聚芳酯为代表的热致性液晶高分子不仅可以制造纤维和薄膜，而且作为新一代工程塑料弥补了溶致性液晶高分子材料的不足。除了以上介绍的主链型溶致性和热致性液晶外，还有许多侧链型液晶，它们具有特殊的光电性能，可用作电信材料。

8.5.3 化学功能高分子材料

化学功能高分子材料是一类具有化学反应功能的高分子材料，是以高分子链为骨架并连接具有化学活性的基团构成的。其种类很多，如离子交换树脂、高吸水性树脂、高分子催化剂、高分子试剂等。

1. 离子交换树脂

(1)离子交换树脂的特点与分类

离子交换树脂是一种在聚合物骨架上含有离子交换基团的功能高分子材料。在作为吸附剂使用时，骨架上所带离子基团可以与不同反离子通过静电引力发生作用，从而吸附环境中的各种反离子。当环境中存在其他与离子交换基团作用更强的离子时，由于竞争性吸附，原来与之配对的反离子将被新离子取代。一般将反离子与离子交换基团结合的过程称为吸附过程；原被吸附的离子被其他离子取代的过程称为脱附过程，吸附与脱附反应的实质是环境中存在的反离子与固化在高分子骨架上离子的相互作用，特别是与原配对离子之间相互竞争吸附的结果。因此这一类树脂通常称为离子交换树脂。

离子交换树脂还衍生发展了一些很重要的功能高分子材料，如离子交换纤维、吸附树脂、高分子试剂、固定化酶等。离子交换纤维是在离子交换树脂基础上发展起来的一类新型材料，其基本特点与离子交换树脂相同，但外观为纤维状，可以不同的织物形式出现。吸附树脂也是在离子交换树脂基础上发展起来的一类新型树脂，是一类多孔性的、高度交联的高分子共聚物，又称为高分子吸附剂。这类高分子材料具有较大的比表面积和适当孔径，可以从气相或溶液中吸附某些物质。

(2)离子交换树脂的功能

①离子交换。常用的评价离子交换树脂的性能指标有交换容量、选择性、交联度、孔度、化学稳定性等。离子交换树脂的选择性是指离子交换树脂对溶液中不同离子亲和力大小的差异，可用选择性系数表征。一般室温下的稀水溶液中，强酸性阳离子树脂优先吸附多价离子；对同价离子而言，原子序数越大，选择性越高；弱酸性树脂和弱碱性树脂分别对 H^+ 和 OH^- 有最大亲和力等。

②吸附功能。无论是凝胶型、大孔型离子交换树脂均具有很大的比表面积，具有较强的吸附能力。吸附量的大小和吸附的选择性，主要取决于表面的极性和被吸附物质的极性等因素。吸附是分子间作用力，因此是可逆的，可用适当的溶剂或适当的温度使之解析。由于离子交换树脂的吸附功能随树脂比表面积的增大而增大，因此大孔型树脂的吸附能力远远大于凝胶型树脂。

③催化作用。离子交换树脂可对许多化学反应起催化作用，如酯的水解、醇解、酸解等。与低分子酸碱相比，离子交换树脂催化剂具有易于分离、不腐蚀设备、不污染环境、产品纯度高等优点。

除了上述几个功能外，离子交换树脂还具有脱水、脱色、作载体等功能。

(3)离子交换树脂的应用

离子交换树脂在工业上应用十分广泛。表8.7给出了离子交换树脂的主要用途。

表8.7 离子交换树脂的主要用途

行业	用途
水处理	水的软化;脱碱、脱盐;高纯水制备等
冶金工业	超铀元素、稀土金属、重金属、轻金属、贵金属和过渡金属的分离,提纯和回收
原子能工业	核燃料的分离、精制、回收;反应堆用水净化;放射性废水处理等
海洋资源利用	从海洋生物中提取碘、溴、镁等重要化工原料;海水制淡水
化学工业	多种无机、有机化合物的分离、提纯、浓缩和回收;各类反应的催化剂;高分子试剂、吸附剂、干燥剂等
食品工业	糖类生产的脱色;酒的脱色、去浑、去杂质;乳品组成的调节等
医药卫生	药剂的脱盐、吸附分离、提纯、脱色、中和及中草药有效成分的提取等
环境保护	电镀废水、造纸废水、矿冶废水、生活污水、影片洗印废水、工业废气等的治理

下面以水处理为例说明离子交换树脂的应用。如用一种新的丙烯酸系阴离子水处理用树脂,工作交换量可达800~1 100 kg/mol·m^3;一次离子交换净化水的电阻率可达$2\times10^7\Omega\cdot cm$,相当于自来水经28次重复蒸馏的结果,净水效率很高。目前用离子交换树脂处理水的技术已广泛应用于原子能工业、锅炉、医疗,甚至宇航等各领域。

2.高吸水性树脂

高吸水树脂是一种含有羧基、羟基等强亲水性基团并具有一定交联度的水溶胀型高分子聚合物,不溶于水,也难溶于有机溶剂,具有吸收自身几百倍甚至上千倍水的能力,且吸水速率快,保水性能好。在石油、化工、轻工、建筑、医药和农业等部门有广泛的用途。

根据原料来源、亲水基团引入方法、交联方法、产品形状等的不同,高吸水性树脂可有多种分类方法,其中以原料来源这一分类方法最为常用。按此方法分类,高吸水性树脂主要可分为淀粉类、纤维素类和合成聚合物类三大类。

(1)淀粉类

淀粉类高吸水性树脂主要有两种形式。一种是淀粉与丙烯腈进行接枝反应后,用碱性化合物水解引入亲水性基团的产物,由美国农业部北方研究中心开发成功;另一种是淀粉与亲水性单体(如丙烯酸、丙烯酰胺等)接枝聚合,然后用交联剂交联的产物,是由日本三洋化成公司研发成功。淀粉改性的高吸水性树脂的优点是原料来源丰富、产品吸水倍率较高;缺点是吸水后凝胶强度低、长期保水性差等。

(2)纤维素类

纤维素类高吸水性树脂也有两种类型。一种是纤维素与一氯醋酸反应引入羧甲基后用交联剂交联而成的产物;另一种是由纤维素与亲水性单体接枝的共聚产物。纤维素类高吸水性树脂的吸水倍率较低,同时亦存在易受细菌的分解失去吸水、保水能力的缺点。

(3)合成聚合物类

合成高吸水性树脂目前主要有四种类型。

①聚丙烯酸盐类。这是目前生产最多的一类合成高吸水性树脂，由丙烯酸或其盐类与具有二官能团的单体共聚而成。其吸水倍率较高，一般均在千倍以上。

②聚丙烯腈水解物。将聚丙烯腈用碱性化合物水解，再经交联剂交联，即得高吸水性树脂。由于氰基的水解不易彻底，产品中亲水基团含量较低，故这类产品的吸水倍率不太高，一般在500～1 000倍左右。

③醋酸乙烯酯共聚物。将醋酸乙烯酯与丙烯酸甲酯进行共聚，然后将产物用碱水解后可得到乙烯醇与丙烯酸盐的共聚物，不加交联剂即可成为不溶于水的高吸水性树脂。这类树脂在吸水后有较高的机械强度，适用范围较广。

④改性聚乙烯醇类。由聚乙烯醇与环状酸酐反应而成，不需外加交联剂即可成为不溶于水的产物。这类树脂由日本可乐丽公司首先开发成功，吸水倍率为150～400倍，虽吸水能力较低，但初期吸水速度较快，耐热性和保水性都较好，故是一类适用面较广的高吸水性树脂。

3. 高分子化学试剂

常见的高分子化学试剂根据所具有的化学活性不同，分为高分子氧化还原试剂、高分子磷试剂、高分子卤代试剂、高分子烷基化试剂、高分子酰基化试剂等。除此之外，用于多肽、多糖等合成的固相合成试剂也是一类重要的高分子试剂。高分子化学试剂的应用范围非常广泛，且发展迅速，表8.8列出了常见几种的高分子试剂。

表8.8 常见的高分子试剂

高分子试剂	母体	功能基团	反应
氧化剂	聚苯乙烯	$-C_6H_4-COOOH$	烯烃环氧化
还原剂	聚苯乙烯	$-C_6H_4-Sn(n\text{-}Bu)H_2$	将醛、酮等羰基还原成醇
氧化环氧树脂	乙烯基聚合物	醌（O, O）⇌ 氢醌（OH, HO）	兼具氧化还原的特点
卤化剂	聚苯乙烯	$-C_6H_4-PCl_2(C_6H_5)_2$	将羟基或羧基转变为氯代或酰氯
酰基化剂	聚苯乙烯	$-C_6H_3(NO_2)-OCOR$	使胺类转化为酰胺，当R为氨基酸衍生物时，用于多肽合成
烷基化剂	聚苯乙烯	$-C_6H_4-SCH_2^-Li^+$	与碘代烷反应增长碳链

4. 高分子催化剂

高分子催化剂由高分子母体和催化剂基团组成，催化剂基团参与反应，反应结束后自身却不发生变化，因高分子母体不溶于反应溶剂中，属液固相催化反应，产物容易分离，催

化剂可循环使用,流程示意图如下:

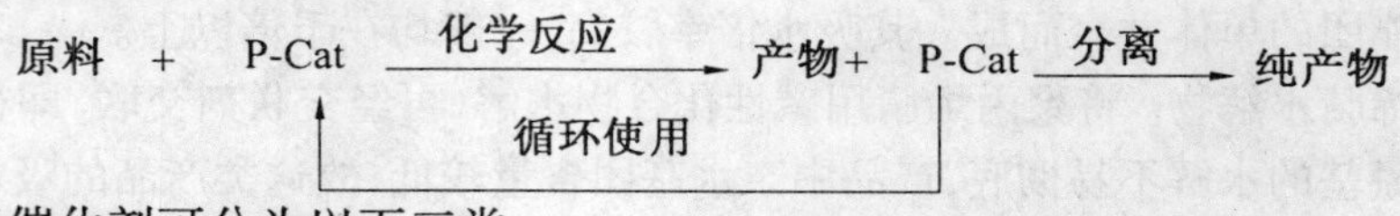

$$原料 + \text{P-Cat} \xrightarrow{化学反应} 产物 + \text{P-Cat} \xrightarrow{分离} 纯产物$$

(P-Cat 循环使用)

高分子催化剂可分为以下三类

(1)离子交换树脂催化剂

离子交换树脂反应条件一般较温和,反应后只需用简单的过滤分离、回收催化剂,产物无需中和、纯化方便,回收的催化剂可重复利用。

①阳离子交换树脂催化剂。一般含有磺酸基,磺酸基是通过聚合物的磺化而引入的。全氟磺酸树脂可用于酰基反应、重排反应、醚的合成、酯化反应、水化反应、烷基反应等的催化。

②阴离子交换树脂催化剂。通常是含季胺基,季胺基是通过聚合物氯甲基化后,再胺化而引入的。阴离子交换树脂催化剂具有相转移催化作用,在反应中显示出一定的立体选择性。可作为缩合、水合、环化、酯化和消除反应的催化剂。

(2)固定化酶

酶是天然的高分子催化剂,具有催化活性极高、特异性和控制灵敏性等特点。酶是水溶性的,不使酶变性的情况下回收是困难的。若将酶固定在载体上成为固化酶,可以克服这些缺点。但固化酶使酶的活性降低,必须选择恰当的固化方法,最大限度地保持酶的活性。

8.5.4 生物功能高分子材料

生物功能高分子材料是与人体组织、体液或血液相接触,具有人体器官、组织的全部或部分功能的材料。20 世纪 50 年代,有机硅聚合物用于医学领域,使人工器官的应用范围大大扩展。特别是 20 世纪 60 年代以后,各种具有特殊功能的高分子材料的出现及其医学上的应用,克服了凝血问题、炎症反应与组织病变问题、补体激活与免疫反应问题等。医用高分子材料快速发展起来,并不断取得成果。如聚氨酯和硅橡胶用来制作人工心脏,中空纤维用来制作人工肾等。同时,人工器官的发展又对生物医学材料提出了新的要求且促进其发展。在 20 世纪 80 年代,发达国家的医用高分子材料产业化速度加快,基本形成了一个崭新的生物材料产业。

1. 生物高分子材料的分类

为了便于比较不同结构的生物材料对于各种治疗目的的适用性,根据材料的用途,生物高分子材料可以分为以下几种:①硬组织高分子材料,主要用于骨科、齿科的材料,要求材料与替代组织有类似的机械性能,且能够与周围组织结合在一起。②软组织高分子材料,主要用于软组织的替代与修复,要求材料不引起严重的组织病变,有适当的强度和弹性。③血液相容性高分子材料,用于制作与血液接触的人工器官或器械,不引起凝血、溶血等生理反应,与活性组织有良好的互相适应性。④高分子药物和药物控释高分子材料,要求无毒副作用、无热源、不引起免疫反应。

2. 生物高分子材料的特殊性能

生物高分子材料是植入人体或与人体器官、组织直接接触的,必然会产生各种化学的、力学的、物理的作用。因此对进入临床使用阶段的生物高分子材料具有严格的要求。

①耐生物老化,对于长期植入的材料,要求生物稳定性好,在体内环境中不发生降解。对于短期植入材料,则要求能够在确定时间内降解为无毒的单体或片段,通过吸收、代谢过程排出体外。

②物理和力学性能好,即材料的强度、弹性、几何形状、耐曲挠疲劳性、耐磨性等在使用期内应适当。例如,牙齿材料需要高硬度和耐磨性,能够承受长期的、数以亿万次的收缩和绕曲,而不发生老化和断裂。用作骨科的材料要求有很好的强度和弹性。

③材料价格适当,易于加工成型,便于消毒灭菌。

④生物相容性好,要求材料无毒即化学惰性,无热源反应、不致癌、不致畸、不干扰免疫系统,不引起过敏反应,不破坏相邻组织,不发生材料表面钙化沉着,有良好的血液相容性即不引起凝血、溶血、不破坏血小板,不改变血中蛋白,不扰乱电解质平衡。

3. 生物高分子的应用

生物高分子材料的化学结构多种多样,在聚集形态上可以表现为结晶态、玻璃态、黏弹态、凝胶态、溶液态,并可以加工为任意的几何形状,因此在医学领域用途十分广泛,能够满足多种多样的治疗目的。其应用范围主要包括四个方面:人工器官(长期和短期治疗器件)、药物制剂与释放体系、诊断试验试剂、生物工程材料与制品,如表8.9所示。

表8.9 生物功能高分子材料的应用范围

应用领域	应用目的	实 例
长期和短期治疗器件	a. 受损组织的修复和替代 b. 辅助或暂时替代受损器官的生理功能 c. 一次性医疗用品	人工血管、人工晶体、人工皮肤、人工软骨、美容填充 人工心肺系统、人工心脏、人造血、人工肾、人工肝、人工胰腺 注射器、输液管、导管、缝合线、医用胶黏剂
药物制剂	药物控制释放	部位控制:定位释放(导向药物);时间控制:恒速释放(缓释药物);反馈控制:脉冲释放(智能释放体系)
诊断检测	临场检测新技术	快速响应、高灵敏度、高精确度的检测试剂与工具,包括试剂盒、生物传感器、免疫诊断微球等
生物工程	a. 体外组织培养 b. 血液成分分离	细胞培养基、细胞融合添加剂、生物杂化人工器官血浆分离、细胞分离、病毒和细菌的清除

8.5.5 可降解高分子材料

石油化工的飞速发展,促使塑料应用的广泛普及,从五颜六色的饮料瓶、食品袋等日用品到各种电器外壳、电子器件等,到处都可以看到塑料的踪迹。但这类合成材料的性能非常稳定、耐酸耐碱、不蛀不霉,因此废弃的塑料已经成为严重的公害,导致"白色污染"。自20世纪70年代以来,世界上有许多国家开始研制可降解塑料,目前已经研制开发出的可降解塑料主要有两类:光降解塑料和生物降解塑料。

光降解塑料是在制造过程中,其高分子链上每隔一定的距离就被添加了光敏基团。这样的塑料在人工光线的照射下是安全、稳定的,但是在太阳光(含有紫外线)的照射下,光敏基团就能吸收足够的能量而使高分子链在此断裂，使高分子长碳链分裂成较低分子量的碎片，这些碎片在空气中进一步发生氧化作用，降解成可被生物分解的低分子量化合物，最终转化为二氧化碳和水。

生物降解塑料是在高分子链上引入一些基团，以便空气、土壤中的微生物使高分子长链断裂为碎片，进而将其完全分解。生物降解塑料的降解机理比较复杂，一般认为，大多数生物降解是通过水解的增溶作用而降解。例如淀粉、纤维素等天然高分子在酶的作用下，发生水解生成水溶性碎片分子，这些碎片分子进一步发生氧化最终分解成二氧化碳和水。生物降解塑料除了用于制作包装袋和农用地膜外，还可用作医药缓释载体，使药物在体内发挥最佳疗效，也可包埋化肥、农药、除草剂等。另外，用生物降解聚合物制成的外科用手术线，可被人体吸收，伤口愈合后不用拆线。

可降解塑料的问世只有一二十年的时间，但其发展势头却十分迅猛。可降解塑料的研制和生产已经具有相当的规模，随着人类对环境保护的意识不断增强，可降解塑料的应用将更为广泛。

8.5.6 智能型高分子材料

智能型高分子材料指能随着外部条件的变化，而进行相应动作的高分子材料，因此材料本身必须具有能感应外部刺激的感应器功能、能进行实际操作的动作器功能以及得到感应器的信号使动作器动作的过程器功能，主要是凝胶类。

（1）pH 值敏感型

pH 值敏感型指利用其电荷数随 pH 值变化而变化制成的敏感型凝胶，如利用带离解离子的凝胶容易产生体积相变，调整条件，制出随微小 pH 值变化而发生巨大体积变化的智能凝胶。

（2）温度敏感型

温度敏感型指利用其在溶剂中的溶解度随温度变化而变化，化学结构的一般特点是亲水性部分和疏水性部分之间保持适当的平衡，因此具有适度的溶解度。在水溶液中，高温时脱水化，从溶液中沉析出来。高分子与溶液产生相分离的温度称为下限溶液温度 LCST。改变亲水性部分和疏水性部分之间的平衡，可控制 LCST。对显示 LCST 的高分子材料进行交联，可制备出温度敏感型凝胶。

（3）电场敏感型

电场敏感型智能材料主要是高分子电解质，在离凝胶较远的位置改变电场强度也可达到控制材料特性的目的。

（4）抗原敏感型

抗体能与抗原产生特异结合，这种结合有静电、氢键、范德华力等作用，其分子识别能力非常高，在免疫系统内起非常重要的作用。

新型高分子材料发展的速度很快，推动着科学技术的发展，而科学技术的飞速发展，对新材料的品种需求越来越多，性能要求越来越高，给材料科技工作者不断地提出新的课题和目标，发展是永恒的。

思考题

1. 名词解释

   高分子化合物;聚合度;单体;远程结构;热固性塑料;涂料;胶黏剂;功能高分子材料

2. 高分子材料与低分子化合物相比,有哪些新性能?
3. 简述高分子材料的分类方法。
4. 简述塑料的种类及其应用。
5. 简述橡胶的种类及其应用。
6. 简述纤维的种类及其应用。
7. 简述涂料的功能有哪些?涂料的主要成分及其作用有哪些?
8. 简述胶黏剂的功能有哪些?基本组成及其作用、主要品种有哪些?
9. 简述功能高分子材料有哪些种类及其应用。

第9章　复合材料

9.1　复合材料概述

1. 复合材料的定义

复合材料(Composite Materials)是由两种或两种以上不同性能、形态的组分材料通过复合工艺而形成的一种多相材料。复合材料能够在保持各个组分材料的某些特点基础上,具有组分材料间协同作用所产生的综合性能。可以通过材料设计使各组分的性能互相补充并彼此关联,从而获得新的优越性能,复合材料的出现是近代材料科学的伟大成就,也是材料设计技术的重大突破。

在复合材料中,连续的一相称为基体相;分散的、被基体相包容的一相称为分散相或增强相。增强相与基体相之间的界面称为复合材料界面相,复合材料的各个相在界面附近可以物理地分开。确切地说,复合材料是由基体相、增强相和界面相组成的多相材料,复合材料的结构示意图如图9.1所示。

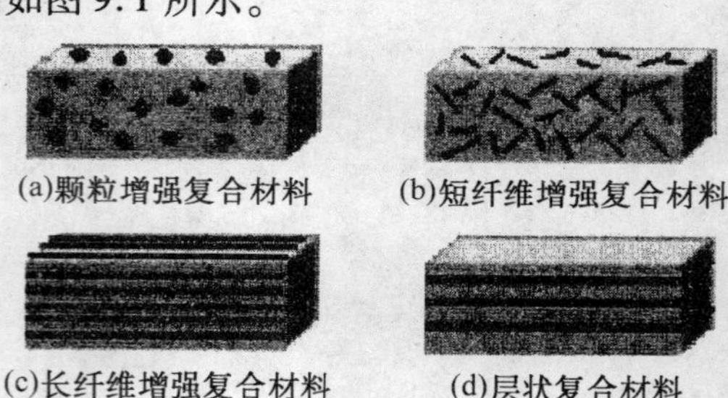

(a)颗粒增强复合材料　(b)短纤维增强复合材料

(c)长纤维增强复合材料　(d)层状复合材料

图9.1　复合材料的结构示意图

2. 复合材料的分类

目前普遍认为材料可分成金属材料、无机非金属材料、高分子材料和复合材料。按不同的标准和要求,复合材料通常有以下几种分类法。

(1)按使用性能分类:结构复合材料、功能复合材料等。

(2)按基体材料类型分类:聚合物基复合材料、金属基复合材料、无机非金属基复合材料等。

(3)按增强相形态分类

①纤维增强复合材料。连续纤维增强复合材料和非连续纤维增强复合材料。

②颗粒增强复合材料。微小颗粒状增强材料分散在基体中。

③板状增强体、编织复合材料。以平面二维或立体三维物为增强体材料与基体复合而成。

(4)按增强纤维类型分类

①碳纤维复合材料;②玻璃纤维复合材料;③有机纤维(芳香族聚酰胺纤维、芳香族聚酯纤维、高强度聚烯烃纤维等)复合材料;④陶瓷纤维(氧化铝纤维、碳化硅纤维、硼纤维等)复合材料;⑤金属纤维(钨丝、不锈钢丝等)复合材料

(5)按用途分类:航空材料、耐烧蚀材料、电工材料、建筑材料、包装材料等。

(6)按物理性质分类:绝缘材料、磁性材料、透光材料、半导体材料、导电材料、耐高温材料。

此外还有一些专指某些范围的名称,如通用复合材料、现代复合材料等。

通用复合材料指普通玻璃纤维、合成或天然纤维增强树脂(即普通聚合物)的复合材料,大多用于要求不高而用量较大的场合。现代复合材料比通用复合材料有更高的性能,包括用各种高性能增强体(纤维等)与耐候性好的热固性和热塑性树脂基所构成的高性能聚合物基复合材料、金属基复合材料、陶瓷基复合材料、玻璃基复合材料、碳基复合材料,以及具有其他性能的结构复合材料和功能复合材料。结构复合材料大多用于承力结构材料,基本上由能承受载荷的增强体组元与能联接增强体成为整体材料,同时又起传递力作用的基体组元构成。

3. 复合材料的命名

复合材料的命名以"相"为基础,命名的方法是将增强相或分散相材料放在前,基体相或连续相材料放在后,再缀以"复合材料"。如由碳纤维和环氧树脂构成的复合材料称为"碳纤维环氧树脂复合材料",为书写方便,也可仅写增强相和基体相的缩写名称,材料中间划一个半字线(或斜线)隔开,再加"复合材料"。如由碳纤维和环氧树脂构成的复合材料可写作"碳纤维-环氧复合材料",简化一点可写成"碳-环氧';硼纤维与铝构成的复合材料称为"硼纤维铝复合材料",简写为"硼-铝",余者类推。

有时为突出增强相和基体相,根据强调的组分不同,也可简称为"金属基复合材料"或"环氧树脂基复合材料"。碳纤维与金属基体构成的复合材料称为"金属基复合材料",也写作"碳/金属复合材料"。碳纤维和碳构成的复合材料称为"碳/碳复合材料"。近些年来,出现了以陶瓷材料为基体,以颗粒、晶须和纤维为分散相的复合材料,由于陶瓷具有较好的力学性能,将第二相材料加入陶瓷基体,可以增加韧性,但对陶瓷基复合材料通常仍称为"××增强陶瓷基复合材料"。

4. 复合材料的特点

①可设计性。复合材料与传统材料相比的显著特点是其具有可设计性。材料设计是最近20年提出的新概念,复合材料性能的可设计性是材料科学进展的一大成果,由于复合材料的力、热、声、光、电、防腐、抗老化等物理、化学性能,可按制件的使用要求和环境条件要求,通过组分材料的选择、匹配以及界面控制等材料设计手段,最大限度地达到预期目的,以满足工程设备的使用性能。

②材料与结构的同一性。传统材料的构件成型是经过对材料的再加工,在加工过程中材料不发生组分和化学性质的变化,而复合材料的构件与材料是同时形成的,由组成复合材料的组分材料在复合成材料的同时就形成了构件,一般不需再加工。因此复合材料结构的整体性好,同时大幅度减少了零部件、连接件的数量,缩短加工周期,降低成本,提高了构件的可靠性。

③复合优越性。复合材料是由各组分材料经过复合工艺形成的,但不是几种材料的简单混合,而是按复合效应形成新的性能,这种复合效应是复合材料仅有的。

④性能分散性。复合材料组分在制备过程中存在物理和化学变化,过程非常复杂,因此构件的性能对工艺方法、工艺参数、工艺过程等依赖性较大,同时也由于在成型过程中很难准确地控制工艺参数,所以一般来说复合材料构件的性能分散性比较大。

9.2 复合材料的基体

复合材料的原材料包括基体材料和增强材料,其中基体材料主要包括金属材料、非金属材料和聚合物材料,在复合材料中经常以连续相形式出现。

9.2.1 金属基体材料

金属基复合材料中的金属基体起着固结增强相、传递和承受各种载荷的作用。基体在复合材料中占有很大的体积百分数,在连续纤维增强金属基复合材料中基体占50% ~ 70%;颗粒增强金属基复合材料中基体占25% ~90%,但多数颗粒增强金属基复合材料的基体占80% ~90%;晶须、短纤维增强金属基复合材料中基体在70%以上。金属基体的选择对复合材料的性能起决定性作用,金属基体的密度、强度、塑性、导热等均将影响复合材料的比强度、比刚度、耐高温、导热、导电等性能。因此在设计和制备复合材料时,需充分了解和考虑金属基体的化学、物理特性及与增强物的相容性等,以便正确地选择基体材料和制备方法。

1. 选择基体的原则

可以作为金属基复合材料的金属材料、合金材料品种非常多,比较常见的包括铝及铝合金、镁合金、铁合金、镍合金、铜与铜合金、锌合金、铅、钛铝、镍铝金属间化合物等。在选择基体金属时需作多方面的考虑。

(1)金属基复合材料的使用要求

金属基复合材料构件的使用性能要求是选择金属基体材料最重要的依据。在航天、航空、先进武器、电子、汽车技术领域和不同的工况条件对复合材料构件的性能要求有很大的差异。在航天、航空技术中高比强度、比模量、尺寸稳定性是最重要的性能要求,作为飞行器和卫星构件宜选用密度小的轻金属合金-镁合金和铝合金作为基体,与高强度、高模量的石墨纤维、硼纤维等组成石墨/镁、石墨/铝、硼/铝复合材料,可用于航天飞行器、卫星的结构件。

工业集成电路需要高导热、低膨胀的金属基复合材料作为散热元件和基板。选用具有高热导率的银、铜、铝等金属为基体与高导热、低热膨胀的超高模量石墨纤维、金刚石纤维、碳化硅颗粒复合成具有低热膨胀系数、高热导率、高比强度和高比模量等性能的金属基复合材料,可能成为解决高集成电子器件的关键材料。

(2)金属基复合材料的组成特点

增强相的性质和增强机理也将影响基体材料的选择,对于连续纤维增强金属基复合材料,纤维是主要的承载物体,纤维本身具有很高的强度和模量,如高强度碳纤维最高强度已达到7 000 MPa,超高模量石墨纤维的弹性模量已高达900 GPa,而金属基体的强度和模量远远低于纤维的性能。

在连续纤维增强金属基复合材料中,基体的主要作用应是围绕充分发挥增强纤维的性能,基体本身应与纤维有良好的相容性和塑性,而并不要求基体本身有很高的强度,如碳纤维增强铝基复合材料中纯铝或含有少量合金元素的铝合金作为基体比高强度铝合金要好得多,高强度铝合金做基体组成的复合材料性能反而较低。对于非连续增强（颗粒、晶须、短纤维）金属基复合材料,基体是主要承载物,基体的强度对非连续增强金属基复合材料具有决定性的影响。因此要获得高性能的金属基复合材料必须选用高强度的铝合金为基体,这与连续纤维增强金属基复合材料基体的选择完全不同。总之,针对不同的增强体系,要充分分析、考虑增强相的特点,正确选择基体合金。

(3)基体金属与增强相的相容性

由于金属基复合材料需要在高温下成型,在制备过程中,处于高温热力学不平衡状态下的纤维与金属之间很容易发生化学反应,在界面形成反应层。该界面反应层大多是脆性的,当反应层达到一定厚度后,材料受力时将会因界面层的断裂伸长小而产生裂纹,并向周围纤维扩展,容易引起纤维断裂,导致复合材料整体破坏。同时由于基体金属中往往含有不同类型的合金元素,这些合金元素与增强相的反应程度不同,反应后生成的反应产物也不同,需在选用基体合金成分时充分考虑,尽可能选择既有利于金属与增强相浸润复合,又有利于形成适合稳定界面的合金元素。如碳纤维增强铝基复合材料中在纯铝中加入少量的Ti、Zr等元素明显改善了复合材料的界面结构和性质,大大提高了复合材料的性能。

铁、镍是促进碳石墨化的元素,用其作基体,碳（石墨）纤维作为增强相是不可取的。因为铁、镍元素在高温时能有效地促使碳纤维石墨化,破坏了碳纤维的结构,使其丧失了原有的强度,做成的复合材料不可能具备高的性能。因此,在选择基体时应充分注意基体与增强物的相容性（特别是化学相容性),并尽可能在金属基复合材料成型过程中,抑制界面反应。例如对增强纤维进行表面处理、在金属基体中添加其他成分、选择适宜的成型方法或条件缩短材料在高温下的停留时间等。

2. 结构复合材料的基体

结构复合材料的基体大致可分为轻金属基体和耐热合金基体两大类。用于各种航天、航空、汽车、先进武器等结构件的复合材料一般均要求有较高的比强度、比刚度和结构效率,因此大多选用铝及铝合金、镁及镁合金作为基体金属。目前研究较成熟的金属基复合材料主要是铝基、镁基复合材料,用它们制成各种高比强度、高比模量的轻型结构件,广泛用于航天、航空、汽车等领域。

在发动机特别是燃气轮发动机中,所需要的结构材料是热结构材料,要求复合材料零件的使用温度为650~1 200℃,同时要求复合材料具有良好的抗氧化、抗蠕变、耐疲劳和高温力学性质。铝、镁复合材料一般只能在450℃高温下连续安全工作;钛合金基体复合材料的工作温度为650℃左右;镍、钴基复合材料可在1 200℃使用。新型的金属间化合物有望作为热结构复合材料的基体。

3. 功能复合材料的基体

电子、信息、能源、汽车等工业领域要求材料和器件具有优良的综合物理性能，如同时具有高力学性能、高导热、低热膨胀、高电导率、高摩擦系数和耐磨性等。单靠金属与合金难以具有优良的综合物理性能，需要采用先进制造技术、优化设计，以金属与增强相制备复合材料来满足需求。例如，电子领域的集成电路，由于电子器件的集成度越来越高，器件工作发热严重，需用热膨胀系数小、导热性好的材料做基板和封装零件，以避免产生热应力，提高器件的可靠性。

由于工况条件不同，所用的材料体系和基体合金也不同。目前，功能金属基复合材料（不含双金属复合材料）主要用于微电子技术的电子封装、高导热和耐电弧烧蚀的集电材料及触头材料、耐高温摩擦的耐磨材料、耐腐蚀的电池极板材料等。主要的金属基体是纯铝及铝合金、纯铜及铜合金、银、铅、锌等金属。用于电子封装的金属基复合材料有：高碳化硅颗粒含量的铝基、铜基复合材料，高模、超高模石墨纤维增强铝基、铜基复合材料，金刚石颗粒或多晶金刚石纤维增强铝基、铜基复合材料，硼/铝基复合材料等，其基体主要是纯铝和纯铜。用于耐磨零部件的金属基复合材料有：碳化硅、氧化铝、石墨颗粒，晶须和纤维等。用于集电和电触头的金属基复合材料有，碳（石墨）纤维、金属丝、陶瓷颗粒增强铝、铜、银及合金等。

功能复合材料所采用金属基体均具有良好的导热、导电性和力学性能，但有热膨胀系数大、耐电弧烧蚀性差等缺点。通过在基体中加入合适的增强相可以得到优异的综合物理性能。如在纯铝中加入导热性好、弹性模量大、热膨胀系数小的石墨纤维、碳化硅颗粒就可使这类复合材料具有很高的热导率（与纯铝、铜相比）和很小的热膨胀系数，满足集成电路封装散热的需要。

9.2.2 无机非金属基体材料

1. 陶瓷基复合材料

陶瓷是金属和非金属元素形成的固体化合物，含有共价键或离子键，与金属不同，不含电子。一般而言，陶瓷具有比金属更高的熔点和硬度，化学性质非常稳定，通常是绝缘体。虽然陶瓷的许多性能优于金属，但也存在致命的弱点，即脆性大、韧性差，很容易因存在裂纹、空隙、杂质等细微缺陷而破碎，引起不可预测的灾难性后果，因而大大限制了陶瓷作为承载结构材料的应用。

近年来的研究结果表明，在陶瓷基体中添加其他成分，如陶瓷粒子、纤维或晶须，可提高陶瓷的韧性。粒子增强虽能使陶瓷的韧性有所提高，但效果并不显著；碳化物晶须强度高，与传统陶瓷材料复合，综合性能得到很大的改善。用作基体材料使用的陶瓷一般应具有优异的耐高温性质、与纤维或晶须之间有良好的界面相容性以及较好的工艺性能等。常用的陶瓷基体主要包括：玻璃、氧化物陶瓷、非氧化物陶瓷等。

作为基体材料的氧化物陶瓷主要有 Al_2O_3、MgO、SiO_2、莫来石（$3Al_2O_3 \cdot 2SiO_2$）等，其主要为单相多晶结构，除晶相外，还含有少量气相（气孔）。微晶氧化物的强度较高，粗晶结构时晶界面上的残余应力较大，对强度不利。氧化物陶瓷的强度随环境温度升高而降低，但在 1 000℃以下降低较小。由于 Al_2O_3 和 ZrO_2 的抗热震性较差，SiO_2 在高温下容易发生蠕变和相变，所以这类陶瓷基复合材料应避免在高应力高温环境下使用。

陶瓷基复合材料中的非氧化物陶瓷是指不含氧的氮化物、碳化物、硼化物和硅化物。它们的特点是耐火性、耐磨性好，硬度高，但脆性大。碳化物和硼化物的抗热氧化温度约900～1 000℃，氮化物略低些，硅化物的表面能形成氧化硅膜，所以抗热氧化温度达1 300～1 700℃。氮化硼具有类似石墨的六方结构，在高温高压下可转变成立方结构的β-氮化硼，耐热温度高达2 000℃，硬度极高，可作为金刚石的代用品。

2. 碳/碳复合材料

碳/碳复合材料是由碳纤维增强体与碳基体组成的复合材料，简称碳/碳（C/C）复合材料。这种复合材料主要是以碳（石墨）纤维毡、布或三维编织物与树脂、沥青等可碳化物质复合，经反复多次碳化与石墨化处理，达到所要求的密度；或者采用化学气相沉积法将碳沉积在碳纤维上，再经致密化和石墨化处理所制成的复合材料。根据用途不同，碳/碳复合材料可分为烧蚀型碳/碳复合材料、热结构型碳/碳复合材料和多功能型碳/碳复合材料。

碳/碳复合材料具有卓越的高温性能、良好的耐烧蚀性和较好的抗热冲击性能，同时还具有热膨胀系数低、抗化学腐蚀的特点，是目前可使用温度最高的复合材料（最高温度可达2 000℃以上）。首先在航空航天领域作为高温热结构材料、烧蚀型防热材料及耐摩擦磨损等功能材料得到应用。

碳/碳复合材料用于航天飞机的鼻锥帽和机翼前缘，以抵御起飞载荷和再次进入大气层的高温作用。碳/碳复合材料已成功用于飞机刹车盘，这种刹车盘具有低密度、耐高温、寿命长和良好的耐摩擦性能。碳/碳复合材料也是发展新一代航空发动机热端部件的关键材料。

9.2.3 聚合物基体材料

1. 聚合物基体材料的种类

聚合物基复合材料应用广泛，大体上包括热固性聚合物与热塑性聚合物两类。

热固性聚合物常为分子量较小的液态或固态预聚体，经加热或加固化剂发生交联化学反应并经过凝胶化和固化阶段后，形成不溶、不熔的三维网状高分子。主要包括：环氧、酚醛、双马、聚酰亚胺树脂等。各种热固性树脂的固化反应机理不同，由于使用要求的差异，采用的固化条件也有很大的差异。一般的固化条件有室温固化、中温固化（120℃左右）和高温固化（170℃以上）。这类高分子通常为无定形结构，具有耐热性好、刚度大、电性能、加工性能和尺寸稳定性好等优点。

热塑性聚合物是一类线形或有支链的固态高分子，可溶、可熔、可反复加工而不发生化学变化，包括各种通用塑料（聚丙烯、聚氯乙烯等）、工程塑料（尼龙、聚碳酸酯等）和特种耐高温聚合物（聚酰胺、聚醚砜、聚醚醚酮等）。这类高分子分非晶（或无定形）和结晶两类，通常结晶度为20%～85%，具有质轻、比强度高、电绝缘、化学稳定性、耐磨润滑性好、生产效率高等优点。与热固性聚合物相比具有明显的力学松弛现象，在外力作用下形变大、具有相当大的断裂延伸率、抗冲击性能较好。

(1)热固性聚合物

①不饱和聚酯树脂。不饱和聚酯树脂指有线形结构的,主链上同时具有重复酯键及不饱和双键的一类聚合物。不饱和聚酯的种类很多,按化学结构分类可分为顺酐型、丙烯酸型、丙烯酸环氧酯型和丙烯酸型聚酯树脂,其中,顺酐型最为经典,一般由马来酸酐、丙二醇、苯酐聚合而成。

除此之外,还有许多通过植物干性油、烯丙醇、三羟甲基丙烷二烯丙基醚等单体改性或聚合而得的不饱和聚酯。不饱和聚酯树脂在热固性树脂中工业化较早,是制造玻璃纤维复合材料的一种重要树脂。在国外,聚酯树脂占玻璃纤维复合材料用树脂总量的80%以上。由于树脂的收缩率高且力学性能较低,因此很少用它与碳纤维制造复合材料。但由于性价比合适,近年来随汽车工业的快速发展,已开始大规模用玻璃纤维部分取代碳纤维与不饱和聚酯复合,如汽车多处部件制造采用的BMC(块状模塑复合物)材料即属此类。

②环氧树脂。环氧树脂是聚合物基复合材料中最为重要的一类基体材料,以双酚A环氧为主。其由双酚A与环氧氯丙烷缩合而得,分子量可以从几百至数千,常温下为黏稠液状或脆性固体。此外环氧基体树脂还可采用双酚F环氧树脂,其分子量小、结构简单、黏度较低,只有双酚A环氧树脂的三分之一左右,所用固化剂与固化性能与双酚A环氧相似。另外还有三聚氰酸环氧树脂、酚醛环氧树脂、有机硅环氧树脂、缩水甘油酯类环氧树脂及环氧化干性油等。环氧树脂用于制备玻璃纤维、碳纤维复合材料,并得到广泛应用。作为复合材料的基体,环氧树脂具有许多突出特点,固化的树脂有良好的压缩性能,良好的耐水、耐化学介质和耐烧蚀性能,热变形温度较高。不足之处是,固化后断裂伸长率低、脆性大。

③酚醛树脂。酚醛树脂系酚醛缩合物,是最早实现工业化生产的一种树脂。其使用范围多作为胶黏剂、涂料及布、纸、玻璃布的层压复合材料等。它的优点是比环氧树脂价格便宜,但吸附性不好、收缩率高、成型压力高、制品空隙含量高,因此较少用酚醛树脂来制造碳纤维复合材料。酚醛树脂的含碳量高,因此用它制造耐烧蚀材料,如航天飞行器载入大气的防护制件;还被用做制造碳/碳复合材料中碳基体的原料。近年来新研制的酚改性二甲苯树脂,已被用来制造耐高温的玻璃纤维复合材料。酚醛树脂大量用于粉状压塑料、短纤维增强塑料,少量用于玻璃纤维复合材料、耐烧蚀材料等。

通常酚醛树脂随酚类、醛类配比用量和使用催化剂的不同,分为热固性和热塑性两大类。在国内作为纤维增强塑料基体用的多为热固性树脂。

④乙烯基酯树脂。乙烯基酯树脂又称环氧丙烯酸酯类树脂或不饱和环氧树脂,是国外20世纪60年代初开发的一类新型聚合物。它通常是由低分子量环氧树脂与不饱和一元酸(丙烯酸)通过开环加成反应而制得的化合物。这类化合物可单独固化,但一般将其溶解在苯乙烯等反应单体的活性稀释剂中使用。

此类树脂保留了环氧树脂的基本链段,且具有不饱和聚酯树脂的双键,可以室温固化,具有这两种树脂的双重特性,使其性能更趋于完善,经过多年的研究和发展,乙烯基酯树脂已成为多品种的系列产品,以满足不同使用的需求。

⑤聚酰亚胺树脂(PI)。聚酰亚胺树脂是一类耐高温树脂,它通常有热固性和热塑性

两类,使用温度可达180~316℃,个别甚至高达371℃。PI由芳香族四酸二酐与芳香族二氨经缩聚反应合成,应用较多的PI树脂有两类:一类是由活性单体封端的热固性聚酰亚胺树脂,如双马树脂(双马来酰亚胺树脂,BMI)、PMR-15;另一类是热塑性聚酰亚胺树脂,如NR-150系列、PEI等。

(2)热塑性聚合物

热塑性聚合物是指具有线形或支链型结构的一类有机高分子化合物,这类聚合物可以反复受热软化(或熔化),而冷却后变硬。热塑性聚合物在软化或熔化状态下,可以进行模塑加工,当冷却至软化点以下能保持模塑成型的形状。属于此类的聚合物有:聚乙烯、聚丙烯、聚氯乙烯、聚苯乙烯、聚酰胺、聚碳酸酯、聚甲醛等。

热塑性聚合物基复合材料与热固性聚合物基复合材料相比,在力学性能、使用温度、老化性能方面处于劣势,但具有加工工艺简单、工艺周期短、成本低、密度小等优势。当前汽车工业的发展为热塑性聚合物基复合材料的研究和应用开辟了广阔的天地。

作为热塑性聚合物基体复合材料的增强材料,除用连续纤维外,还用纤维编织物和短切纤维。一般纤维含量可达20%~50%。热塑性聚合物与纤维复合可以提高机械强度和弹性模量、改善蠕变性能、提高热变形温度和热导率、降低线膨胀系数、增加尺寸稳定性、降低吸水性、抑制应力开裂与改善抗疲劳性能。早期的热塑性聚合物基复合材料,主要是玻璃纤维增强的复合材料。用玻璃纤维增强的热塑性聚合物基复合材料,在某些性能上可以超过热固性聚合物基玻璃纤维复合材料的水平,下面具体介绍几种的热塑性聚合物。

①聚酰胺。聚酰胺是一类具有许多重复酰氨基的线形聚合物的总称,通常叫做尼龙。目前尼龙的品种很多,如尼龙-66、尼龙-6、尼龙-10、尼龙-1010等。此外,还有芳香族聚酯胺等。

聚酰胺分子链中可以形成具有相当强作用力的氢键,形成氢键的多少,由大分子的立体化学结构来决定。氢键的形成使聚合物大分子间的作用力增大、易于结晶,且有较高的机械强度和熔点。在聚酰胺分子结构中次甲基($-CH_2-$)的存在,又使分子链比较柔顺,有较高的韧性。随聚酰胺结构中碳链的增长,其机械强度下降;但柔性、疏水性增加,低温性能、加工性能和尺寸稳定性亦有所改善。聚酰胺对大多数化学试剂是稳定的,特别是耐油性好,仅能溶于强极性溶剂,如苯酚、甲醛及间苯二胺等。

②聚碳酸酯。聚碳酸酯分子主链上有苯环,限制了大分子的内旋转,减小了分子的柔顺性。碳酸酯基团是极性基团,增加了分子间的作用力,使空间位阻加强,亦增大了分子的刚性。由于聚碳酸酯的主链僵硬,熔点高达225~250 ℃,玻璃化温度145 ℃,碳的刚性使其在受力下形变减少,抗蠕变性能好,尺寸稳定,同时又阻碍大分子取向与结晶,且在外力强迫取向后不易松弛。所以在聚碳酸酯制件中常常存在残余应力而难以自行消除。故聚碳酸酯碳纤维复合材料制件需进行退火处理,以改善机械性能。

聚碳酸酯可以与连续碳纤维或短切碳纤维制造复合材料,也可以用碳纤维编织物与聚碳酸酯薄膜制造层压材料。例如,用粉状聚碳酸酯配成溶液浸渍纤维毡,制造复合材料零件。用碳纤维增强聚碳酸酯与用玻璃纤维增强聚碳酸酯比较,弹性模量有明显增加,而断裂伸长率降低。

③聚砜。聚砜是指主链结构中含有砜基链节的聚合物，其突出性能是可以在100～150 ℃下长期使用。聚砜结构规整，分子量为50～10 000，主链多苯环，玻璃化温度很高，约200 ℃，由于主链上硫原子处于最高氧化态，故聚砜具有抗氧化性，即使加热条件下也难以发生化学变化。二苯基砜的共轭状态使化学键比较牢固，在高温或离子辐射下，也不会发生主链和侧链断裂。聚砜在高温下使用仍能保持较高的硬度、尺寸稳定性和抗蠕变能力，但聚砜的成型温度高达300 ℃，这是一大缺点。聚砜分子结构中异丙基和醚键的存在，使大分子具有一定的韧性；其耐磨性好，且耐各种油类和酸类；有些聚砜具有低的可燃性和发烟性。碳纤维聚砜复合材料，对宇航和汽车工业很有意义，波音公司已将碳纤维聚砜复合材料应用于飞机结构，并取得了明显的经济效果。如在无人驾驶靶机上用聚砜石墨纤维层压板取代铝合金蒙皮，可以降低20%的成本，减少16%的重量。

④聚醚醚酮(PEEK)。PEEK是一种半结晶型热塑性树脂，其玻璃化转变温度为143℃，熔点为334 ℃，结晶度一般为20%～40%，最大结晶度为48%。PEEK在空气中的热分解温度为650 ℃，加工温度为370～420 ℃，室温弹性模量与环氧树脂相当，强度优于环氧树脂，断裂韧性极高，具有优秀的阻燃性。PEEK基复合材料可在250 ℃的温度下长期使用。

⑤聚苯硫醚(PPS)。结晶型聚合物，耐化学腐蚀性极好，室温下不溶于任何溶剂，可长期耐热至240 ℃。

⑥聚醚砜(PES)。非晶聚合物，玻璃化转变温度为225 ℃，可在180 ℃长期使用；有突出的耐蠕变性、尺寸稳定性；热膨胀系数与温度无关、无毒、不燃。

⑦热塑性聚酰亚胺(PEI)。长期使用温度为180 ℃。

总之，用热塑性聚合物做复合材料的基体，将是发展复合材料的一个重要方面，特别是从材料来源、节约能源和经济效益等方面考虑，发展这类复合材料有着重要意义。

2. 聚合物基体的作用

复合材料中的基体有三种主要的作用：①把纤维粘在一起；②分配纤维间的载荷；③保护纤维不受环境影响。制造基体的理想材料，其原始状态应该是低黏度的液体，并能迅速变成坚固耐久的固体，足以把增强纤维粘住。尽管纤维增强材料的作用是承受复合材料的载荷，但是基体的力学性能会明显地影响纤维的工作方式及其效率。当载荷主要由纤维承受时，复合材料总的延伸率受到纤维的破坏，通常为1%～1.5%。基体的主要性能是在此应变水平下不开裂。与未增强体系相比，先进复合材料树脂体系趋于在低破坏应变和高模量的脆性方式下工作。

在纤维的垂直方向，基体的力学性能和纤维与基体之间的胶接强度控制着复合材料的物理性能。由于基体比纤维弱得多，而柔性却大得多，所以在复合材料结构件设计中应尽量避免基体的直接横向受载。基体以及基体/纤维的相互作用能明显地影响裂纹在复合材料中的扩展。若基体的剪切强度、模量以及纤维/基体的胶接强度过高，则裂纹可以穿过纤维和基体扩展而不转向，从而使这种复合材料变成脆性材料，并且其破坏的试件将呈现出整齐的断面。若胶接强度过低，则其纤维将表现得像纤维束，并且这种复合材料的性能将很弱。

在高胶接强度体系（纤维间的载荷传递效率高，但断裂韧性差）与胶接强度较低的体系（纤维间的载荷传递效率不高，但有较高的韧性）之间需要折中。在应力水平和方向不确定的情况下使用的或在纤维排列精度较低的情况下制造的复合材料往往要求基体比较软，同时不太严格。在明确的应力水平情况下使用的和在严格地控制纤维排列情况下制造的先进复合材料，应通过使用高模量和高胶接强度的基体以更充分地发挥纤维的最大性能。

3. 聚合物基体的性能

聚合物基复合材料的综合性能与所用基体聚合物密切相关。

(1)力学性能

作为结构复合材料，聚合物的力学性能对最终复合产物影响较大。一般复合材料用的热固性树脂固化后的力学性能并不高，决定聚合物强度的主要因素是分子内及分子间的作用力，聚合物材料的破坏，主要是聚合物主链上化学键的断裂或是聚合物分子链间相互作用力的破坏。

复合材料基体树脂强度与复合材料的力学性能之间的关系不能一概而论，基体在复合材料中的一个重要作用是在纤维之间传递应力。基体的粘接力和模量是支配基体传递应力性能的两个最重要的因素，影响到复合材料拉伸时的破坏模式。如果基体弹性模量低，纤维受拉时将各自单独地受力，其破坏模式是一种发展式的纤维断裂，由于这种破坏模式不存在叠加作用，其平均强度很低。反之，如基体在受拉时仍有足够的粘接力和弹性模量，复合材料中的纤维将表现为一个整体，强度提高。实际上，在一般情况下材料表现为中等的强度，因此，如各种环氧树脂在性能上无很大不同，对复合材料的影响也很小。

(2)耐热性能

从聚合物的结构分析，为改善材料耐热性能，聚合物需具有刚性分子链、结晶性或交联结构。为提高耐热性，首先选用能产生交联结构的聚合物，如聚酯树脂、环氧树脂、酚醛树脂、有机硅树脂等。此外，工艺条件的选择会影响聚合物的交联密度，因而也影响耐热性。提高耐热性的第二个途径是增加高分子链的刚性，因此在高分子链中减少单键，引进共价双键、叁键或环状结构（包括脂环、芳环或杂环等），对提高聚合物的耐热性很有效果。

(3)耐化学腐蚀性

化学结构和所含基团不同，表现出不同的耐化学腐蚀性，树脂中过多的酯基、酚羟基，将首先遭到腐蚀性试剂的进攻，这也决定了所形成聚合物基复合材料的最终耐化学腐蚀性。常用热固性树脂的耐化学腐蚀性能见表 9.1。

表 9.1 常用热固性树脂的耐化学腐蚀性能

性能	酚醛	聚酯	环氧	有机硅
吸水率(24h)/%	0.12~0.36	0.15~0.60	0.10~0.14	少
弱酸影响	轻微	轻微	无	轻微
强酸影响	被侵蚀	被侵蚀	被侵蚀	被侵蚀
弱碱影响	轻微	轻微	无	轻微
强碱影响	分解	分解	轻微	被侵蚀
有机溶剂影响	部分侵蚀	部分侵蚀	耐侵蚀	部分侵蚀

由表9.1可见，通常情况下，由环氧树脂所形成的复合材料表现出较好的耐化学侵蚀性能。

(4)聚合物的介电性能

聚合物作为一种有机材料，具有良好的电绝缘性能。一般来讲，树脂大分子的极性越大，则介电常数越大、电阻率越小、击穿电压越小、介质损耗角值则越大，材料的介电性能越差。常用热固性树脂的介电性能见表9.2。

表9.2 常用热固性树脂的介电性能

性能	酚醛	聚酯	环氧	有机硅
密度/g·cm^{-3}	1.30~1.32	1.10~1.46	1.11~1.23	1.70~1.90
体积电阻率/Ω·cm	10^{12}~10^{13}	10^{14}	10^{16}~10^{17}	10^{11}~10^{13}
介电强度/kV·mm	14~16	15~20	16~20	7.3
介电常数/60 Hz	6.5~7.5	3.0~4.4	3.8	4.0~5.0
功率常数/60 Hz	0.10~0.15	0.003	0.001	0.006
耐电弧性/s	100~125	125	50~180	–

9.3 复合材料的增强相

在复合材料中，凡是能提高基体材料性能的物质，均称为增强相(也称为增强材料、增强剂、增强体)。纤维在复合材料中起增强作用，是主要承力组分，它不仅能使材料显示出较高的抗张强度和刚度，而且能减少收缩，提高热变形温度和低温冲击强度等。复合材料的性能在很大程度上取决于纤维的性能、含量及使用状态。如聚苯乙烯塑料，加入玻璃纤维后，拉伸强度可从600 MPa提高到1 000 MPa，弹性模量可从3 000 MPa提高到8 000 MPa，热变形温度从85℃提高到105℃，-40℃下的冲击强度提高10倍。

复合材料常用的增强相包括三类，即纤维、颗粒、晶须。

9.3.1 纤维增强体

现代复合材料所采用的纤维增强体大多为合成纤维，合成纤维分为有机增强纤维与无机增强纤维两大类。有机纤维包括Kevlar纤维、尼龙纤维、聚乙烯纤维等；无机纤维包括玻璃纤维、碳纤维、碳化硅纤维等。

1. 聚芳酰胺纤维

这是分子主链上含有的密集芳环与芳酰胺结构的聚合物，经溶液纺丝获得的合成纤维，最有代表性的商品为Kevlar纤维，被杜邦公司于1968年发明。在我国亦称芳纶，20世纪80年代，国内研发成功相似的聚芳酰胺纤维：芳纶-14与芳纶-1414。杜邦公司有该合成纤维的20多个品牌，如Kevlar-49(相当于国内芳纶-1414)、Kevlar-29(相当于国内芳纶-14)。Kevlar-49由对苯二胺与对苯二甲酸缩聚而得；Kevlar-29来源于对氨基苯甲酸的自缩聚。

芳纶纤维的化学链主要由芳环组成,芳环结构具有高刚性,并使聚合物链呈伸展状态而不是折叠状态,形成棒状结构,因而纤维具有高模量。芳纶纤维分子链是线型结构,使纤维能有效地利用空间而具有较高的填充能力,在单位体积内可容纳很多聚合物。这种高密度的聚合物具有较高的强度,从其规整的晶体结构可以说明芳纶纤维的化学稳定性、高温尺寸稳定性、不发生高温分解以及在很高温度下不致热塑化等特点。通过电镜对纤维的观察表明,芳纶纤维是一种沿轴向排列的有规则的褶叠层结构,这种模型可以很好地解释横向强度低、压缩和剪切性能差及易劈裂的现象。

芳纶纤维主要应用于橡胶增强、特制轮胎、三角皮带等。其中,Kevlar-29 主要用于复合材料绳索、电缆、高强度织物以及防弹背心制造;Kevlar-49 主要用于航天、航空、造船工业的复合材料制件。芳纶纤维单丝拉伸强度可达 3 773 MPa,254 mm 长的芳纶纤维束拉伸强度为 2 744 MPa,大约为铝线的 5 倍;其冲击强度约为石墨纤维的 6 倍、硼纤维的 3 倍、玻璃纤维的 0.8 倍,其性能比较见表 9.3。

表 9.3 芳纶纤维与其他材料性能的比较

性能	芳纶纤维	尼龙纤维	聚酯纤维	石墨纤维	玻璃纤维	不锈钢丝
拉伸强度/$kgf \cdot cm^{-2}$	28152	10098	11424	28152	24528	17544
弹性模量/ $kgf \cdot cm^{-2}$	1265400	56240	140760	2250000	704000	2040000
断裂伸长率/%	2.5	18.3	14.5	1.25	3.5	2.0
密度/$g \cdot cm^{-3}$	1.44	1.14	1.38	1.75	2.55	7.83

注:1 $kgf \cdot cm^{-2}$ =98.066 5 kPa

2. 聚乙烯纤维

这是目前国际上最新的超轻、高比强度、高比模量纤维,成本也比较低。美国联合信号公司生产的 Spectra 高强度聚乙烯纤维,其纤维强度超过杜邦公司的 Kevlar 纤维。作为高强度纤维使用的聚乙烯材料,其分子量都在百万单位以上,纤维的拉伸强度为 3.5GPa,弹性模量为 116 GPa,延伸率为 3.4%,密度为 0.97 $g \cdot cm^{-3}$。在纤维材料中,聚乙烯纤维具有高比强度、高比模量以及耐冲击、耐磨、自润滑、耐腐蚀、耐紫外线、耐低温、电绝缘等多种优异性能。其不足之处是熔点较低(约 135℃)和高温容易蠕变,因此仅能在 100℃以下使用,聚乙烯纤维的性能比较见表 9.4。聚乙烯纤维主要用于缆绳材料、高技术军用材料,如制作武器装甲、防弹背心、航天、航空部件等。

3. 玻璃纤维

由含有各种金属氧化物的硅酸盐类,在熔融态以极快的速度拉丝而成。玻璃纤维质地柔软,可以纺织成各种玻璃布、玻璃带等织物。玻璃纤维成分的关键指标是其含碱量,即钾、钠氧化物含量。根据含碱量,玻璃纤维可以分类为:有碱玻璃纤维(碱性氧化物含量>12%,亦称 A 玻璃纤维)、中碱玻璃纤维(碱性氧化物含量为 6% ~12%)、低碱玻璃纤维(碱性氧化物含量为 2% ~6%)、无碱玻璃纤维(碱性氧化物含量<2%,亦称 E 玻璃纤维)。通常含碱量高的玻璃纤维熔融性好、易抽丝、产品成本低。

按用途分类,玻璃纤维又可分为:高强度玻璃纤维(S 玻璃纤维,强度高,用于结构材料)、低介电玻璃纤维(D 玻璃纤维,电绝缘性和透波性好,适用于雷达装置的增强材料)、耐化学腐蚀玻璃纤维(C 玻璃纤维,耐酸性优良,适用于耐酸件和蓄电池套管等)、耐电腐蚀玻璃纤维及耐碱腐蚀玻璃纤维(AR 玻璃纤维)。

玻璃纤维的结构与普通玻璃材料没有不同,都是非晶态的玻璃体硅酸盐结构,也可视为过冷玻璃体。玻璃纤维的伸长率和热膨胀系数较小,除氢氟酸和热浓强碱外,能够耐受许多介质的腐蚀。玻璃纤维不燃烧,耐高温性能较好,C 玻璃纤维软化点为 688℃,S 玻璃纤维与 E 玻璃纤维耐受温度更高,适于高温使用。玻璃纤维的缺点是不耐磨、易折断、易受机械损伤,长期放置强度下降。玻璃纤维成本低、品种多、适于编织,作为常用增强材料,广泛用于航天、航空、建筑和日用品加工等。

表 9.4 聚乙烯纤维性能比较

纤维	直径	密度 /g·cm^{-3}	拉伸强度/GPa	拉伸模量 / GPa	比强度 /GPa/ g·cm^{-3}	比模量 / GPa/ g·cm^{-3}
Spectra900	38	0.97	2.6	117	2.7	120
Spectra1000	27	0.97	3.0	172	3.1	177
芳纶	12	1.44	2.8	131	2.0	91
S 玻璃纤维	7	2.49	4.6	90	1.8	36

4. 碳纤维

碳纤维(Cf)是由有机纤维经固相反应转变而成的纤维状聚合物碳,是一种非金属材料。它不属于有机纤维的范畴,但从制法上看,它又不同于普通无机纤维。碳纤维性能优异,不仅重量轻、比强度大、模量高,而且耐热性高、化学稳定性好。其制品具有非常优良的射线透过性,阻止中子透过性,还可赋予塑料以导电性和导热性。以碳纤维为增强剂的复合材料具有比钢强、比铝轻的特性,是目前最受重视的高性能材料之一,在航空、航天、军事、工业、体育器材等许多方面有着广泛的用途。

目前国内外已商品化的碳纤维种类很多,一般可以根据原丝的类型、碳纤维的性能和用途进行分类。

①根据碳纤维的性能分类,包括高性能碳纤维、低性能碳纤维。

②根据原丝类形分类,主要有聚丙烯腈基碳纤维、黏胶基碳纤维、沥青基碳纤维、木质素纤维基碳纤维和其他有机纤维基碳纤维。

③根据碳纤维功能分类,可分为受力结构用碳纤维、耐焰碳纤维、活性碳纤维、导电用碳纤维、润滑用碳纤维、耐磨用碳纤维。

碳纤维材料最突出的特点是强度和模量高、密度小,和碳素材料一样具有很好的耐酸性。热膨胀系数小,甚至为负值。具有很好的耐高温蠕变能力,一般碳纤维在 1 900 ℃以上才呈现出永久塑性变形。此外,碳纤维还具有摩擦系数低,自润滑性好等特点。

5. 碳化硅纤维

具有良好的耐高温性能,高强度、高模量且化学稳定性好,主要用于增强金属和陶瓷,制成耐高温的金属或陶瓷基复合材料。碳化硅纤维的制造方法主要有两种:化学气相沉积法和烧结法。

碳化硅纤维具有优良的耐热性能,在1 000℃以下,其力学性能基本保持不变,可长期使用,当温度超过1 300℃时,其性能开始下降,是耐高温的优良材料。耐化学性能良好,在80℃下耐强酸,耐碱性也良好。1 000℃以下不与金属反应,而且具有很好的浸润性,有利于和金属复合,主要用来增强铝基、钛基及金属间化合物基复合材料。由于碳化硅纤维具有耐高温、耐腐蚀、耐辐射的三耐性能,是一种理想的耐热材料。用碳化硅纤维编织成双向和三向织物,已用于高温的传送带、过滤材料,如汽车的废气过滤器等。碳化硅复合材料已应用于喷气发动机涡轮叶片,飞机螺旋桨等受力部件等。在军事上,用作大口径军用步枪金属基复合枪筒套管、坦克履带、火箭推进剂传送系统、火箭发动机外壳、鱼雷壳体等。

6. 硼纤维

硼纤维是一种高性能增强纤维,具有很高的比强度和比模量,也是制造金属基复合材料最早采用的高性能纤维。用硼铝复合材料制成的航天飞机主舱框架强度高、刚性好,代替铝合金骨架减轻了重量,取得了十分显著的效果,有力地促进了硼纤维金属基复合材料的发展。美、俄是硼纤维的主要生产国,研制并发展了硼纤维增强树脂、硼纤维增强铝等先进复合材料,用于航天飞机、B-1轰炸机、运载火箭、核潜艇等军事装备,取得了巨大效益。

硼纤维具有良好的力学性能,强度高、模量高、密度小。硼纤维的弯曲强度比拉伸强度高,硼纤维在空气中的拉伸强度随温度升高而降低,在200℃左右硼纤维性能基本不变,而在315℃经过1 000 h后,硼纤维强度将损失70%,650℃时硼纤维强度将完全丧失。在室温下,硼纤维的化学稳定性好,但表面具有活性,不需要处理就能与树脂进行复合,而且所制得的复合材料具有较高的层间剪切强度。对于含氮化合物,亲和力大于含氧化合物。在高温下硼纤维易与大多数金属发生反应。

9.3.2 晶须增强体

晶须是指具有一定长径比(一般大于10)、截面积小于$52\times10^{-5}\ cm^2$的单晶纤维材料,晶须的直径为0.1 μm至数微米,长度与直径比在5~1 000之间。晶须是含有较少缺陷的单晶短纤维,其拉伸强度接近其纯晶体的理论强度。自1948年贝尔公司首次发现以来,迄今已开发出100多种晶须,但进入工业化生产的不多,有SiC、Si_3N_4、TiN、Al_2O_3、钛酸钾和莫来石等少数几种晶须。晶须可分为金属晶须(如Ni、Fe、Cu、Si等);氧化物晶须(如MgO、ZnO、BeO、Al_2O_3等);陶瓷晶须(如碳化物晶须,SiC、TiC、WC等);氮化物晶须(Si_3N_4、TiN、AlN等);硼化物晶须(如TiB_2、ZrB_2、TaB_2等)和无机盐类晶须($K_2Ti_6O_{13}$、$Al_{18}B_4O_{33}$)。

晶须的制备方法有化学气相沉积法(CVD)、溶胶-凝胶法(Sol-gel)、气液固法(VLS)、液相生长法、固相生长法和原位生长法等。利用固相生长法制造SiC晶须的典型方法是,通过灼烧稻壳先获得无定形SiO_2,再与无定形碳反应形成SiC晶须。

晶须是目前已知纤维中强度最高的一种,其机械强度几乎等于相邻原子间的作用力。晶须高强度的原因,主要是其直径非常小,容纳不下能使晶体削弱的空隙、位错和不完整等缺陷。晶须材料的内部结构完整,使它的强度不受表面完整性的严格限制。晶须兼有玻璃纤维和硼纤维的优良性能,具有玻璃纤维的延伸率(3% ~4%)和硼纤维的弹性模量[(4.2 ~7.0)×10^6 MPa],氧化铝晶须在2070℃高温下,仍能保持7000MPa的拉伸强度。晶须没有显著的疲劳效应,切断、磨粉或其他的施工操作,都不会降低其强度。晶须在复合材料中的增强效果与其品种、用量关系极大。另外,晶须材料在复合使用过程中,一般需经过表面处理,改善其与基体的相互作用性能。

晶须复合材料由于价格昂贵,目前主要用在空间和尖端技术上,在民用方面主要用于合成牙齿、骨骼及直升飞机的旋翼和高强离心机等。晶须材料除增强复合材料力学性能外,还可以增强复合材料的其他性能,如四针状氧化锌晶须材料可以较低的填充体积,赋予复合材料优异的抗静电性能。

9.3.3 颗粒增强体

用以改善基体材料性能的颗粒状材料,称为颗粒增强体,该类增强体与其他增强材料略有不同,它在复合材料体系中,很大程度上是起到体积填充作用。颗粒增强体一般是指具有高强度、高模量、耐热、耐磨、耐高温的陶瓷、石墨等无机非金属颗粒,如SiC、Al_2O_3、Si_3N_4等。这些颗粒增强体具有较高刚性,也被称为刚性颗粒增强体。颗粒粒径通常较小,一般低于10pm,掺混到金属、陶瓷基体中,可提高复合材料耐磨、耐热、强度、模量和韧性等综合性能。在铝合金基体中加入体积分数为30%、粒径0.3μm的Al_2O_3颗粒,所得金属基复合材料在300℃高温下的拉伸强度仍可保持在220 MPa,所掺混的颗粒越细,复合材料的硬度和强度越高。

另有一类非刚性的颗粒增强体具有延展性,主要为金属颗粒,加入到陶瓷基体和玻璃陶瓷基体中能改善材料的韧性,如将金属铝粉加入到氧化铝陶瓷中,金属钴粉加入到碳化钨陶瓷中等。常见颗粒增强体列于表9.5。

表9.5 常见颗粒增强体及其性能

名称	密度 /g·cm^{-3}	熔点 /℃	膨胀系数 /$10^{-6}K^{-1}$	热导/kcal ·cm^{-1}℃$^{-1}$	硬度 / MPa	弯曲强度 / MPa	弹性模量 / GPa
SiC	3.21	2700	4.0	0.18	27000	400 ~500	
B_4C	2.52	2450	5.13		27000	300 ~500	360 ~460
TiC	4.92	3300	7.4		26000	500	
Al_2O_3		2050	9.0				
Si_3N_4	3.2 ~3.35	2100(分解)	2.5 ~3.2	0.03 ~0.07	HRA 89 ~93	900	330
莫来石	3.17	1850	4.2		3250	约1200	

9.4 复合材料的主要性能与应用

9.4.1 聚合物基复合材料

聚合物基复合材料按所用增强体不同,可以分为纤维增强(FRC)、晶须增强(WRC)、颗粒增强(PRO)三大类。

聚合物基复合材料具有许多突出的性能与工艺特点,主要包括以下几方面。

(1)比强度、比模量大

玻璃纤维复合材料有较高的比强度、比模量,而碳纤维、硼纤维、有机纤维增强的聚合物基复合材料的比强度相当于钛合金的3~5倍,比模量相当于金属的3倍多,这种性能可因纤维排列的不同而在一定范围内变动。

(2)耐疲劳性能好

金属材料的疲劳破坏常常是没有明显预兆的突发性破坏,而聚合物基复合材料中纤维与基体的界面能阻止材料受力所致裂纹的扩展。因此,其疲劳破坏总是从纤维的薄弱环节开始逐渐扩展到结合面上,破坏前有明显的预兆。大多数金属材料的疲劳强度极限是其抗张强度,而碳纤维/聚酯复合材料的疲劳强度极限可达到其抗张强度的70%~80%。

(3)减振性好

受力结构的自振频率除与结构本身形状有关外,还与结构材料比模量的平方根成正比。复合材料比模量高,故具有较高的自振频率。同时,复合材料界面具有吸振能力,使材料的振动阻尼很高。由试验得知,对于同样大小的振动,轻合金梁需9s停止,而碳纤维复合材料梁只需2.5s就停止。

(4)过载时安全性好

复合材料中有大量增强纤维,当材料过载而有少数纤维断裂时,载荷会迅速重新分配到末破坏的纤维上,使整个构件在短期内不至于失去承载能力。

(5)具有多种功能性

包括良好的耐烧蚀、摩擦性、电绝缘性、耐腐蚀性,特殊的光学、电学、磁学的特性等。

但聚合物基复合材料还存在着一些缺点,如耐高温性能、耐老化性能及材料强度一致性等,这些都有待进一步提高。

9.4.2 金属基复合材料

1. 金属基复合材料的主要特点与性能

金属基复合材料简称MMC,是以金属及其合金为基体,与其他金属或非金属增强相进行人工结合而成的复合材料。其增强材料大多为无机非金属,如陶瓷、碳、石墨及硼等,也可以用金属丝。它与聚合物基复合材料、陶瓷基复合材料以及碳/碳复合材料一起构成现代复合材料体系。

金属基复合材料的制备过程在高温下进行,有的还需要在高温下长时间使用,使活性金属基体与增强相之间的界面不稳定。金属基复合材料的增强相与基体界面起着关键的连接和传递应力的作用，对金属基复合材料的性能和稳定性起着极其重要的作用。金属基复合材料可以按其所用增强相的不同来分类，主要包括纤维增强金属基复合材料、颗粒增强金属基复合材料、晶须增强金属基复合材料。MMC 常用的纤维包括硼纤维、碳化硅纤维、氧化铝纤维和碳与石墨纤维等。其中增强材料绝大多数是承载组分，金属基体主要起粘接纤维、传递应力的作用，大都选用工艺性能（塑性加工、铸造）较好的合金，因而常作为结构材料使用。在纤维增强金属基复合材料中比较特殊的是定向凝固共晶复合材料，其增强相为和基体共同生长的层片状和纤维状相。大多数作为高温结构材料，如航空发动机叶片材料；也可以作为功能型复合材料应用，如 InSb-NiSb 可以作磁、电、热控制元件。

颗粒、晶须增强相包括 SiC、Al_2O_3、B_4C 等陶瓷颗粒，及 SiC、Si_3N_4、B_4C 等晶须，这类典型的复合材料包括 SiC_p增强铝基、镁基和钛基复合材料，TiC_p增强钛基复合材料和 SiC_w增强铝基、镁基和铁基复合材料等。这类复合材料中增强材料的承载能力不如连续纤维，但复合材料的强度、刚度和高温性能往往超过基体金属，尤其是在晶须增强情况下。由于金属基体在不少性能上仍起着较大作用，通常选用强度较高的合金，一般均进行相应的热处理。颗粒或晶须增强金属基复合材料可以采取压铸、半固态复合铸造以及喷射沉积等工艺技术制备，是应用范围最广、开发和应用前景最大的一类金属基复合材料，已应用于汽车工业。颗粒、晶须、短纤维增强金属基复合材料亦称为非连续增强型。

总之，金属基复合材料具有的高比强度、高比模量、良好的导热、导电性、耐磨性、低的热膨胀系数等优异的综合性能，使其在航天、航空、电子、汽车、先进武器系统中均具有广泛的应用前景。

与聚合物基复合材料相比，金属基复合材料的发展时间较短，处在蓬勃发展阶段。随着增强材料性能的改善、新的增强材料和新的复合制备工艺的开发，新型金属基复合材料将会不断涌现，原有各种金属基复合材料的性能也将会不断提高。

2. 金属基复合材料的典型代表

一般来说，金属基复合材料所用基体金属可以是单一金属，也可以是合金，就单一金属基体分类，比较常见的为铝、钛、镁等，以及它们的合金。

(1)铝基复合材料

这种复合材料是当前品种和规格最多，应用最广泛的一类复合材料。包括硼纤维、碳化硅纤维、碳纤维和氧化铝纤维增强铝；碳化硅颗粒与晶须增强铝等。铝基复合材料是金属基复合材料中开发最早、发展最迅速、品种齐全、应用最广泛的复合材料。纤维增强铝基复合材料，因其具有高比强度和比刚度，在航空航天工业中不仅可以大大改善铝合金部件的性能，而且可以代替中等温度下使用的昂贵的钛合金零件。在汽车工业中，用铝及铝基复合材料替代钢铁的前景也很好，可望起到节约能源的作用。

(2)钛基复合材料

钛基复合材料主要包括硼纤维、碳化硅纤维增强钛、碳化钛颗粒增强钛。钛基复合材料的基体主要是 Ti-6A1-4V 或塑性更好的 β-型合金（如 Ti-15V-3Cr-3Sn-3A1）。以钛及其合金为基体的复合材料具有高比强度和比刚度，而且具有很好的抗氧化性能和高温力学性能，在航空工业中可以替代镍基耐热合金。颗粒增强钛基复合材料主要采用粉末冶金方法制备，如用冷等静压和热等静压相结合的方法制备，并与未增强的基体钛合金实现扩散连接，制成共基质微宏观复合材料。

(3)镁基复合材料

镁及其合金具有比铝更低的密度，在航空航天和汽车工业中具有较大的潜力。大多数镁基复合材料的增强材料为颗粒与晶须，如 SiC_p 或 SiC_w/Mg 和 B_4C_p、Al_2O_{3p}/Mg。虽然石墨纤维增强镁基复合材料与碳纤维、石墨纤维增强铝相比，密度和热膨胀系数更低，强度和模量也较低，但具有很高的导热/热膨胀比值，在温度变化环境中，是一种尺寸稳定性极好的宇宙空间材料。镁基复合材料的基体主要有 AZ3l(Mg-3A1-lZn)、AZ6l(Mg-6A1-lZn)、ZK60(Mg-6Zn-Zr)及 AZ9l(Mg-9Al-lZn)等。

(4)高温合金基复合材料

这类复合材料主要包括两种不同制备方式的金属基复合材料。

①难熔金属丝增强型。主要采用钨、铬等难熔合金丝，研究较多的是以钨丝增强的复合材料。制备工艺一般采用热压扩散结合工艺，亦可采用粉末冶金法。基体一般采用高温合金，如镍基、钴基或铁基。

②定向凝固共晶复合材料。亦称原位生成自增强型，选用合适的共晶成分高温合金，在定向凝固条件下使共晶两相以层片或纤维状增强相，与基体相按单向凝固结晶方向同时有规则地排列生长，以达到增强效果。采用高温共晶的合金主要有 Ni-TaC、Co-TaC、Ni-Cr-Al-Nb和 Ni_3Al-Ni_3Nb 金属间化合物型。

除上述之外，还有铜基、锌基及金属间化合物基复合材料等。

3. 金属基复合材料的界面化学结合

金属基复合材料中增强相与金属基体相界面的结合状态对复合材料整体性能影响较大，如碳纤维增强铝基复合材料中，在不同界面结合受载时，如果结合太弱，纤维就大量拔出，强度降低；结合太强，复合材料易脆断，既降低强度又降低塑性；只有结合适中，复合材料才表现出高强度和高塑性。增强相与基体金属界面的结合作用一般包括机械结合、浸润溶解结合、化学反应结合、混合结合，其中化学反应结合最为重要。

大多数金属基复合材料属于热力学非平衡系统，即增强体与金属基体之间只要存在有利的动力学条件，就可能发生增强体与基体之间的扩散和化学反应，在界面上生成新的化合物层。例如，硼纤维增强钛基复合材料时，界面发生化学反应生成 TiB_2 界面层；碳纤维增强铝基复合材料界面反应时，生成 Al_4C_3 化合物。在许多金属基复合材料中，界面反应层不是单一的化合物。例如，Al_2O_3 FP 纤维增强铝合金时，在界面上有两种化合物 $\alpha-LiAlO_2$ 和 $LiAl_5O_8$ 存在；而硼纤维增强 Ti/Al 合金时，界面反应层也存在多种反应产物。

化学反应界面结合是金属基复合材料的主要结合方式，在界面发生适量的化学反应，可以增加复合材料的强度。但化学反应过量时，因反应的生成物大多数为脆性物质，界面层积累到一定厚度会引起开裂，严重影响复合材料的性能。

9.4.3 陶瓷基复合材料

陶瓷材料具有强度高、硬度大、耐高温、抗氧化，耐化学腐蚀等优点，但其抗弯强度不高、断裂韧性低，限制了其作为结构材料的使用。当用高强度、高模量的纤维或晶须增强后，其高温强度和韧性可大幅度提高，陶瓷基复合材料的主要性能就是增韧。最近，欧洲动力公司推出的航天飞机高温区用碳纤维增强碳化硅基体和用碳化硅纤维增强碳化硅基体所制造的陶瓷基复合材料，可分别在 1 700℃和 1 200℃下保持 20℃时的抗拉强度，且有较好的抗压性能，较高的层间剪切强度；而断裂延伸率较一般陶瓷大，耐辐射效率高，可有效地降低表面温度，有极好的抗氧化、抗开裂性能。

陶瓷基复合材料与其他复合材料相比发展仍较缓慢，主要原因是制备工艺复杂，且缺少耐高温纤维。

9.4.4 复合材料的应用

1. 能源技术领域的应用

高技术对材料的选用是非常严格和苛刻的，复合材料的优越性能比一般材料更能适合各种高技术发展的需要。如运载火箭的壳体、航天飞机的支架、卫星的支架等各种结构件，都要求用质轻、高强度、高刚度的材料以节约推动所需的燃料，复合材料能满足这些要求。特别是像导弹的头部防热材料、航天飞机的防热前缘和火箭发动机的喷管等需要耐高温、抗烧蚀的材料，这些更是非复合材料莫属。表 9.6 为复合材料在能源技术中的应用。

表 9.6 复合材料在能源技术中的应用

新能源	构 件	复合材料
太阳能发电	太阳能电池结构支架、热变换器的吸热层叶片及塔身、核燃料包覆管	碳纤维树脂基复合材料吸热功能复合材料
风力发电机	叶片及塔身	混杂碳纤维树脂基复合材料
核能源	同位素分离机转子	碳纤维树脂基复合材料
	核燃料包覆管	碳/碳复合材料
节能汽车	转动轴、轮箍活塞（局部嵌件）	碳纤维树脂基复合材料
	活塞连杆及销子	氧化铝纤维增强铝基复合材料
燃料涡轮发动机储能	涡轮叶片	陶瓷基复合材料和耐高温金属基复合材料
高效铅酸蓄电池	电极	碳纤维增强铅复合材料
高能锂电池和钠电池		离子导电功能复合材料

2. 信息技术领域的应用

信息技术是现代发展最迅速的高新技术，在信息技术中包括信息的检测、传输、存储、处理运算和执行等方面，复合材料起到重要的作用，如表 9.7 所示。

表9.7 复合材料在信息技术中的应用

功能	部 件	复合材料
检查	换能敏感元件	具有换能功能的复合材料
传输	光纤、光缆芯和管	碳纤维或芳纶增强树脂基复合材料、磁性功能复合材料
存储	磁记录和磁光记录盘片	碳/铜复合材料
处理和计算	大规模集成电路基片	半导及导电性复合材料
执行	计算机及终端用屏蔽罩，机械手与机器人	碳纤维/树脂基或金属基复合材料

在生物工程方面，复合材料不仅力学性能满足生物工程用容器的要求，同时还能满足耐腐蚀、抗生物破坏及生物相容性的要求。此外，复合材料还在机械、化工、国防等其他领域有广泛应用。

9.4.5 复合材料存在的问题与展望

1. 提高结构型复合材料的性能

随着高技术的发展，对结构型复合材料的性能指标日益提高。先进复合材料在模量上已经基本达到要求，但在强度及耐高温性能等方面尚须提高。金属基复合材料目前强度相距指标要求尚远，纤维增强相的强度还有进一步开发的较大潜力，目前达到的水平距理想单晶的强度有数量级以上的差别。如何使纤维结构具有高度取向性，并使其缺陷减到最小，是增强相研究的方向。

2. 复合材料界面的设计与控制

复合材料界面实质上是纳米级以上厚度的界面相或称界面层，在增强相与液态基体相互接触时，即使不发生反应也可能在基体凝固或固化过程中，由于诱导效应或残余应力的作用使临近接触界面的基体局部结构发生不同于基体本体的变化。如果基体本身是多组分材料（如合金），则会在接触界面附近发生某元素的富集，使之不同于基体本体，如两组分之间相互溶解、扩散或者发生化学反应，都必然产生一层新生相，这些都是构成界面相（或层）的原因。界面相也包括预先在增强相表面涂饰或处理的表面层（如偶联剂），界面的控制与设计是一个较新的课题，希望能根据需要有意识地控制界面黏接力、内应力和界面层厚度及其层内的结构性能。为此设计用增强相的表面处理、涂层以及基体的组织成分（包括在聚合物内添加组分，金属合金元素等），来构成比较理想的甚至梯度过渡的界面层。

3. 建立适合复合材料的力学

目前材料力学的重点是建立在连续介质力学的基础上，复合材料不是连续介质，因为它不仅是多相材料而且还存在界面。这种复杂体的力学处理非常困难，只停留在经验或半经验的水平上，需要予以重视和研究解决。同时对于复合材料微观力学问题的研究工作还很少，复合材料的破坏力学也存在很多问题。

4. 研究混杂和超混杂型复合材料

纤维混杂和叠层混杂型复合材料已经在实用中取得很好的效果，特别是它能在基本满足性能的前提下,减少了其中先进复合材料所占的比重,从而使价格明显下降。超混杂复合材料是近年来发展的新型复合材料,它具有优异的性能,特别是将来有可能使超混杂复合材料兼有结构和功能的作用,所以受到重视。但是有关混杂效应的机制、材料匹配的控制与设计的研究还远远不够,以致尚不能充分发挥这类复合材料的优势。

5. 复合材料结构设计的智能化

随着电子计算机技术的飞跃发展,用以设计复合材料使之满足最优化条件取得了一定的成果,但尚需进一步走向智能化设计的水平。特别是依靠电子计算机的显示功能,把模拟实用条件下复合材料的适应能力直观地显示出来,从而设计新的先进复合材料和进行筛选,避免了大量复杂而昂贵的试验,节约了时间。

6. 功能复合材料及复合材料仿生学的研究

功能复合材料具有无可比拟的优越性和可供设计的广阔自由度,尤其复合材料仿生学更是如此,许多生物体复合材料的先进性还有待认识和仿效。

展望未来,不仅上面提出的各项问题将会得到满意的解决,而且还会出现各种新颖的结构型或功能型先进复合材料,特别是功能型复合材料,如智能复合材料、自愈合复合材料、自应变复合材料等。科学发展的规律是逐步从宏观进入微观,从而出现了原子级和分子级的材料设计问题,复合材料也将出现同样的发展趋势。

思考题

1. 名词解释:

复合材料;增强相;碳纤维;晶须;MMC;聚酰胺

2. 判断正误

(1)复合材料是由两个以上的组分材料化合而成的;

(2)最广泛应用的复合材料是金属基复合材料;

(3)复合材料具有可设计性;

(4)竹、麻、木、骨是天然复合材料;

(5)所有的天然纤维是有机纤维,所有的合成纤维是无机纤维;

(6)聚乙烯纤维是所有合成纤维中密度最低的纤维;

(7)玻璃纤维可分为有碱玻璃纤维、中碱玻璃纤维、低碱玻璃纤维、无碱玻璃纤维;

(8)纤维表面处理是为了使纤维表面更光滑;

(9)环氧树脂是用于耐高温的热固性树脂基体;

(10)热固性树脂是一种交联的高分子,一般不结晶;而热塑性树脂是线形、结晶的高分子。

3. 简述复合材料的特点。

4. 简述聚合物基复合材料的性能和特点。

5. 简述金属基复合材料的性能和特点。

6. 简述复合材料的应用及展望。

7. 列举几种你所知道的复合材料,谈谈它们可能的原料与制造方法。

参考文献

[1]李宗和. 结构化学[M]. 北京: 高等教育出版社, 2002.
[2]钱逸泰. 结晶化学导论[M]. 合肥: 中国科学技术大学出版社, 1999.
[3]周公度, 郭可信. 晶体和准晶体的衍射[M]. 北京: 北京大学出版社, 1999.
[4]潘道皑. 物质结构[M]. 2 版. 北京: 高等教育出版社, 1989.
[5]石德珂. 材料科学基础[M]. 北京: 机械工业出版社, 2003.
[6]左铁镛. 高分子材料[M]. 北京:化学工业出版社,2002.
[7]张德庆. 高分子材料科学导论[M]. 哈尔滨:哈尔滨工业大学出版社,1999.
[8] 马建标. 功能高分子材料[M]. 北京:化学工业出版社,2000.
[9] 丁马太. 材料化学导论[M]. 厦门:厦门大学出版社,1995.
[10] 张立德. 纳米材料[M]. 北京:化学工业出版社,2000.
[11] 张志焜, 崔作林. 纳米技术与纳米材料[M]. 北京:国防工业出版社,2000.
[12] 李玲, 向航. 功能材料与纳米材料[M]. 北京:化学工业出版社,2002.
[13] 贡长生,张克立. 新型功能材料[M]. 北京:化学工业出版社,2001.
[14] 师昌绪. 新型材料与材料科学[M]. 北京:科学出版社,1988.
[15] GLUSKER J P, LEWIS M, ROSSI M. Crystal Structure Analysis for Chemists and Biologists[M]. New York: VCH Publishers, 1994.
[16] LADD M F C. Introduction to Physical Chemistry[M]. 3th Ed. Cambridge: Cambridge university Press, 1998.
[17] 周志华. 材料化学[M]. 北京:化学工业出版社,2006.
[18] 连法增. 工程材料学[M]. 沈阳:东北大学出版社,2005.
[19] 张彦华. 工程材料学[M]. 北京:科学出版社,2010.
[20] 于永宁. 材料科学基础[M]. 北京:高等教育出版社,2006.
[21] 曾兆华,杨建文. 材料化学[M]. 北京:化学工业出版社,2008.
[22] 刘光华. 现代材料化学[M]. 上海:上海科学技术出版社,2000.
[23] 曹阳. 结构与材料[M]. 北京:高等教育出版社,2003.
[24] 李宗全,陈湘明. 材料结构与性能[M]. 杭州:浙江大学出版社,2001.
[25] 吴月华,杨杰. 材料的结构与性能[M]. 合肥:中国科学技术大学出版社,2001.
[26] 关振铎. 无机材料物理性能[M]. 北京:清华大学出版社,2001.
[27] 李恒德, 肖纪美. 材料表面与界面[M]. 北京:清华大学出版社,1990.
[28] 胡福增. 材料表面与界面[M]. 上海:华东理工大学出版社,2008.
[29] 朱光明,秦华宇. 材料化学[M]. 北京:机械工业出版社,2003.
[30] 王恩信. 材料化学原理[M]. 南京:东南大学出版社,1997.
[31] 唐小真. 材料化学导论[M]. 北京:高等教育出版社,2007.

[32] 冯绪胜. 胶体化学[M]. 北京:化学工业出版社,2006.
[33] 李奇, 陈光巨. 材料化学[M]. 北京:高等教育出版社,2004.
[34] 周公度,段连运. 结构化学基础[M]. 3 版. 北京:北京大学出版社, 2002.
[35] 林建华, 荆西平. 无机材料化学[M]. 北京:北京大学出版社, 2006.
[36] 陈照峰,张中伟. 无机非金属材料学[M]. 西安:西北工业大学出版社,2010.
[37] 林宗寿. 无机非金属材料工学[M]. 武汉:武汉理工大学出版社,1999.
[38] PORTER D A , EASTELING K E. Phase Transformations in Metals and Alloys[M]. 2th Ed. London:Chapman and Hall, 1992.
[39]王正品,张路,贾玉宏. 金属功能材料[M]. 北京:化学工业出版社,2004.
[40]陈振华,严红革,陈吉华. 镁合金[M]. 北京:化学工业出版社,2004.
[41]戴起勋. 金属材料学[M]. 北京:化学工业出版社,2005.
[42]李云凯. 金属材料学[M]. 北京:北京理工大学出版社,2006.
[43]朱光明,秦华宇. 材料化学[M]. 北京:机械工业出版,2009.
[44]师昌绪. 材料大词典[M]. 北京:化学工业出版社,1994.
[45]吴承建. 金属材料学[M]. 北京:冶金工业出版社,2000.
[46]邓至谦. 金属材料及热处理[M]. 长沙:中南工大出版社,1989.
[47]胡子龙. 储氢材料[M]. 北京:化学工业出版社,2002.
[48]殷景华,王雅珍,鞠刚. 功能材料概论[M]. 哈尔滨:哈尔滨工业大学出版社,2002.
[49] CARRAHER C E. Jr. Seymour/Carraher's Polymer Chemistry[M]. 6th Ed. New York: Marcel Dekker,2003.
[50]王澜,王佩樟,陆晓中. 高分子材料[M]. 北京:中国轻工业出版社,2009.
[51]潘祖仁. 高分子化学[M]. 北京:化学工业出版社,2007.
[52]王槐三,寇晓康. 高分子化学教程[M]. 北京:科学出版社,2007.
[53]高俊刚,李源勋. 高分子材料[M]. 北京:化学工业出版社,2002.
[54]顾宜. 材料科学与工程基础[M]. 北京:化学工业出版社,2002.
[55]李松林. 材料化学[M]. 北京:化学工业出版社,2008.
[56]曾兆华,杨建文. 材料化学. 北京:化学工业出版社,2009.
[57]赵文元,王亦军. 功能高分子材料化学[M]. 北京:化学工业出版社,2003.
[58]马建标,李晨暖. 功能高分子材料[M]. 北京:化学工业出版社,2010.
[59]徐又一,徐志康. 高分子膜材料[M]. 北京:化学工业出版社,2005.
[60]许晓秋,刘廷栋. 高吸水性树脂的工艺与配方[M]. 北京:化学工业出版社,2004.
[61]王荣国,武卫莉,谷万里. 复合材料概论[M]. 哈尔滨:哈尔滨工业大学出版社,1999.
[62]刘凤歧,汤心颐. 高分子物理[M]. 北京:高等教育出版社,2004.
[63] CHAWLA K K. Ceramic Matrix Composites[M]. London:Chapman and Hall, 1993.
[64]倪礼忠,陈磷. 聚合物基复合材料[M]. 上海:华东理工大学出版社,2007.
[65]吴培熙,沈健. 特种性能树脂基复合材料[M]. 北京:化学工业出版社, 2003.
[66]黄伯云,肖鹏,陈康华. 复合材料研究新进展 (上)[J]. 金属世界,2007, (2)16.
[67]黄伯云,肖鹏,陈康华. 复合材料研究新进展(下)[J]. 金属世界,2007, (3)16.

[68]鲁云.先进复合材料[M].北京:机械工业出版社,2004.
[69]于化顺.金属基复合材料及其制备技术[M].北京:化学工业出版社,2006.
[70]赵玉涛.金属基复合材料[M].北京:机械工业出版社,2007.
[71]孙康宁.金属间化合物/陶瓷基复合材料[M].北京:机械工业出版社,2003.
[72]贾成厂.陶瓷基复合材料导论[M].北京:冶金工业出版社,2002.
[73]张长瑞.陶瓷基复合材料:原理、工艺、性能与设计[M].长沙:国防科技大学出版社,2001.
[74]MATTHEWS F L, RAWLING R D. Composite Materials: Engineering and Science[M]. London:Chapman and Hall,1994.